交互设计
思维与方法

|王军锋 ◎ 编著|

清华大学出版社
北京

内 容 简 介

本书从交互设计的基本概念和发展简史出发,详细阐述了交互设计的方法、流程与策略,帮助读者掌握必备的理论知识。在夯实理论基础之后,本书结合交互设计工作的具体环节一步步展开指导,包括任务流程分析与设计、信息架构设计、界面布局设计、交互原型构建、交互设计评估,全方位展示交互设计工作的具体要求。全书配有丰富的案例与图表,方便读者加深理解。

本书可作为院校交互设计相关专业的教材,也适合交互设计、体验设计、界面设计、产品设计等设计领域从业者阅读。

版权所有,侵权必究。举报:010-62782989,beiqinquan@tup.tsinghua.edu.cn。

图书在版编目(CIP)数据

交互设计:思维与方法/王军锋编著. -- 北京:清华大学出版社, 2025.6. -- ISBN 978-7-302-69230-0

Ⅰ.TP11

中国国家版本馆 CIP 数据核字第 2025738Y5T 号

责任编辑:杜　杨
封面设计:杨玉兰
版式设计:方加青
责任校对:胡伟民
责任印制:曹婉颖

出版发行:清华大学出版社
网　　址:https://www.tup.com.cn,https://www.wqxuetang.com
地　　址:北京清华大学学研大厦 A 座
邮　　编:100084
社 总 机:010-83470000
邮　　购:010-62786544
投稿与读者服务:010-62776969,c-service@tup.tsinghua.edu.cn
质 量 反 馈:010-62772015,zhiliang@tup.tsinghua.edu.cn
印 装 者:涿州汇美亿浓印刷有限公司
经　　销:全国新华书店
开　　本:188mm×260mm
印　　张:14.25
字　　数:370 千字
版　　次:2025 年 6 月第 1 版
印　　次:2025 年 6 月第 1 次印刷
定　　价:89.00 元

产品编号:084210-01

前　言

在数字化和智能化浪潮席卷全球的今天，交互设计已成为连接人与技术的重要桥梁。无论是智能手机上的轻触滑动，还是智能家居中的语音指令，抑或是虚拟现实中的沉浸式体验，人与数字世界的交互行为无处不在。交互设计潜移默化地影响着我们的生活、行为和认知世界的方式。然而，交互设计并不是简单的界面美学或技术实现问题，它是一门融合心理学、设计学、计算机科学和社会学的综合性细分学科，其核心在于理解用户的需求、行为与情感，并通过科学的方法创造出高效、愉悦且有意义的产品体验。在各行各业的设计实践活动中，经过较长时间的发展，交互设计与界面设计、体验设计之间的边界也逐渐明晰。

本书旨在为读者提供一套系统化的交互设计知识体系，从理论基础到实践方法，从设计策略到评估工具，帮助设计师、产品经理、开发者及相关领域的从业者掌握交互设计的核心思维与实用技巧。全书共分为8章，内容涵盖交互设计的概述、方法与流程、设计策略、任务流程分析、信息架构设计、界面布局设计、原型构建及设计评估，力求以清晰的逻辑和丰富的案例，为读者呈现交互设计的全貌。

第1章从交互设计的历史脉络切入，梳理了人机交互的关键发展阶段，并探讨了交互设计与用户体验（UX）设计、用户界面（UI）设计、工业设计和服务设计等领域的关联与差异，帮助读者建立对交互设计的宏观认知。

第2章重点介绍了现有的交互设计思维和方法，包括以用户为中心的设计（UCD）、以活动为中心的设计、以情境为中心的设计、参与式设计、目标导向设计、用户体验要素，在章节最后阐述了交互设计的工作流程。第3章首先通过CUBI用户体验模型说明了交互设计的成功之道，进而阐述了开展交互设计工作应遵循的具体原则，重点强调了为用户的心智模型而设计、面向人机交互过程、诱发用户交互行为、呈现信息处理过程及提供及时有效的反馈。

第4章~第6章分别深入介绍了交互设计的三大核心任务：任务流程分析与设计、信息架构设计、界面布局设计的具体工作方法、流程和工具。基于用户研究结果定义产品功能后，设计师需要通过分析和设计任务流程将产品功能转化为具体的操作路径；通过对所有功能的信息进行分类、分层的设计，以结构化、层级化的方式向用户呈现产品的信息结构；通过定义每一个产品页面内各项信息的位置和呈现方式，基于视觉线索和交互逻辑将这些信息传递给用户，支持用户高效使用产品，形成良好的使用体验。

交互设计是一个不断迭代的过程，而原型构建与设计评估则是验证设计假设的关键环节。第7章和第8章详细介绍了从纸质原型到高保真原型的制作方法，以及如何通过启发式评估、自我报告式评估、眼动分析和A/B测试评估设计的可用性与用户体验。这些工具不仅能帮助设计师发现潜在问题，还能为产品的优化提供数据支持。

本书适合交互设计初学者、从业者及对用户体验感兴趣的读者阅读。对于初学者，建议按章节顺序系统学习，逐步建立知识框架；对于有一定经验的设计师，可以结合自身需求选择性阅读，重点关注设计策略与评估方法。书中每章均包含理论解析和案例分析，读者可通过实践练习将知识转化为能力。

最后，交互设计是一门充满活力的学科，其理论与方法会随着技术和社会的发展持续演进。希望本书能为读者提供一个扎实的起点，但更重要的是激发大家对交互设计的思考与探索。设计不仅是解决问题的手段，更是创造价值的艺术。愿每一位读者都能在交互设计的实践中，找到技术与人文的平衡点，设计出真正打动人心的产品。

王军锋

2025年3月

目 录

第1章 概述
1.1 交互设计的出现 ……………………………………………… 2
1.2 交互设计的概念 ……………………………………………… 3
1.3 相关概念 ………………………………………………………… 4
1.4 人机交互发展简史 …………………………………………… 8

第2章 交互设计方法与流程
2.1 以用户为中心的设计 ………………………………………… 21
2.2 以活动为中心的设计 ………………………………………… 22
2.3 以情境为中心的设计 ………………………………………… 25
2.4 参与式设计 …………………………………………………… 31
2.5 目标导向设计 ………………………………………………… 32
2.6 用户体验要素 ………………………………………………… 36
2.7 交互设计的工作流程 ………………………………………… 40

第3章 交互设计策略
3.1 CUBI用户体验模型 …………………………………………… 48
3.2 交互设计原则 ………………………………………………… 56
3.3 为心智模型而设计 …………………………………………… 70
3.4 面向人机交互过程 …………………………………………… 77
3.5 诱发用户交互行为 …………………………………………… 80
3.6 呈现信息处理过程 …………………………………………… 89
3.7 提供及时有效的反馈 ………………………………………… 97

第4章 任务流程分析与设计
4.1 任务流程 ……………………………………………………… 105
4.2 层次任务分析 ………………………………………………… 105

4.3 流程图 ······ 108
4.4 任务流程设计原则 ······ 117

第5章 信息架构设计

5.1 信息架构 ······ 127
5.2 卡片分类 ······ 128
5.3 亲和图法 ······ 132
5.4 层级结构 ······ 133
5.5 信息分类 ······ 134
5.6 信息的搜索和过滤 ······ 139
5.7 标签 ······ 145

第6章 界面布局设计

6.1 布局设计原则 ······ 147
6.2 网格系统 ······ 163
6.3 界面设计模式 ······ 165
6.4 界面布局的推理过程 ······ 178
6.5 信息图设计 ······ 182
6.6 文本设计 ······ 194

第7章 交互原型构建

7.1 交互设计原型 ······ 199
7.2 纸质原型 ······ 199
7.3 线框图 ······ 200
7.4 高保真原型 ······ 202
7.5 故事板 ······ 205
7.6 视频原型 ······ 207

第8章 交互设计评估

8.1 设计评估 ······ 209
8.2 纸质原型测试 ······ 212
8.3 启发式评估 ······ 212
8.4 自我报告式评估 ······ 213
8.5 眼动分析 ······ 217
8.6 A/B测试 ······ 220

第1章 概述

1.1 交互设计的出现   2
1.2 交互设计的概念   3
1.3 相关概念   4
1.4 人机交互发展简史   8

1.1　交互设计的出现

20世纪四五十年代以来，人类在原子能、电子计算机、微电子技术、航天技术、分子生物学和遗传工程等领域取得重大突破，标志着第三次科技革命的到来。它催生了一大批新型工业和第三产业的迅速发展，其中最具划时代意义的是电子计算机的迅速发展和广泛运用，这标志着人类从工业时代进入信息时代。

在信息时代以前，机器和其他人工系统基本上只能代替人的体力劳动。人使用机器的方式比较直接，即人力直接作用于机器的操纵部件（如推杆、旋钮、按钮等），然后通过肉眼观察（视觉）、听取声音（听觉）或感受振动（动觉）获取机器的状态信息，进而基于相应的操作知识判断是否达到操作目的。在此过程中，机器仅呈现少量信息，向操作者表明人工系统的状态，用户并不直接对信息执行操作，而是基于特定的知识，利用这些信息判断系统当前所处的状态，进而制定操作决策，展开下一步的操作。

1945年现代电子计算机出现，它与之前机器的最大差别在于可以帮助人们完成部分脑力劳动，即信息的处理。由此，人与计算机之间的信息传递效率和准确性成为计算机研发的重要方向，最终孕育出人机交互（Human Computer Interaction，HCI）这一研究领域。从打字机移植而来的键盘提高了人们输入文字到计算机的速度。1963年，道格拉斯博士（Douglas C. Engelbart）设计出鼠标最初的原型，并于1968年12月9日制成世界上第一款"鼠标"，这一人机交互设备沿用至今。1972年，第一台带有显示屏幕的计算机出现后，关于计算机显示技术和图形学的研究迅速发展。梅尔祖加·威尔伯茨（Merzouga Wilberts）于1980年提出的WIMP（Window, Icon, Menu, Pointer）界面范式直至今日依然应用于计算机操作系统。

随着计算机技术的迅速发展，出现了依赖计算机硬件存在，而本身没有实体形态的软件产品（software）。工业设计（Industrial Design，ID）的工作对象从原有的纯实体产品扩展到包括软件的实体产品，甚至纯粹的软件产品。世界著名工业设计公司IDEO的创始人之一，比尔·莫格里奇（Bill Moggridge）在1984年提出"软界面"（soft-face）一词，用于描述把包含软件的实体产品作为主要对象的工业设计活动，并于次年和比尔·弗普朗克（Bill Verplank）一起提出"交互设计"（Interaction Design，IxD）一词，用以表示"设计交互式数字化产品、环境、系统和服务的活动"。除了关注数字化之外，交互设计在开发物理实体产品、探索人与之互动的可行方式方面也具有一定的用武之地。

从人类造物的历史沿革来看，基础科学研究的发展孕育了新技术，新技术推动了生产力的发展，进而催生出新的人造物类型，而设计正是协调新型人造物与人之间相互关系的创造性活动。如图1-1所示，设计活动经历了从早期针对纯手工制品的手工艺设计，到针对机械化生产出的工业产品的工业设计，再到针对"无实体形态"的数字化产品的交互设计的发展历程。从历史沿革来看，可以说IxD是ID的一个分支，但两者的设计对象有着巨大的差异。实体产品设计过程中需要考虑加工材料、加工工艺、包装、运输等问题；软件产品设计则需要考虑开发语言、信息显示技术、信息组织架构、信息呈现方式、运营和盈利模式等问题。

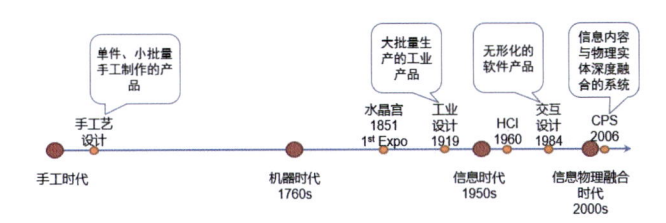

图1-1 人造物及其设计活动的发展历程

当前，嵌入式计算、传感器监控、无线通信以及云计算等技术迅速发展，使控制能力、计算能力和通信能力可以深度嵌入物理过程和物理对象，实现物理设备的信息化和网络化，进而催生了集计算、通信和控制于一体的信息物理融合系统（Cyber Physical System，CPS）。CPS通过对物理环境和资源的动态感知、信息的实时可靠传输、数据的综合计算处理、物理过程的反馈循环控制，实现系统的自动运行和管理，以智能化的方式主动向人类提供服务。CPS与人的交互关系区别于传统的人-计算机交互关系，这一对象的设计将是未来5~10年的热点。

1.2 交互设计的概念

1.2.1 定义

"交互"一词来源于英文单词"interaction"，该单词由拉丁前缀"inter-"和单词"action"合成。inter的含义是"在……之间"或"在……的中间"，action指行为、动作过程。因此，interaction可以解释为两个以上对象间的相互交流、沟通、作用、影响的过程。如图1-2所示，人和机器的互动行为是双向的，也就是由参与交互关系的一方发起互动行为，另一方接收行为，然后处理，最后做出反馈。人机交互过程涉及单个或多个"相互作用过程"的循环，这一过程一般从人的行动开始，以机器的行为和信息呈现结束。

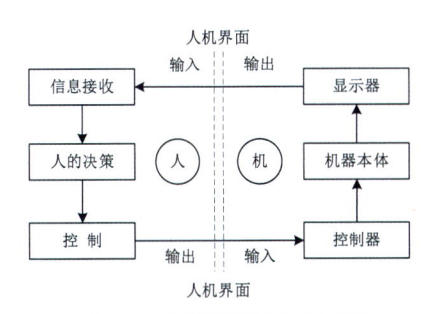

图1-2 交互过程和人机界面

交互设计的工作内容在于规划参与交互过程双方的行为、动作流程和信息呈现方式，以此提高交互行为的效能、效率和准确度，并使人在交互过程中以及之后都获得良好的体验。

广义的交互设计涵盖所有能够与人互动的对象，如实体产品、包含各种类型构成要素的系统以及各种服务。狭义的交互设计特指针对各类硬件平台（计算机、手机、智能电视、平板电脑等）中的软件产品的使用流程、信息的组织形式、信息的输入和呈现方式展开设计，以满足用户需求，提升用户工作效率和体验的整个过程。

以电视机为例，交互设计的工作内容是规划人如何操控电视机（即通过语音控制，还是通过物理按键控制），操控的动作流程如何（即如何启动语音，应该按照什么样的顺序输入语音指令），电视机接收到指令之后如何呈现反馈信息（即是亮起指示灯还是屏幕？屏幕上是否有语音识别的图形符号）等。

对于软件产品来说，交互设计的工作内容是规划产品的功能（即帮助什么人完成什么事情），为实现功能产品应该提供的信息，产品的操作方式（即用户以什么样的方式向软件输入信息，如输入框、单选框、复选框、下拉菜单等），产品的操作流程（即第一步点击哪里，第二步填写什么信息，第三步……），以及信息的呈现方式（即用户界面包括哪些信息，以什么样的形式呈现）。

1.2.2　工作对象

人使用电器产品的过程是一种典型的交互行为。例如，人使用电视机的行为，用户按下遥控器的"开机"按钮，电视屏幕启动，出现画面；用户观察画面之后，根据自己的意图，再按下选择频道的其他按钮，电视屏幕画面切换，直到找到自己想看的内容，停止对遥控器（人机界面）的操作，观看节目。而在看电影或电视节目、读书的过程中，用户（观众/读者）只是单方面接收信息或内容，并没有通过自己的行为对另一对象（电影、电视内容，书籍的内容）进行操控，产生影响。因此这样的过程并不是一种严格意义上的"交互"过程，电影、电视内容以及书籍内容也不属于交互设计的工作对象。

另一类典型对象是基于PC、手机、平板电脑、主机（Xbox、Nintendo Switch、PlayStation等）等硬件平台的视频游戏。这类产品与用户（玩家）之间有着非常紧密且频繁的互动，用户通过控制台（鼠标键盘、摇杆、手柄、按钮等）改变游戏要素，影响游戏内容的变化。然而，视频游戏作为特殊软件产品已形成其独立的设计与开发体系，角色设计、关卡设计、场景设计、控制界面设计等工作均已建立理论体系和工作框架。游戏界面设计师、关卡设计师、脚本设计师与当前行业内所称的交互设计师在能力体系和理论基础方面都有一定的差异。

本书主要讨论除游戏以外的功能性软件产品的交互设计问题。后续章节的设计理论和方法主要针对PC、手机、平板电脑、笔记本电脑、智能电视等硬件平台内的软件产品的交互设计展开讨论，部分设计方法论和设计原则也适用于实体产品的人机界面设计。

1.3　相关概念

1.3.1　用户体验设计

用户体验（User Experience，UE/UX）是用户在使用产品过程中建立起来的生理和心理感受。如图1-3所示，用户群体通过眼睛（视觉）、耳朵（听觉）、嘴巴（味觉）、鼻子（嗅觉）、皮肤（肤觉）、身体（体感）感受外界对象，首先感知其物理特征，然后处理其包含的信息（如果存在的话），经过感觉、认知、分析、决策、行为、评估的顺序，完成与外界对象的交互，之后会产生一定的生理和心理感受，最终形成一种体验。由此可以认为，交互行为是体验形成的条件，体验是交互行为产生的结果。在与外界对象进行交互，形成体验的过程中，用户的群体特征、行为习惯、生活方式、价值取向、文化风俗对交互过程及体验的形成都存在一定程度的影响。

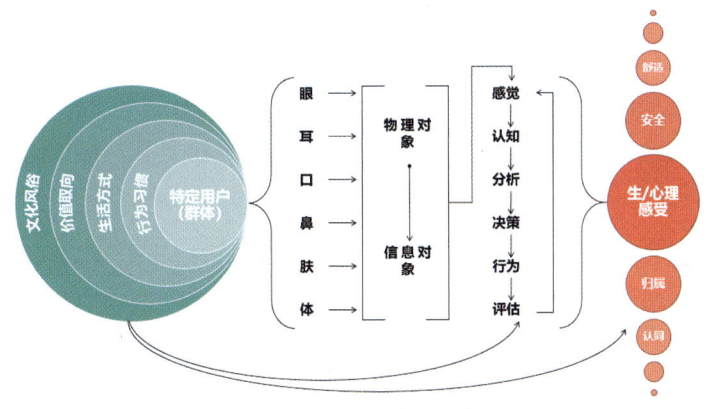

图1-3 用户体验的形成

"用户体验"一词由美国认知心理学家唐纳德·诺曼（Donald Norman）第一次提出。他在一次接受媒体采访时说道："当时，我认为人本界面（human interface）和可用性（usability）的概念太狭窄了，所以发明了用户体验（User Experience）这个词，想以它覆盖人与系统交互的各方面因素，如工业设计中的图形（graphics）、界面（interface）、物理交互（physical interaction）以及使用手册（manual）等。但这个词汇广泛流传开来之后，就逐渐失去了我原本想表达的意思。"

由诺曼的定义可见，用户体验设计的工作内容应该是规划系统的用户界面（包括物理性界面和数字化界面）。当前对用户体验设计的狭义理解特指针对（各种硬件平台上的）软件系统的功能、交互流程、信息架构以及用户界面的设计，这也解释了为什么当前软件开发行业主要招聘用户体验设计师。与交互设计相比而言，用户体验设计更加注重从宏观角度分析系统与人的交互关系，进而找出需要规划和设计的要素（既包括物理性质的，也包括数字化的），并开展不断迭代的设计、评估、实施、测试工作。

与用户体验相近的另一个术语是"客户体验"（Customer Experience），二者的主要区别在于所关注的人群不同。"用户"一词更多地从人与产品的作用关系定义交互角色，即使用产品的人，强调人主动作用于产品。而"客户"一词更多地带有商业意味，很多时候指购买产品或服务的人，这一角色有可能与"用户"是同一个人，也有可能不是同一个人。以购买手机为例，某人为自己购买手机，那么他既是手机的用户，也是手机销售商的客户；如果该人为自己的孩子买手机，那么他只是手机销售商的客户，而不是手机的用户，因为是小孩使用手机。另外，对于产品制造商来说，所有分销商和销售人员都是其客户。客户体验设计更多地从商业利益的角度出发，希望在客户浏览、挑选、试用产品或服务的过程中营造良好氛围和体验，最终促成交易，也就是把产品或服务卖出去。当然，无论对于销售商还是最终的用户而言，所要代理、购买的产品或服务所能带来的体验也肯定会影响购买决策。

1.3.2 用户界面设计

用户界面（User Interface）指人与机器发生交互行为的接触面，也被称为人机界面。汉语"人机界面"覆盖了英语语境中的Human/Man Machine Interface（HMI/MMI）和Human Computer Interface（HCI）两个概念。HMI一般包含人与机器交互的所有用于输入、输出的实体界面，包括物理按钮、旋钮、把手、鼠标、键盘、显示器、信号灯、打印机、扬声器等。而狭义的HCI则主要指人与计算机交互的软件界面，包括软件内的按钮、指针、窗口、滚动条、输入框、下拉菜单等。这类作用于人类视觉通道的界面也被称为图形化用户界面（Graphic User Interface，GUI）。与之对应的概念包括触觉用户界面（Tactile User Interface，TUI）、听觉用户界面（Auditory User Interface，AUI）、嗅觉用户界面（Olfactory User Interface，OUI）、味觉用户界面（Gustatory User Interface，GuUI）、动觉用户界面（Equilibrial User Interface，EUI）等。此外，随着人机交互技术的不断发展，新的信息输入方式逐渐成熟，如语音用户界面（Voice User Interface，VUI）、脑机界面（Brain Computer Interface，BCI）、手势交互界面（Gesture Interface，GI）和运动跟踪界面（Motion Tracking Interface，MTI）。近年来，语音输入界面的设计已成为热点。

本书只讨论狭义的HCI设计问题，即只关注软件系统的人机交互界面设计。基于前文的分析，交互设计更多地关注规划软件产品的功能定义、信息架构、使用任务流程和界面布局。用户界面设计则更加聚焦于视觉化界面的美感设计及可用性问题。在当前的设计行业内，交互设计师和界面设计师的工作职责也有一定的重叠。一般来说，软件界面元素的布局设计是交互设计师和界面设计师的工作衔接点。

1.3.3 工业设计

如前文所述，交互设计可以看作工业设计随着时代发展而分化出来的一个分支。但两者因所关注对象存在一定差异，对从事相关工作人员的知识体系和设计技能的要求也稍有不同。

如图1-4所示，工业设计的对象是批量生产的工业产品，交互设计的工作对象是信息世界的数字化产品。设计方案经过实施后才能体现设计的实际价值，因此，对于工业产品的设计来说，设计师要了解生产产品所用的材料和制造工艺，了解产品零部件的结构关系和装配方式，关注产品的外观形态，同时考虑最终的表面质感。相应地，交互设计师要了解数字产品的信息架构，"制造"数字化产品所用的程序语言，关注数字化产品的界面元素和布局，以及呈现在用户面前的视觉效果。以上这些属于将设计方案付诸实施所需的科技因素。

无论是实体产品还是数字化产品，其批量化的生产和成功的运营都需要考虑企业的利益诉求，否则，设计无法惠及大众。工业设计需要关注实体产品的形象识别，这是实现差异化的主要手段之一，同时还需要考虑营销渠道的选择、包装和宣传策略的制定，以及产品的市场定位，以确保产品在激烈的市场竞争中脱颖而出。相应地，交互设计师需要了解数字化产品的商业盈利模式，产品的推广营销策略和运营方式，以及确保产品生命力的流量维持方法。没有用户流量的数字化产品与无人问津的实体产品一样，只能失败。

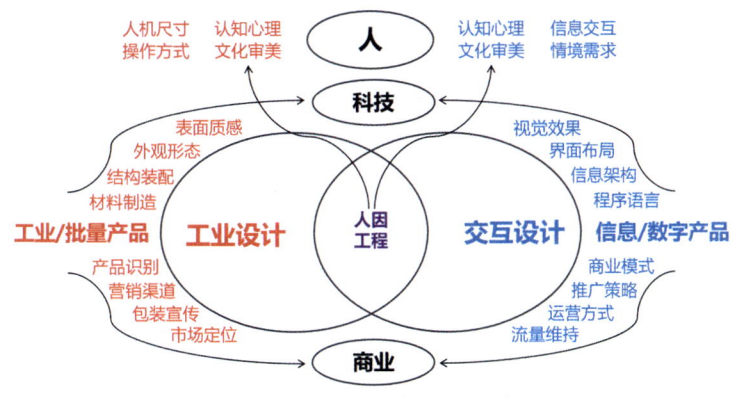

图1-4 工业设计与交互设计

如何保证产品的购买率、使用率，关键在于设计是否符合用户需求，因此，对人的研究必不可少。工业设计更加关注人因工程中的人机尺寸匹配、产品操作方式、用户的文化审美、用户对产品形态和使用方式的心理认知等问题。交互设计则更加关注人的行为方式、对信息的需求和处理方式、社会关系以及文化审美等问题。

无论是工业设计还是交互设计，只有恰当地运用科技，选择或创造出适当的商业模式，在设计过程中充分考虑用户需求和特征，才能创造出能为企业带来利润、惠及广大用户群体的产品。

1.3.4 服务设计

服务设计（Service Design）是传统设计领域在后工业时代的新拓展，是设计概念的全方位实现。服务设计的本质是有效地计划和组织一项服务中所涉及的人、基础设施、通信交流以及物料等相关因素，从而提高用户体验和服务质量的设计活动。其工作目标在于为客户设计策划一系列易用、满意、信赖、有效的服务方案。

后工业时代，产品和服务的界限变得模糊，人类的消费需求也不再仅仅是追求单一产品功能的使用，而是希望在实现某一目标的同时得到满意的体验。以餐饮服务的设计为例，人们希望在享用美食的同时获得整个就餐服务的良好体验。如图1-5所示，服务设计常用客户旅程图（Customer Journey Map）来分析某一项服务的现状和存在的问题，也就是体验中的用户痛点（Pain Point），找出需要优化的触点（Touch Point），进而开展优化设计工作。餐饮服务的触点经过分析整理后，可以分为服务工具、信息交互、物理环境、空间氛围、行为语言、服务流程六类，如图1-6所示。而这些触点的具体设计工作又需要工业产品设计、信息交互设计、界面设计、室内设计、装饰设计、色彩设计、灯光设计、声音设计、服务流程规划、人力资源管理等方面的专业人员完成。

　　服务设计更像一种设计思维和方法体系，引导设计师从宏观角度分析一项服务的所有构成要素及其与用户之间的互动关系，规划出合理的服务流程，为各个触点的具体设计提出指导意见。但服务设计方案的具体实施，则需要上面提到的各个细分领域的设计师分工合作。

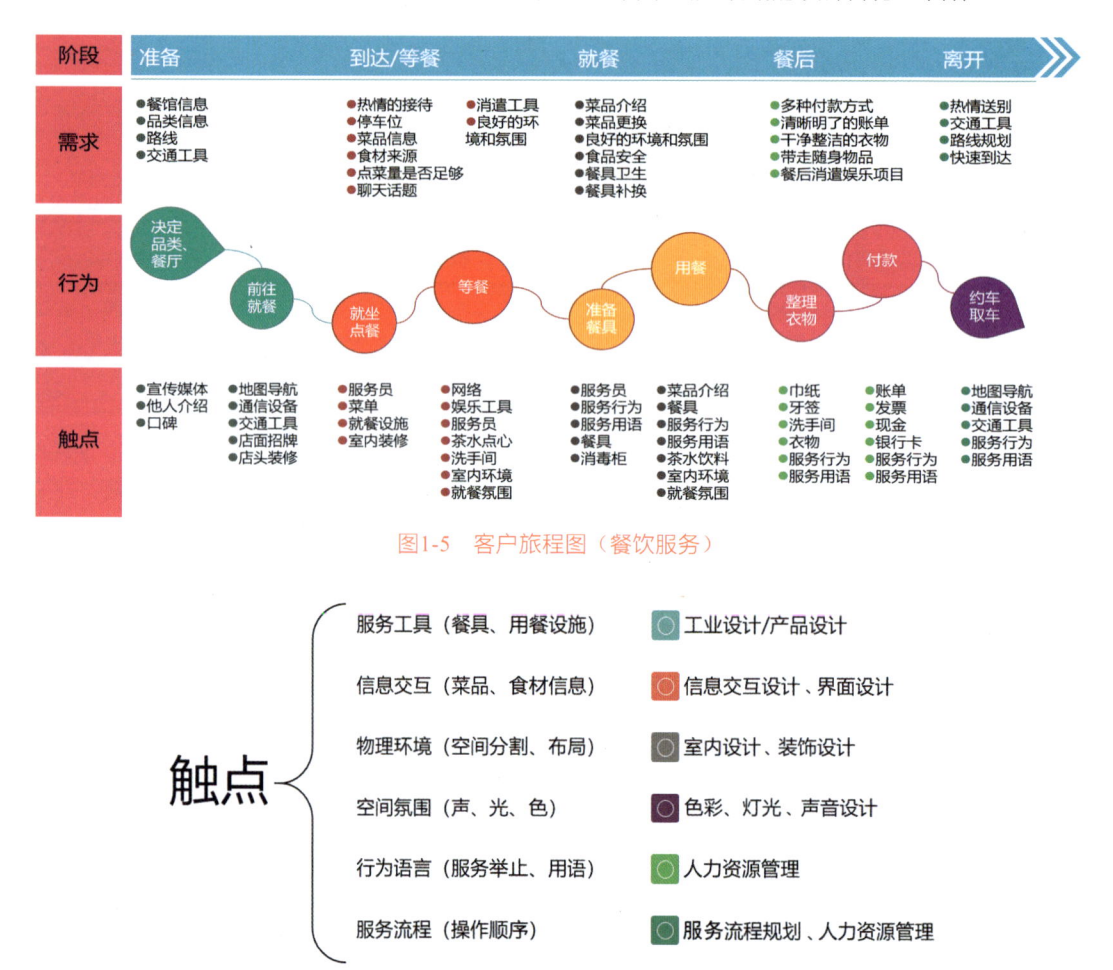

图1-5　客户旅程图（餐饮服务）

图1-6　餐饮服务的触点分类及其对应的设计工作

1.4　人机交互发展简史

1.4.1　计算机的出现

　　第一台电子计算机——ENIAC（The Electronic Numerical Integrator And Computer）诞生于宾夕法尼亚大学，1946年在费城公之于世，这个庞然大物占地面积达170平方米，重达30吨，如图1-7所示。它通过不同部分之间的重新接线编程，拥有并行计算能力，但功能受限制，速度也慢。ENIAC的问世标志现代计算机的诞生，是计算机发展史上的里程碑。此时，计算机的存储单元仅仅用来存放数据，它们利用配线或开关进行外部编程。计算机操作人员

（operator）的工作是为计算机的不同部件之间连线，也就是负责连线插头的插接。

图1-7　第一台电子计算机——ENIAC

约翰·冯·诺依曼（John von Neumann）提出了程序和数据应该存储在存储器中，按照这种方法每次使用计算机来完成一项新的任务，只需要改变程序。而不用重新布线或者调节成百上千的开关。第一台现代意义的通用计算机EDVAC于1951年正式运行，和ENIAC的不同之处在于，EDVAC首次使用二进制而不是十进制。整台计算机共使用大约6000个电子管和大约12000个二极管，功率为56千瓦，占地面积45.5平方米，重7850千克，使用时需要30个技术人员同时操作。它由五个基本部分组成：①运算器；②控制器；③存储器；④输入装置；⑤输出装置。这种体系结构一直延续至今，现在使用的计算机，其基本工作原理仍然是存储程序和控制程序，所以现在大部分计算机都被称为冯·诺依曼结构计算机。鉴于冯·诺依曼在发明计算机中所起到的关键性作用，他被西方人誉为"计算机之父"。

现代计算机的发展大致可以分为5代，每一代的改进主要体现在硬件或软件方面。

第一代计算机（1950—1959年）：以商用计算机的出现为主要特征，在这个时期计算机被锁在房子里，只有操作者和计算机专家可以使用。计算机体积庞大，且使用真空管作为电子开关，此时的计算机只有财力雄厚的大企业和科研机构才能负担得起。

第二代计算机（1959—1965年）：使用晶体管代替真空管既减小了计算机的体积也节省了开支，这使中小型企业也可以负担得起计算机的费用。FORTRAN和COBOL两种高级计算机程序设计语言的发明使编程更加容易，这两种语言将编程任务和计算机运算任务剥离开来，使其他领域的工程师能够跳过计算机具体的电子信号处理细节，直接编写程序来解决特定工程问题。

第三代计算机（1965—1975年）：集成电路（晶体管、导线以及其他部件做在一块单芯片上）的发明进一步降低了计算机的成本，减小了计算机的尺寸，小型计算机出现在市场上。封装好的程序，也就是通常所说的软件包开始销售。一个新的产业形态——软件工业就此诞生。一些中小型公司可以直接购买所需的软件包（如会计程序）而不必自己开发。

第四代计算机（1975—1985年）：出现了微型计算机。Altair 8800出现在1975年，被广泛认为是世界上第一台个人计算机（Personal Computer）。电子工业的发展使整个计算机系统可以集成在一块电路板上。这一时代还出现了计算机网络。

第五代计算机（1985年至今）：这个到目前还未终止的时代始于1985年，见证了掌上计算机和台式计算机的诞生、第二代存储媒体（CD-ROM、DVD等）的改进、多媒体的应用以及虚拟现实现象。

1.4.2 键盘和鼠标

键盘的历史非常悠久，1714年就相继有英国、美国、法国、意大利、瑞士等国家的人发明了各种形式的打字机，最早的键盘就用在技术还不成熟的打字机上。直到1868年，"打字机之父"——美国人克里斯托夫·拉森·肖尔斯（Christopher Latham Sholes）获得了打字机专利，并取得经营权经营，又于几年后设计出现代打字机的雏形，并首次规范了键盘的按键布局，即现在的"QWERTY"键盘。

为什么要将键盘规范成QWERTY键盘按键布局呢？最初，打字机的键盘是按照字母顺序排列的，各个字母按键通过机械结构与打字机其他部件相连接。如果打字速度过快，某些键的组合很容易出现卡键问题。克里斯托夫·拉森·肖尔斯发明的QWERTY键盘布局将最常用的几个字母安置在相反方向，最大限度放慢敲键速度以避免卡键。1873年，使用这种按键布局的第一台商用打字机成功投放市场。

其实，使用QWERTY键盘的工作效率并不高。比如，大多数打字员惯用右手，但使用QWERTY键盘，左手却负担了大约57%的工作。两个小拇指及左无名指是最没力气的指头，却要频频使用它们。排在中列的字母，其使用率仅占整个打字工作的30%左右。因此，时常要为了打一个字而频繁移动手指。

1888年，美国举行了打字公开赛，法院速记员马加林展示了按照明确指法分工的盲打技术，错误只有万分之三，使在场人惊讶不已。据记载马加林的奖金是500美元，从这以后，很多人开始效仿、学习这种盲打技术，美国也开始有了专门培养打字员的学校。

由于盲打技术的出现，使击键速度足以满足日常工作的需要，然而1934年，美国华盛顿一个叫德沃拉克（Dvorak）的人为使左右手能交替击打更多的单词又发明了Dvorak键位布局的键盘的排列方法（图1-8）。这个键盘可缩短一半的训练周期，平均速度提高35%。Dvorak键位布局的键盘布局原则是：①尽量左右手交替击打，避免单手连击；②越排击键平均移动距离最小；③排在导键位置应是最常用的字母。然而Dvorak键盘诞生的时候恰逢二战，还没大批量生产就夭折了。此外，当时的人们似乎也并不乐意去记忆一种全新的键盘布局，它所能提高的打字速度也没有被普遍证实，因此在市场上没有获得足够的用户和关注。

比Dvorak键盘更加合理、高效的是理连·莫尔特（Lillian Malt）发明的MALT键盘（图1-9）。它改变了原本交错排列的字母按键，为拇指分配了更多按键，也使"后退键"（Backspace）及其他原本远离键盘中心的键更容易触到。但MALT键盘需要专用的附件才能安装到计算机上，所以也没有得到广泛应用。

图1-8 Dvorak键盘布局（上）和QWERTY键盘布局（下）

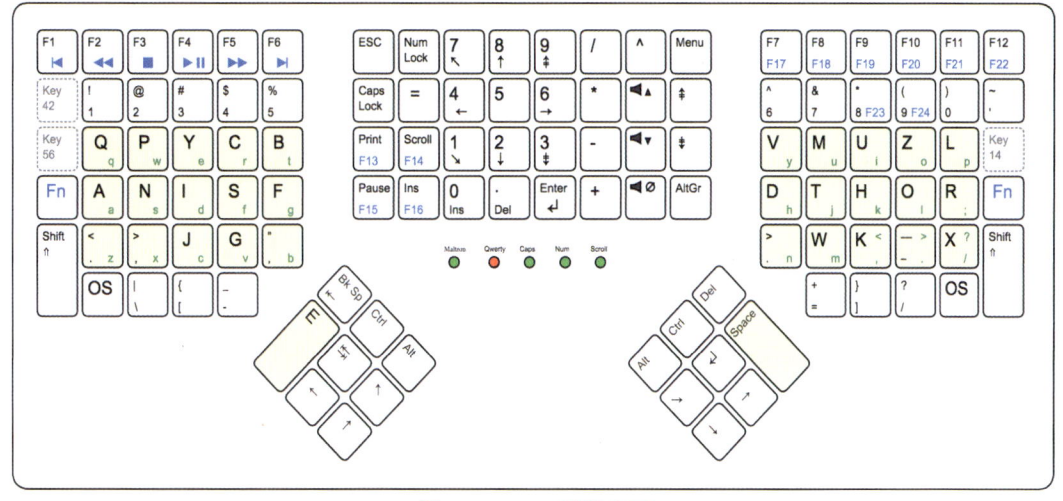

图1-9 MALT键盘布局

1976年，美国DIGITAL RESEARCH软件公司研制出8位操作系统CP/M（Control Program/Monitor），其主要功能是对文件信息进行管理，以实现硬盘文件或其他设备文件的自动存取。该系统支持用户通过控制台的键盘对系统进行控制和管理，键盘的主要作用是输入内容，移动光标，定位用户所要操作的位置，从此之后，键盘才成为计算机的标配输入硬件。

1964年，加州斯坦福研究所的道格拉斯·恩格尔巴特（Douglas Engelbart）博士研究出了"显示系统X—Y位置指示器"，这是一个顶部设计有按键，拖着一条电线的小木盒子，非常像一只老鼠，道格拉斯和他的同事就称其为"Mouse"，该设备由此得名（图1-10）。在当时DOS操作系统中，鼠标并没有如今这样重要。受限于当时的硬件环境和操作系统，这一可以更改历史的发明并没有很快得到广泛应用。直到微软公司的Windows操作系统和各种版本的UNIX操作系统出现后，鼠标才逐渐应用于计算机的控制，这为计算机的操作带来了空前的便利。直到1973年，施乐（Xerox）推出了首款采用图形界面的操作系统——Xerox Star之后，鼠标才成为计算机的标配附件。

图1-10　第一款鼠标

1983年，苹果公司受到仙童公司著名STAR计算机的启发，在当年推出的Lisa计算机上使用鼠标作为GUI界面的控制器。这款计算机虽然不成功，但它为次年推出的Macintosh以及macOS操作系统提供了经验，从而开启了鼠标技术的黄金时代。这时候的鼠标还是老式的机械式鼠标，但已经有所改进。鼠标球取代了不灵活的单滚球，单键设计被更加灵活的双键/三键所取代，可供电的标准RS232串行口取代了早期的独立接口，现代鼠标的基本结构已经成型，如图1-11所示。

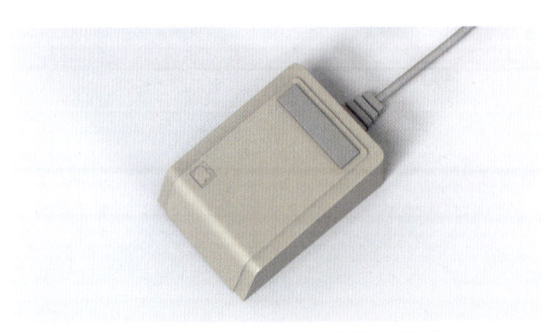

图1-11　Apple Lisa计算机的鼠标

1995年，台湾KYE Systems（昆盈企业）开发了第一款现在意义上的滚轮鼠标——Genius EasyScroll。它在两个标准鼠标按键间加了一个胶化塑料滚轮，滚动它就能够轻易地滚动窗口页面，这个滚轮也可以当作按键使用。1999年，微软发布带滚轮的光学鼠标IntelliMouse Explorer（图1-12）配合Office 97使用，才将滚轮推广开来。此后，滚轮成为鼠标的标准配置零件。

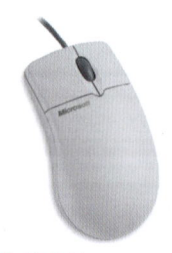

图1-12　微软发布的IntelliMouse Explorer

1.4.3　从命令行到图形化用户界面

1. 命令行用户界面

在图形化用户界面出现之前，计算机采用DOS（Disk Operating System，磁盘操作系统）系统管理文件。DOS主要是一种面向磁盘的系统软件，简单来说，DOS就是人给机器下达命令的集合，是存储在操作系统中的命令集，有了DOS，我们就可以更容易理解怎么给机器下命令，不必去深入了解机器的硬件结构，也不必去死记硬背那些枯燥的二进制数字机器命令，只需通过一些接近英语词汇的DOS命令，我们就可以轻松地完成绝大多数的日常操作。典型的DOS系统操作界面如图1-13所示。

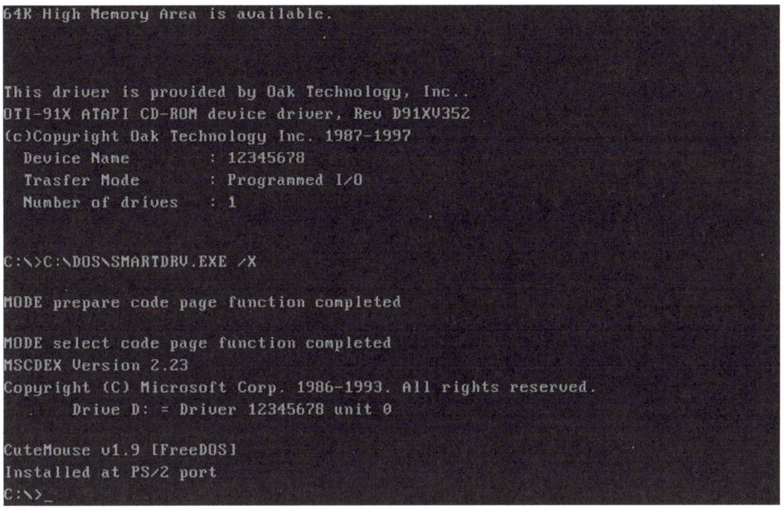

图1-13　DOS系统操作界面

DOS操作系统界面被称为命令行界面（Command Line Interface，CLI），其交互方式建立在预先定义的一系列文本命令上。用户需要清晰、一字不差地记住所要使用的命令及其输入格式，才能流畅地使用该操作系统。这种交互界面的记忆负担重，用户容易出错。

2. 图形化用户界面

计算机操作系统历史上的第一款图形界面是Xerox Star，如图1-14所示，它由施乐公司的帕洛阿尔托研究中心（Palo Alto Research Center，PARC）于1973年设计。自此以后，计算机操作系统开启了图形化用户界面（Graphical User Interface，GUI）的新纪元。

1983年1月，苹果公司结合硬件、操作系统、办公软件，设计出了强大的文件处理工作站Lisa。1984年苹果公司乘胜追击，发布了Macintosh I，如图1-15所示，它已经有了现代操作系统的一些特点，当插入磁盘时可以直接在桌面上看到，方便存取文件。双击磁盘图标，打开一个文件窗口，同时伴随着缩放效果。文件和文件夹都可以被拖曳到桌面上，也可以通过拖曳来复制或移动文件。默认状态下，文件夹以图标方式查看，还可以根据文件大小、名字、类型或日期来排序，通过单击图标下面的名字可以输入新名称来对文件重命名。到1987年，苹果发布Macintosh II，即第一代彩色操作系统，支持24位颜色显示。

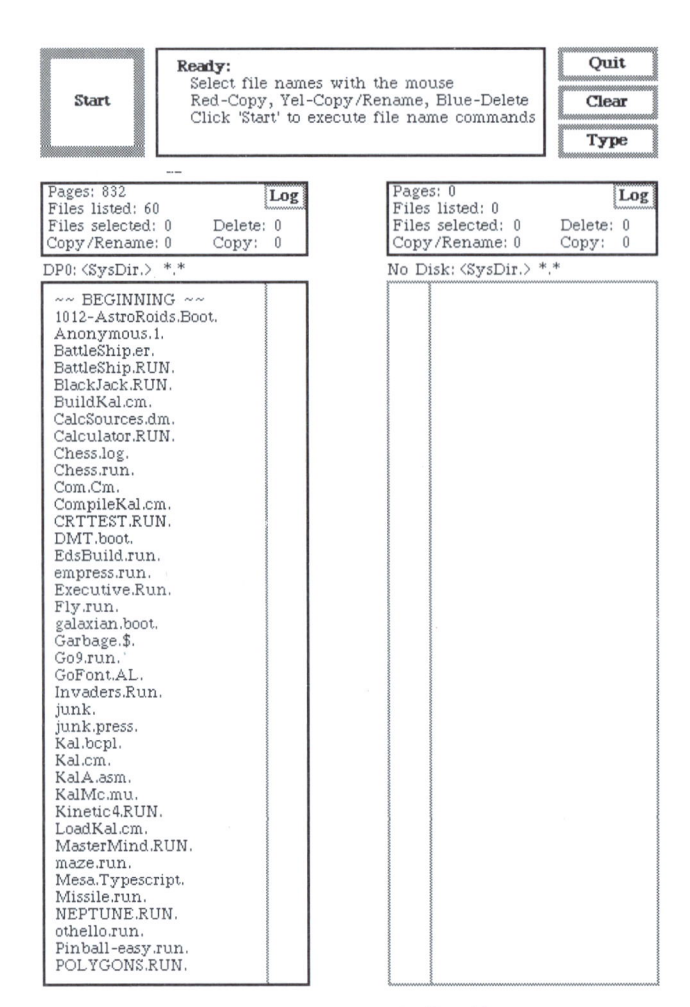

图1-14　Xerox Star操作系统

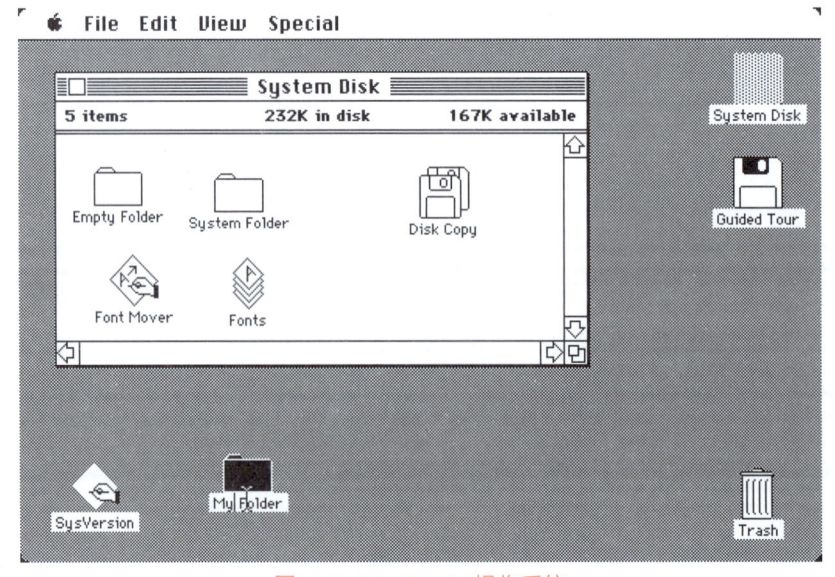

图1-15　Macintosh I操作系统

1985年，微软发布了它的第一款操作系统——Windows 1.0，如图1-16所示。该系统可以在一个窗口中同时运行多个DOS程序，在一个对话框中呈现选项按钮、复选框、文本框和命令按钮，记事本上甚至可以显示文本缓存中还有多少剩余空间。

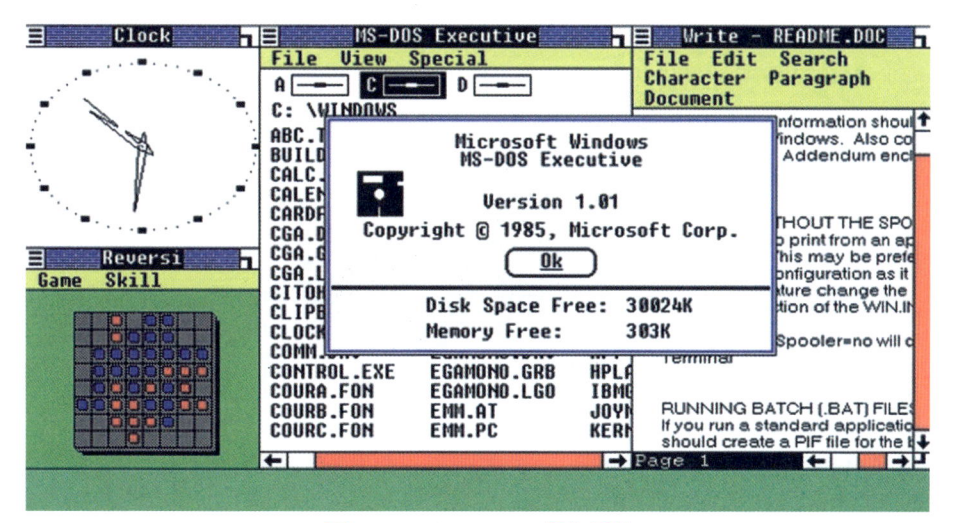

图1-16 Windows 1.0 操作系统

图形化用户界面包含的主要交互元素有"窗口"（Window）、"图标"（Icon）、"菜单"（Menu）以及"指示器"（Pointer），这一沿用至今的界面模式被称为WIMP范式。WIMP界面的设计思想被称为桌面隐喻（Desktop Metaphor），是指以现实世界中已经存在的、人们熟知的事物为蓝本，设计用户界面中的图形化交互元素。相比于命令行界面，图形化用户界面基于隐喻向用户呈现可以执行的交互操作，用户基于对图形化界面的理解展开交互行为，不必再精确记忆操作指令。因此，GUI的隐喻设计非常关键，它决定了用户是否能正确、及时地理解界面的含义。

1.4.4 从多点触摸到自然交互

1. 触摸交互技术

图形化用户界面使计算机从科研机构和大学走向寻常百姓家，但鼠标和键盘依然需要经过学习之后才能使用。触摸屏技术使用户可以用笔或手指直接操纵计算机屏幕所显示的对象，大大降低了学习成本。在大部分消费者记忆中，使触摸屏技术真正走入大众视野的产品应是苹果公司在2007年发布的iPhone手机。然而，在此之前，其他计算机厂商和手机企业已在很多产品中有过尝试。

最早的触摸屏技术研究可以追溯到20世纪40年代，但直到1965年，约翰逊（E.A. Johnson）才发明了第一个真正可用的手指式电容触摸屏。1970年，塞缪尔（G. Samuel）博士发明了首个电阻触摸屏，在触摸屏的早期阶段，电阻触摸屏因其成本低廉且耐用很快占领了市场。第一个多点触摸屏出现于1984年，贝尔实验室在CRT上叠加了触摸传感器透明电容组，使用户能够用手指操作图形对象，并且时间响应很快。这一发明正是我们今天在平板及智能手机上所应用的多点触摸技术的雏形。

　　1993年，IBM和贝尔南方共同开发了Simon通信设备（图1-17），这很可能是世界上第一款智能手机（尽管当时还没有这个词）。它不仅能翻页，还集成了收发E-mail、日历管理、预约计划、电话簿、计算器以及笔写式画板等多种实用功能。它还有一个电阻性触摸屏，支持用户利用手写笔操作菜单并输入数据。

图1-17　IBM和贝尔南方共同开发的Simon

　　同一年，苹果公司发布了它的个人数字助理——Newton PDA（Personal Digital Assistant）。尽管Newton平台开始于1987年，但MessagePad 100（图1-18）才是首个搭载该系统的苹果设备。正如《时代杂志》所说，当时苹果公司的CEO事实上创造了"PDA"这一专门术语。MessagePad 100带有手写识别软件，通过手写笔来进行操作。

图1-18　苹果公司的Newton PDA MessagePad 100

　　三年后，Palm Computing公司推出了他们的PDA，称为Pilot（图1-19）。正如在它之前的触摸屏装置，Pilot 1000和Pilot 5000也需要用手写笔进行操作。Palm Computing公司的PDA设备比IBM及苹果公司的产品更成功一些，很快就成为"商务"的代名词，这很大程度归功于其手写识别软件的良好工作性能。

图1-19　Palm Computing公司的Pilot

真正引爆触摸屏手机市场的是苹果公司在2007年推出的具有高分辨率、多点触控功能的第一台iPhone（图1-20），它真正确立了触摸屏的标准。

图1-20　苹果公司发布的第一代iPhone

今天，触摸屏产品的应用已由小尺寸触控产品（如手机、数码相机等）渐渐扩大到中大尺寸，如POS机、工控计算机、触摸一体机等（图1-21）。

图1-21　大尺寸触摸屏产品

触摸屏技术使人使用计算机的技能要求大大降低。下至蹒跚学步的孩童，上至皓首苍颜的老人，都能很快学会触摸屏的操作指令。加之移动互联网和智能手机的普及，现代化的信息技术很快普及大众，为所有人的生活带来了便利。各种移动应用程序应需而生，这也进一步扩大了人才市场对用户界面设计、用户体验设计、交互设计人才的需求。

2. 自然交互

自然交互（Natural Interaction）是相对于传统人机交互方式提出的概念，其"自然"之处在于，用户不再需要花费时间学习使用传统的人机交互设备（如鼠标和键盘），而是基于自身与生俱来的能力与计算机进行交互（如说话、做手势、变化身体姿态、转动眼睛等）。从这一角度来讲，触摸交互技术也属于自然交互的一种。当然，触摸屏界面设计也存在一些需要用户学习或仔细探索之后才能发现的操作方式，如长按、双击、双指/三指滑动等。

与自然交互相伴随的概念是自然用户界面（Natural User Interface，NUI）。它指帮助用户实现自然交互的人机交互媒介。与CLI和GUI的差异之处在于，NUI更多地指帮助用户输入指令（如语音、手势、姿态、眼动、表情、脑电波等）到计算机的界面。用户基本上不需要经过专业的训练就可以利用这些界面控制计算机，但更多的工作交给了人机界面设计与开发工程师，例如编写语音识别与分析软件、设计人机对话流程、制作合成语音、编写手势识别程序、将手势转化为控制指令等。

近年来发展最为迅速，商业运用较为成功的自然交互技术当数语音交互。语音交互系统发展的历史并不短，早在1952年，贝尔实验室就开发了能够识别阿拉伯数字的系统Audrey。1962年，IBM发明了第一台可以用语音进行简单数学计算的机器Shoebox（图1-22）。在发展了半个多世纪后，语音交互仍没有达到成熟应用的水平，语音的识别和理解的正确率和准确率依然有待提升，文本生成语音的自然度和流畅性也影响着用户的听觉体验。

图1-22　IBM发明的Shoebox

如图1-23所示，一套完整的语音交互系统有三个典型模块：语音识别（Automatic Speech Recognition，ASR）将声音转换成文字；自然语言处理（Natural Language Processing，NLP）及对话管理将文字的含义解读出来，并给出反馈；最后通过文本-语音转换（Text to Speech，TTS）将反馈内容转换成声音，最终播放出来。

图1-23　语音交互的典型模块

直到20世纪90年代，语音交互技术才得以商业化应用——交互式语音应答系统（Interactive Voice Response，IVR）。它可以通过电话线路理解人们所说的话并执行相应的任务，广泛应用于运营客服方面。目前，大部分商业化的客服还是采用了这种语音应答系统。但是通过电话拨号的方式与语音问答系统进行交互还存在很多缺点,例如只能应用于单轮任务的问答、交互方式比较单一、不能中途打断等。

随着技术的发展,各种操作系统服务商都研发出了自己的语音助手,例如微软的Cortana、谷歌的Google Assistant和苹果的Siri。这些语音助手集成了视觉和语音信息的应用,可以同时使用语音和屏幕交互,是一种多模态用户界面。这些系统都支持多轮对话,但是对用户语音理解的准确性和效率依然是技术瓶颈。

近几年,各大公司都研究出了自己的智能家居音响产品,例如Amazon Echo、Google Home、Apple Homepod、阿里巴巴集团的天猫精灵等纯语音设备(图1-24)。作为新的入口,语音交互提供了更灵活的交互方式。终有一天,人们会放弃屏幕和手势操作,通过语音技术远距离控制设备,这也是各大公司抢占语音交互系统市场的原因之一。

图1-24 智能语音音响(从左至右:Amazon Echo、Google Home、天猫精灵、Apple Homepod)

语音交互有其独特的优势:解放双手,无接触空间限制,远场(有限距离)可交互;指向明确,语义直达目标,使用路径简短;自然、简单、人性化,学习成本低;可以一对一,也可以一对多交互;对设备要求低。但也存在有一些劣势:不适用于选项多、流程长、需要大量信息辅助用户制定决策的交互任务;远场语音交互对距离、噪声、混响、声源数量等有一系列要求;一般不适用于公共场所,尤其需要保持安静的场所(图书馆、会议室);需要用户有清晰的表达能力和正常的听力以及对语音内容的理解,需要针对特定语言语种单独开发系统、识别效率受用户的发音和地方语言的影响;输出信号单一,表现力有限等。未来对于语音交互在软件系统设计中的应用,还应该考虑用户隐私保护、避免强制推送等问题。

第2章 交互设计方法与流程

2.1 以用户为中心的设计　　21

2.2 以活动为中心的设计　　22

2.3 以情境为中心的设计　　25

2.4 参与式设计　　31

2.5 目标导向设计　　32

2.6 用户体验要素　　36

2.7 交互设计的工作流程　　40

2.1 以用户为中心的设计

20世纪80年代，设计重心开始向用户转移，根据"以人为本"的设计价值观，设计领域逐渐延伸出了以用户为中心的设计（User Centered Design，UCD）概念。该理论在设计领域内并未达成明确的共识，没有形成统一的定义。UCD的基本思想是，产品设计以用户的需求和感受为出发点，设计活动以用户为中心。无论是产品的使用流程、信息架构还是人机交互方式，都必须考虑用户的使用习惯、预期的交互方式、视觉感受等因素。用户需求和用户满意是以用户为中心的产品设计的最基本要求。

根据ISO 9241-210:2019以用户为中心的交互式系统设计方法的国际标准，以用户为中心的设计方法有以下几个主要的原则：为用户和系统合理地分配任务；用户积极参与设计过程；设计是个迭代过程，反复进行产品的设计、修改和测试；设计团队构成应该具有多学科背景。基于ISO 9241-210:2019标准的UCD设计流程如图2-1所示。

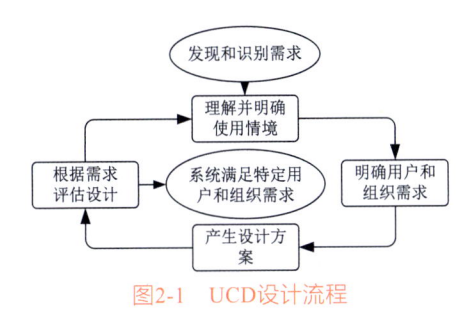

图2-1　UCD设计流程

实施UCD的目标是保证产品对于用户来说有较高的可用性（usability）。一些设计准则有助于设计师在整个UCD过程中聚焦于可用性。

（1）为用户和他们的任务而设计：产品设计的最终目标是帮助用户解决问题，这也是实现商业成功的关键。UCD要求设计师关注用户的需求，以及用户所要完成的任务，进而设计出满足用户需求，能帮助他们完成任务的产品。

（2）保证产品的一致性：对于所有产品，用户总是希望以最低的学习成本学会如何使用它，进而利用它完成特定任务。产品的所有界面元素以及交互方式应当保持一致，以降低用户学习成本。这种一致性包括产品内部所有界面风格、交互方式的一致性，产品和所在系统平台的一致性，以及产品使用方式和用户行为习惯的一致性。

（3）使用简单、自然的对话方式：产品的交互设计应促成用户与产品之间流畅的对话。在用户完成特定任务的过程中，产品应该只向用户呈现与这一任务相关的信息，否则每一项额外信息的加入都会使用户分散注意力，使用户更加迷惑，进而降低用户的工作效率。产品在设计时尽可能使用目标用户易于理解的词汇，如果要使用专业术语，需确保含义的一致性。

（4）减少用户思考：用户在完成任务的过程中主要精力都放在任务本身上，而不在工具及其使用方法上。过于复杂的交互方式会让用户感到沮丧，也会因此而分心。过高的学习成本会降低用户的工作效率，也会导致用户更容易犯错。产品不应该要求用户记住某些之前的信息才能完成当前的任务。产品的使用说明应该清晰明了，且要保证用户随时可以找到。

（5）提供足够的反馈信息：用户需要清晰明确地看到自己的指令是否被产品所接收，是否正处于执行状态。所以，产品及时提供易于用户理解的反馈非常重要。改变产品的外观状态和提供声音反馈是最常见的解决方法。

（6）提供足够的导航机制：确保用户在任何时候都能清晰地知道自己当前所处的位置。任务流程节点图、视觉化的层级结构表达、页码导航、滚动条、访问历史、导航图、内容总览图之类的设计元素能有效地告知用户当前所在的位置。当用户进入本不想进入的页面或位置时，应提供清晰明确的退出或返回通道。

（7）让用户做主：产品的价值在于通过提供解决方案满足用户需求。在此过程中，尽量减少用户的工作，让产品完成更多的任务。给予用户充分的自由去使用产品，关注用户的使用习惯，为常用功能和经常性操作提供灵活的使用方式，确保用户可以通过多种方式使用产品。

（8）清晰地呈现信息：信息的呈现和处理是软件产品最为主要的功能。屏幕上信息的布局和呈现方式至关重要。良好的布局和视觉化设计能帮助用户快速找到自己想要和需要的信息，信息分块、留白和独特的视觉效果可以起到很好的效果。不要呈现与任务无关的信息。

（9）提供协助：帮助文档不一定是协助用户完成任务的方式。很多时候，它只是产品可用性设计做得不够好的"挡箭牌"，用户也很少通过帮助文档解决产品使用问题。良好的设计应该在界面中向用户提供协助，易于理解的图标、与任务密切相关的文字、标签含义清晰的按钮、良好的任务步骤分解都能起到很好的辅助作用。

（10）尽量做到无差错：尽量通过设计把用户导向正确的道路，避免任务出错。在所有需要用户做出反馈和输入内容的地方设置检查机制，及时检查用户反馈和输入内容的有效性。当出现差错时，以用户可以理解的语言解释出现错误的原因，并提出解决问题的建议。

2.2 以活动为中心的设计

唐纳德·诺曼（Donald Norman）于2005年在其发表的文章《以人为中心的设计是有害的》中提出了"以活动为中心的设计"（Activity Centered Design，ACD）理论。诺曼认为，UCD强调设计过程中用户的参与，要求设计师关注用户特征和诉求，而ACD则强调对用户的实际使用行为进行观察，在此基础上设计产品的交互逻辑。UCD的核心理念是通过设计让技术适应人。但实际情况却是，为了利用新技术带来的便利，人必须适应基于新技术开发的产品。所有ACD中关注的人的行为都是使用产品的行为，这些行为正是用户为了适应技术而学习的结果。

ACD的基础是活动理论（Activity Theory），也被称为文化-历史活动理论（Cultural-Historical Activity Theory，CHAT），该理论发源于20世纪20年代的俄罗斯心理学领域。活动理论的基本分析单位是活动。活动系统包含三个核心成分（主体、客体和共同体）和三个次要成分（工具、规则和劳动分工）。次要成分构筑起核心成分之间的联系，它们之间的关系如图2-2所示。

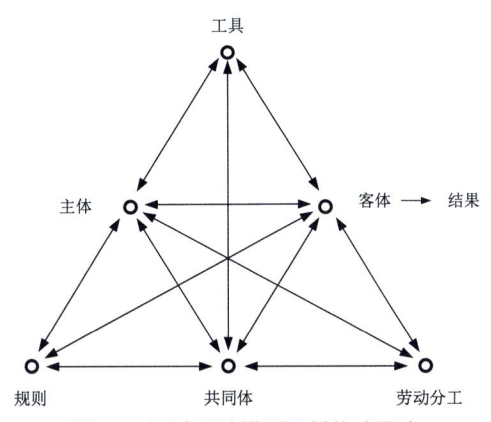

图2-2 活动理论模型及其构成要素

基于活动理论，科瑞恩·博蒙特（Corrine Beaumont）结合斯坦福大学的设计创新地图以及设计思维模型构成要素提出了以活动为中心的设计模型（Activity Centered Model for Design，ACMD），如图2-3所示。ACMD有助于设计团队的协作、沟通，能激发所有成员在设计探索过程中做出贡献。它以视觉化的方式表现人类活动各构成要素间的相互关系，帮助设计团队找到设计机会。图2-3中各要素的解释如下（以餐饮服务企业为例）。

（1）创造者/主体：项目的负责人，可以是某个企业、设计师个体或是研究团队。项目团队成立之初，团队内成员就应该相互了解。这样才能有效地发挥每个人的特长，促成更好的设计结果。对于餐饮服务来说，创造者就是要开一家餐饮店的老板，他应该了解所要招聘员工的技能。

（2）受众/客体：接受创造者所创造的产品或服务的人（群），可以理解为目标市场、目标客户或最终用户，满足受众的需求是创造者取得成功的重要前提。对于餐饮服务来说，受众就是到餐厅就餐的人（群）。

（3）规则/习俗：人类活动中不受控的环境因素，以及主导人们行为的法律规则和习俗，如时间期限、知识产权、健康和安全、宗教信仰等。餐饮服务中的规则/习俗因素包括食品安全法规、营业时间、食物保质期、区域人群的口味偏好、饮食习惯、餐厅可供的座位数等。

（4）共同体：通常来说，受众并不是孤立的，所以要考虑更广泛的共同体——也就是活动理论框架中与其他因素相关，但并非受众的人群。餐饮服务中的共同体包括厨师、服务员、其他客户、工商局、会计等。

（5）角色/劳动分工：共同体内的成员是否有利益分配权利？规则/习俗是否存在层级结构？事情是否必须按照一定的顺序完成？是否需要增加或移除某些角色以保证受众得到更好的产品或服务？这些问题有助于设计团队分析影响最终产品或服务的利益相关者。餐饮服务中的角色/劳动分工包括：服务员只接待顾客和上菜，但不能制作食物，因为他缺乏此类技能。同样，厨师也不应该去管理餐厅的财务。

（6）工具/人造物：协调和促进人类活动的对象。无论此处的对象是会被售卖的产品还是提供的服务，都需要经过设计来协调用户的使用行为，例如印刷字体、网站、实体对象或其他能被人所感知的东西。工具的设计对人类活动的最终结果有很大影响。餐饮服务中的工具/人造物包括微波炉、餐饮用具、菜单、家具、音乐、食物以及这些对象的呈现方式。

（7）成功/结果：受众（并非创造者）的需要经由某种特定方式得到了满足。这就要求设计活动所创造的服务应该是受众可承受、易于使用、可靠的，并且满足了受众以前没有被满足的需求。也就是说，设计团队需要平衡方案的可执行性、商业可行性以及用户需求之间的关系。餐饮服务的成功可以是满足中等消费能力群体在日常生活中对健康、卫生、可口食物的需求。

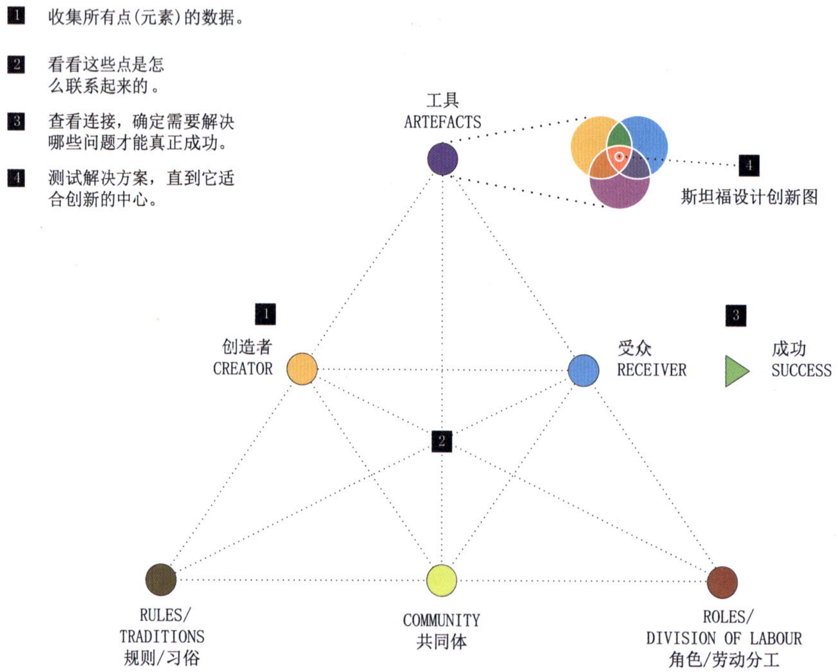

图2-3　以活动为中心的设计模型

利用ACMD可以分析人们开展某种活动时的潜在风险，并提出相应的解决方案。以餐饮服务中顾客对某些食物过敏为例，如果顾客点了某道带有过敏原食材的菜，可能会引发严重后果。那么其原因可能包括：用以帮助顾客完成就餐活动的工具（例如菜单）并没有考虑用户就餐活动的规则（顾客可能对某些食材过敏）；餐饮服务的创造者没有考虑到应该有（共同体中的）一个角色负责确保清晰描述菜品的信息。当出现了食物过敏现象后，究竟应该由设计师负责、餐厅店主负责还是医疗机构负责呢？

将ACMD框架应用到以上问题分析，如图2-4所示，可以得到的解决方案如下。

（1）餐厅管理团队发现了这一问题，然后仔细检查菜单，为每一道可能包含过敏原的菜添加警示标记。

（2）餐厅店主决定自己与设计师沟通，确定哪些菜品需要警示标记，并由店主确保相应信息印刷到菜单上。

（3）设计师了解了问题之后与餐饮服务团队相互协作，设计相应的信息系统，使顾客可以通过这个系统告知服务员自己对哪些食材过敏，厨师根据顾客提供的过敏信息对菜品进行调整。

（4）餐厅管理团队决定找出一个人学习急救知识，并在顾客出现过敏状况之后第一时间提供救助。

（5）餐厅店主决定招募受过急救训练的员工。

（6）厨师建议，应该聘请医疗专家到餐厅内给所有人培训食物过敏相关知识，这样他们可以了解到在准备食物的时候是否需要做出调整。

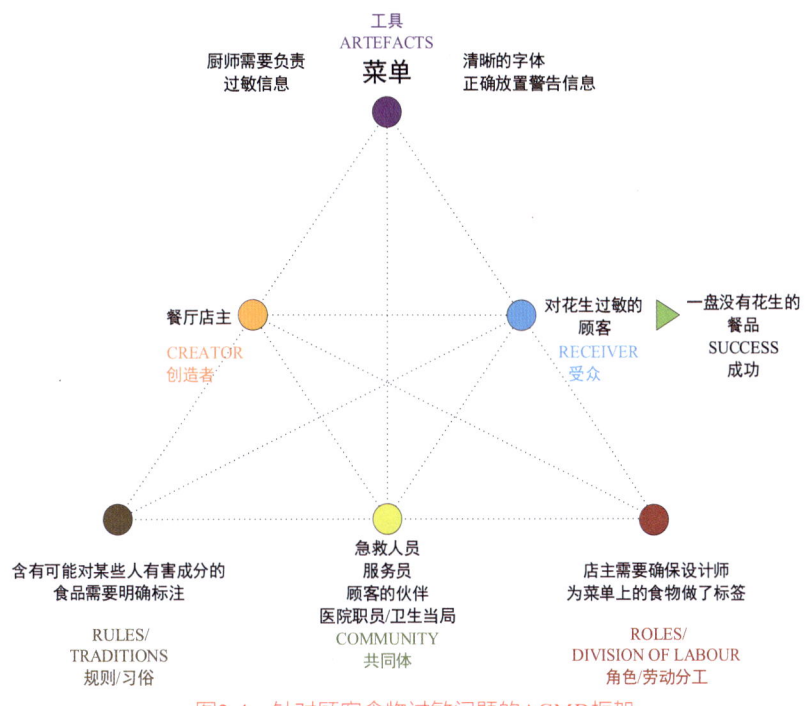

图2-4 针对顾客食物过敏问题的ACMD框架

2.3 以情境为中心的设计

随着云计算、大数据、传感器、5G通信、人工智能等技术的进一步发展，物联网系统将呈现出智能化的趋势，在"万物互联"的基础之上，所有实体产品都可能具备信息采集（收集、产生）、存储、处理、分发、呈现（显示）等功能。彼时，人与系统的交互关系将区别于传统的人机关系。

在传统人机交互关系中，人（用户）受到需求驱动，基于已有的计算机操作知识和特定目的使用计算机完成某些任务。在这种范式之下，人是交互行为的发起方，具有绝对的主动性。计算机只作为一种工具被动地接收用户的命令，辅助用户完成某些任务。而智能物联网系统则利用传感器主动、实时监控人和所处环境的相关参数（收集信息并存储信息），基于预先设定的系统服务准则（已存储的信息）做出判断（处理信息），并制定决策（处理信息），当人或环境的状态达到预先设定服务标准，系统则启动相关设备（分发信息），主动向人提供服务（显示信息）。在这种范式下，物联网系统结合自然用户界面之后，用户的学习成本就会大大降低，同时可以享受到系统主动提供的贴心服务。

智能物联网系统提供有效服务的前提是对人和环境状态（也就是交互情境）的准确判断，因此，作者针对此类系统的交互关系问题提出以情境为中心的设计方法（Context Centered Design，CCD）。

1. 基于情境开展设计调研

CCD强调以情境为中心开展研究和设计活动，基于AEIOU用户研究框架（图2-5）开展前期的设计调研。在通过观察、访谈等方式对用户开展调研时，应该关注以下因素。

活动（Activity）：用户以目标为导向的一系列行动，包括完成某项任务所采用的工作模式，所经历的具体操作和流程。

环境（Environment）：交互活动发生的场所，包括空间位置、自然环境、人工环境等影响交互行为和结果的因素。

交互（Interaction）：人与人造物之间的相互作用过程，是活动的构成要件，包括针对具体目标，用户和产品在环境中发生的常规和特殊交互行为。常规交互行为指用户以常见的、设计师所预想方式使用产品的行为。特殊交互行为则指用户在复杂或意外情况下，以改变对象的功能、含义和情境的方式使用产品的行为。

对象（Object）：交互活动所涉及的产品、设备、信息、内容等物理对象和信息对象。

用户（User）：用户的行为、喜好和需求。典型用户的特征有哪些？如果交互活动涉及多个用户，其协作关系如何？

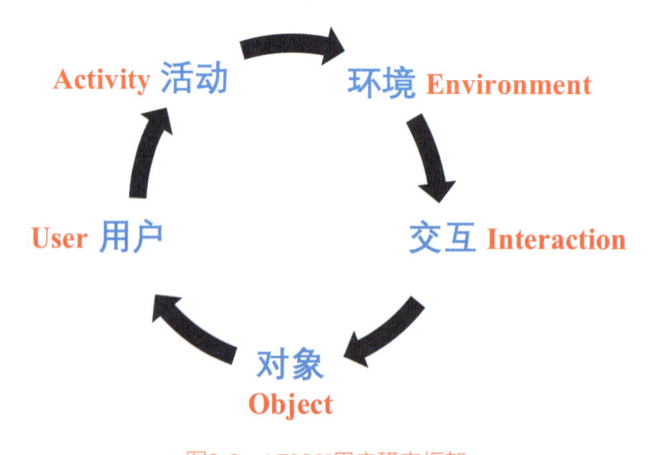

图2-5 AEIOU用户研究框架

2. 用情境卡片激发设计创意

完成设计调研后，基于收集的资料和初步的设计洞察，针对具体设计目标制作概念激发卡片，利用卡片激发设计创意。以智慧家庭系统设计为例，设计团队希望基于智能物联网技术设计出面向未来生活形态的智慧家庭系统，包括实体产品和相应的软件服务系统。针对这一目标，设计制作用户角色（图2-6）、典型用户活动（图2-7）、家庭环境细分空间位置（图2-8）和时间（图2-9）等卡片。用叙事手法描述现有的交互场景，然后再加入创意激发卡片（图2-10），提出新的设计概念。除创意激发卡片外，其他四类卡片覆盖了智慧家庭系统与用户交互的情境要素以及这些要素可能出现的具体情况。用户角色卡片包含典型家庭场景中可能存在的用户类型；典型用户活动卡片包含用户在家庭环境中可能开展的各类活动；家庭环境细分空间位置卡片包含典型家庭环境中对内部空间的划分和功能定义；时间卡片包含一天的24小时，每3个小时为一个单元。

图2-6　用户角色卡片

图2-7　典型用户活动卡片

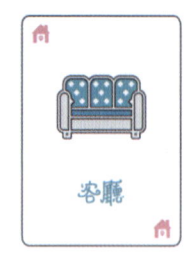

图2-8　家庭环境细分空间位置卡片

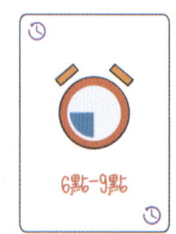

图2-9　时间卡片

图2-10　创意激发卡片

创意激发卡片旨在通过设计师对自动化、个性化、服务化、网络化、数字化等概念的理解和运用，为已有的生活场景提出智能物联网系统的解决方案。

自动化指人工系统能根据某种预先设定好的方式运行，并向用户提供某种功能，其中涉及简单的条件判断。例如，在用户设定好选项，启动之后，全自动洗衣机可以按照系统设计人员预先设定好的程序和参数清洗衣物，但如果洗衣机检测不到水流，则不启动洗衣流程。

个性化是人工系统智能化的一种典型表现，即系统能"认出"用户身份，进而做出具有针对性的反馈。这要求人工系统在运行过程记录并分析使用历史记录，总结出用户的使用习惯和偏好，在之后的运行过程中以符合用户习惯和偏好的方式提供系统功能。如果供多种类型或多个用户使用，系统还需要具备识别用户的能力。

服务化指将人工系统原有的功能变成一种由相应机构提供的服务，其中更多涉及商业模式的变革。系统功能服务化会改变人与系统的交互关系，原本最终用户和人工系统之间的交互关系可能会转移到由专门的服务人员与人工系统发生关系。例如，用户清洁衣物的需求，可以通过自己购买并使用洗衣机得到满足，也可以通过使用由第三方专业机构提供洗衣服务达成目的。当然，根据服务细节的方案不同，洗衣服务也可以有很多种细分类型，如：上门取件，清洗完成后送回；在用户聚集区提供短时或长时的洗衣机租赁服务；到用户家中提供洗衣服务等。

网络化主要解决"信息孤岛"问题，使原本独立、分散的人工系统能够进入网络，变成物联网系统，为"个性化"和"服务化"提供支撑。传统人工系统，特别是仅以物理实体形式呈现的系统经过网络化之后可以实现远程控制、系统资源共享和动态调用，进而提高设备利用效率。共享单车、共享雨伞、共享汽车等"共享经济"模式最为重要的支撑技术之一就是传统设备的网络化。给自行车安装上定位系统，赋予其联网能力之后，就可以在互联网上看到其位置和是否可用的状态，从而实现自行车的共享。

数字化是网络化的基础，指将人工系统运行过程中产生的信息转化成可以输入计算机系统，对其执行运算的数据形式。带有信息处理单元的嵌入式系统或自动化系统就是传统人工系统数字化的一种体现。通过数字化，系统状态和运行参数可以更为精确地呈现和控制，有利于提升系统运行效率。

根据设计目标，确定开展设计工作坊所要使用的卡片，并不一定用到所有卡片。在选好所有卡片后，为每个小组分配一套。从参与成员中选择一人作为主持人（最好是熟悉流程的设计师），负责组织整个过程中的卡片抽取顺序，并引导每个参与者开展叙事。小组中的每个人任意抽取"用户角色""家庭环境细分空间位置""典型用户活动""时间"卡片各一张，按照从左到右的顺序放在桌面上，进行第一轮叙事，之后每人再任意抽取一张"创意激发"卡片，讲述新的叙事（包含所有提出的设计概念）。每个参与者可以自由发挥，其他人也可以进行补充。针对所提出的有价值的概念，利用设计概念叙事表进行记录。表2-1是针对智能浴室的设计概念叙事表。

表2-1　设计概念叙事表示例

时间	空间位置	用户角色	用户活动	主要产品	系统行为	信息对象	系统价值
周六早晨八点	浴室镜前	Jeffrey，男，38岁，白领，已婚，三口之家男主人	站在浴室镜前刷牙或洗漱	浴室内的梳妆镜	判断用户在浴室镜前停留超过5秒，显示并播报当天当地的天气情况	当地的地理位置，当地的天气信息，用户身份判定	提醒用户天气情况，为出行做准备
周六早晨八点，Jeffrey在浴室刷牙的时候，从带有显示器功能的梳妆镜上看到当天当地的天气情况							

3. 设计概念的表达

设计概念的叙事模型（Narrative Model，NM）是基于文字描述，通过叙事手法构建的设计概念表达形式，从中可以分析出实施设计概念所需的软硬件资源。它有助于设计团队与后端构建设计概念原型的工程师进行衔接。表2-2是与表2-1所示设计概念对应的服务资源表，用于分析实现所提出设计概念所需的各种资源和系统开发的关键问题。

表2-2　设计概念的服务资源表示例

用户角色	Jeffrey，男，38岁，白领，三口之家男主人		
叙事模型	周六早晨八点，Jeffrey在浴室刷牙的时候，从带有显示器功能的梳妆镜上看到当天当地的天气情况	编号	NM1
价值	便捷的天气预报信息服务，为用户后续活动提供参考		
目标	（主动）向用户提供所处位置的天气信息		
物理实体	镜面显示器、网络通信硬件、用户识别硬件		
信息与内容	天气预报信息、地理位置信息、时间等		
使用条件	用户（使用权，身份确认）和信息提供商（允许其提供信息）		
交互类型	天气预报信息提供商→用户		
关键问题	当前时间？用户是谁？当前位置？		

为了实现表2-1所示设计概念，系统开发所需的物理实体资源及其初步的解决方案如表2-3所示。此表用于系统交互设计师和负责系统硬件设计与开发的工业设计师、结构设计师、硬件开发工程师进行沟通，确定系统硬件的大致尺寸和初步的获取渠道。

表2-3　系统开发物理实体资源表示例

序号	物理实体	功能	支撑的服务	初步解决方案（参数，规格）	获取渠道
1	镜面显示器	显示信息，提供镜子的功能	NM1	60厘米×80厘米镜面显示器，右上角布局显示区域	供应商定制开发
2	网络通信硬件	连接互联网，获取信息和内容	NM1	WiFi通信模块	选型，购置
3	用户识别硬件	识别用户	NM1	红外传感器，安装位置1.5米高	选型，购置
4	用户身份识别硬件	识别用户身份	NM1	人脸识别摄像头	选型，购置

表2-4列出了为实现表2-1所示设计概念所需的信息内容资源及其初步的解决方案。此表主要用于系统交互设计师与后端的信息开发工程师、软件系统开发工程师以及后端的UI设计师

进行沟通，确定相关情境信息与内容的获取方式和信息表现方式。需要注意的是，软件系统有较强的拓展灵活性，可以很容易地增加新的功能，需要在信息内容资源表中列出提供所有服务（叙事模型）相关的信息内容。例如，表2-4中的NM2对应的叙事模型是"周六早晨八点，Jeffrey在浴室刷牙的时候，从带有显示器功能的梳妆镜上看到系统推荐的周边美食"。

表2-4　系统开发信息内容资源表示例

序号	信息内容	获取渠道	支撑的服务	显示方式	显示硬件
1	天气预报信息	从第三方平台读取，如墨迹天气	NM1	文字、图形	镜面显示器
2	地理位置	GPS、网络位置	NM1	文字	镜面显示器
3	时间	系统时钟	NM2	文字	镜面显示器
4	用户身份	人脸识别、用户输入	NM2	文字、图标	镜面显示器
5	周边餐饮服务信息	从第三方平台（如美团）读取	NM2	文字、图形、视频	镜面显示器

CCD设计理论与方法主要针对智能物联网系统的交互设计问题而提出，用以解决系统概念设计、功能定义、信息架构设计以及原型构建等问题，有较强的针对性。其设计思路和方法也可用于移动终端软件系统的交互设计。

2.4　参与式设计

"参与式设计"（Participatory Design，PD）的概念起源于20世纪60年代北欧国家，最初的概念强调"参与性"，希望政府管理者在制定决策的过程中吸纳公众的观点，之后才被引入设计领域。参与式设计强调在创新过程的不同阶段，邀请用户与设计师、研究者、开发者合作，一起定义问题，定位产品，提出解决方案并对方案做出评估，改进解决方案，再评估，直到产品面市——这种设计过程也被称为共创（Co-Creation）。软件产品更加强调快速部署、不断迭代，因此，这一过程可以持续到产品寿命终结。

PD设计师要认识到，虽然自己有可能是所设计产品的用户之一，但自己的想法并不完全等同于所设计产品的最终使用者的观点，所以要邀请用户参与设计过程，倾听他们的想法。通过小组讨论、专题讨论、用户访谈等了解新的设计需求以及现在人们处理方法存在的问题。通过使用各类技术鼓励人们一起参与设计，而不是做一小部分人的专属定制设计。

在PD范式中，设计师与用户的角色发生了微妙的变化：用户成了产品的设计者和改变者，而设计师和研发工程师在PD中则更多地扮演协调者（facilitator）、配合者（partner）和观察者（observer），在PD中获取关于用户的第一手资料。研究人员作为PD的主要组织者，在此过程中可以从更丰富的角度挖掘用户的观点和需求。

组织参与式设计活动的原则如下。

- 建立联系：不要一开始就想着组织一大群人来参与设计活动，从你熟悉的小规模人群开始会更加容易。
- 协调已有人际网络：如果是面向某一群体开展设计工作，那么最好与这一群体信任的人取得联系（例如，老年活动中心的"意见领袖"），然后让这个"代理角色"进一步协调设计活动的参与者。
- 到用户所在的地方去：很多用户并不经常参加类似的活动，所以设计师的邀请可能会让他们感到不安。所以，最好在用户群体住所或工作场所附近开展设计活动，邀请他们参与。
- 保证信息的可读性：在开展设计工作坊的过程中，确保邀请的项目团队之外的参与人员能清晰理解所交流和沟通的内容，尽量少用专业术语。
- 提供协助而不是解决方案：不要仅仅询问参与者的意见和建议，然后让设计师和开发人员去实现他们的想法；而应该让他们自己提出并创造解决方案。
- 招募中立的协调者：整个设计活动的协调者应该处于中立位置，对于活动的产出不带有任何好恶倾向，且与活动的参与者处于平等地位。
- 测试和重定义：针对设计概念构建小尺寸原型，并让设计活动参与者对其进行测试，提出改进意见。聚焦于快速的设计方案迭代，不要花太多时间在抽象的讨论上面。
- 少说，多做：很多时候，设计活动的参与者所提出的概念并不能通过语言表达清楚，让他们参与动手制作原型的过程，并把这种表达方式培养成他们的习惯。
- 不要呈现完美的解决方案：有意留出一些"漏洞"和"不完美"给参与者，让他们提出完善办法。看上去处于最终状态的产品会让人感觉不需要再做任何改进了。
- 找出用户擅长的事情：每个人都会有自己所擅长的事情，鼓励参与者将自己的一些技能和资源带到设计活动中来，这样有助于产出更优的结果。
- 帮助用户建立一些能力：针对设计活动的主题开展一些培训，提升参与者关于设计主题的能力和知识。

传统UCD方法中，用户参与产品设计过程的程度较浅，形式偏于被动，主要是接受访问、接受观察、填写问卷、按研究者设定的任务对产品进行可用性测试等。无论是用户自身还是设计师和研究人员，都普遍认为用户是被研究的对象，是配合的一方。而PD更加强调发挥用户的主动性和积极性，用户不再是被动接受访谈、填写问卷、从不同的方案中做选择、表述观点，而是真正参与设计创意和原型设计，甚至被吸纳到设计团队中，短时间内与设计师一起工作。借助实验者提供的材料，用户可以亲自提供设计方案并解释自己的创作思路。整个过程，用户感受到他在和设计者一起创造、解决问题，是产品的创造者之一。

2.5 目标导向设计

目标导向设计（Goal-Directed Design，GDD）是面向行为的设计，旨在处理并满足用户的行为目标和动机。GDD的提出者艾伦·库珀（Alan Cooper）认为：深入理解用户的行为目标比关注产品的功能更为重要；应该以用户的使用目标为设计方向。GDD综合了人种学研究、利益相关者访谈、市场研究、详细用户模型、基于场景的设计，以及一组核心的交互设计原则和模式等设计工具和技巧。这种设计方法强调通过对用户和使用情境建模明确用户在不同交互情境下的目标，从而提供既能满足用户需求又能达成商业和技术目标的产品。GDD设计流程大致分为研究、建模、需求、框架、细节优化和支持六个阶段（见图2-11），具体的步骤如表2-5所示。

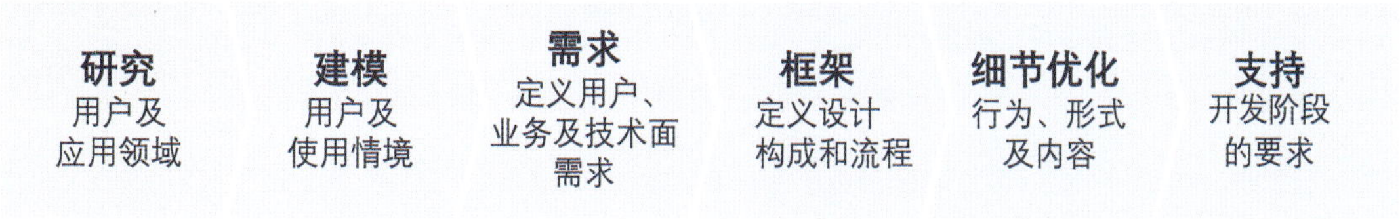

研究	建模	需求	框架	细节优化	支持
用户及应用领域	用户及使用情境	定义用户、业务及技术面需求	定义设计构成和流程	行为、形式及内容	开发阶段的要求

图2-11　GDD各设计阶段

表2-5　目标导向设计的流程和步骤

	关键活动	关注点	利益相关者的协作	交付物
研究	范围界定 定义项目目标与日程	目标、时间进度、版本、进程和里程	会议 能力和范围的确定	文档 工作内容描述
	审查现状 审查已完成的工作和产品	商业和营销计划，品牌战略、市场研究、产品组合计划，竞争对手，相关技术		
	利益相关者访谈 理解产品愿景和限制条件	产品愿景、风险、约束条件、机会、组织工作、用户	访谈 利益相关者和用户	
	用户访谈和观察 了解用户需求和行为	用户、潜在用户、行为、态度、能力、动机、环境、工具、挑战	记录 初期研究发现	
建模	人物模型 用户和客户模型	用户和客户行为、态度、能力、目标、环境、工具、挑战	记录 人物模型	
	其他模型 表示产品在所处领域的因素，而非关于用户和客户的因素	多个用户、多个环境、多个工具间的工作流		
需求定义	情景场景剧本 讲述关于完美用户体验的故事	产品如何贴近用户生活和环境，如何帮助用户实现目标	记录 场景剧本和需求	
	需求 描述产品必备的能力	功能需求、数据需求、用户心智模型、设计需求、产品需求、产品前景、商业需求、技术	演示 用户和领域分析	文档 用户和领域分析
设计框架	元素 定义信息和功能如何实现	信息、功能、机制、动作、领域和对象模型	记录 设计框架	
	框架 设计用户体验整体框架	对象关系、概念分组、导航序列、原则和模式、流程、草图、故事板		
	关键路径和验证场景 描述人物模型和产品的交互方式	产品如何适应用户理想行为顺序，以及如何适应其他类似情况	演示 设计愿景	

续表

关键活动		关注点	利益相关者的协作	交付物
设计细化 ↓	细节设计 改进并细化产品细节	布局、外观、控件、行为、信息、可视化、品牌、体验、语言、故事板	记录设计细化	文档 表单和产品行为的具体规格定义
设计实现与迭代	设计修改与改进 适应新的限制条件、迭代版本及需求和项目排期	在技术限制、项目排期、时间表等因素的改变下，保持设计概念的统一性和完整性	协同设计与迭代	修正与改进 形式和行为规范

1. 研究

研究阶段运用人种学研究技术（实地观察和情境访谈）获取有关产品的真正用户和潜在用户的定性数据。这一阶段的工作还包括考察竞争对手产品，研究分析市场现状、技术白皮书和品牌战略，并对产品利益相关者、开发人员、行业专家和特定领域技术专家进行访谈。

实地观察和用户访谈能得出用户行为模式，帮助设计团队对现有或正在开发的产品的使用方式进行分类。这些模式暗示着用户使用产品的目标和动机（即希望达到的具体结果）。在商业和科技领域，这些行为模式往往与特定的职业角色存在一定的对应关系；对于日常消费品来说，这一模式则与用户的生活方式息息相关。用户的行为模式以及目标用于在建模阶段构建用户模型（Persona）。开展市场研究能帮助设计团队选择出适合商业模型的有效用户模型。利益相关者访谈、文献研究以及产品审查能够加深设计师对相关行业领域的理解，明确设计必须支持的商业目标、品牌属性以及受到的技术限制等因素。

2. 建模

通过实地观察和情境访谈能发现用户的行为模式和工作流程，基于此可以建立用户模型和领域模型。领域模型包括信息流程图和工作流程图。用户模型（或人物角色、角色模型）是一种详细的用户原型，代表研究阶段所发现的拥有各种行为、态度、天赋、目标以及动机的用户群。

用户模型主要用于基于场景叙事的设计。这种设计方法能够在"框架定义"阶段迭代式地生成设计概念并提供反馈，以保证"详细设计阶段"设计方案的一致性和适当性。它还是强大的交流工具，围绕用户模型讨论设计概念能够帮助开发人员和管理人员理解设计的合理性，并基于用户需求确定功能的优先级。在建模阶段，设计师利用多种工具来分析用户模型、对其进行分类并确定各类用户模型的优先级，研究不同类型的用户目标，覆盖所有类型的用户行为，保证没有缺失或重复。

3. 需求

设计团队在定义需求阶段所采用的设计方法不仅为用户与其他产品模型建立了所需的联系，还为后续设计工作的顺利开展提供了框架。这一阶段主要采用基于场景的设计方法，其重要突破在于，将满足特定用户模型的目标和需求置于首位，而不是关注抽象的用户任务。用户模型能够帮助设计团队找出真正重要的用户任务及其原因，从而使创造出的界面尽可能减少完成任务所花的力气，同时保证能实现最大的效果。用户模型是这些场景的主角，而设计师则通过角色扮演的方式探索设计方案。

需求定义阶段需要分析用户模型的特征和对产品功能的需求。不同情境下用户模型的目标、行为及与其他用户模型的交互关系定义了用户对产品功能的需求。

这种分析通常需要经过反复提炼情境场景（Context Scenario）完成。从用户模型使用产品的"典型日常生活"开始，描述高层次的产品接触点，然后一层一层深入，不断定义设计细节。除了场景驱动的需求外，设计师还要考虑用户模型使用产品的技能和体能状况，以及与使用环境有关的问题。商业目标、用户渴望的品牌属性以及技术限制因素也应一并考虑，而且要平衡它们与用户模型的目标、需求的关系。这一阶段输出的结果是需求定义文档，它需要平衡用户、业务和设计遵循的技术要求之间的关系。

4. 框架

在框架定义阶段，设计者创建产品的整体概念，为产品的行为、视觉设计，以及（如果适用的话）物理形态定义基本框架。交互设计团队采用两种重要的方法论工具，再加上情境场景，整合成一套交互框架。第一种是通用交互设计原则，它能够定义各种情境下恰当的系统行为。第二种是交互设计模式，也就是分析问题过程中得出的通用解决方案（根据情境的不同会有所差异）。这些模式类似克里斯托弗·亚历山大（Christopher Alexander）提出的建筑设计模式，该模式后来由埃里克·加马（Erich Gamma）等人引入计算机编程领域。层级化的交互设计模式会随新情境的出现而不断演化，它不仅不会遏制设计师的创造力，反而能利用已经过检验的设计知识解决设计师面临的难题。

当产品的数据和功能需求明确后，设计师就可以按照交互原则，将其转变为设计元素，然后利用设计模式和设计原则将其组织成设计草图和产品行为描述文档。这个过程就是交互框架定义（Interaction Framework Definition），即固化设计概念，为后续设计细节提供逻辑和高度形式化的结构。接下来需要在细化阶段聚焦于交互场景，不断迭代设计方案。这种方法通常需要在自上而下（面向设计模式）的设计和自下而上（面向设计原则）的设计之间进行平衡。

一旦交互框架浮现出来，视觉设计者便开始着手创建一些视觉框架，有时这也称为"视觉语言策略"。视觉设计师基于品牌属性和对整体界面结构的理解定义字体、配色和视觉风格。

5. 细节优化

细节优化阶段的工作类似框架定义，但更加关注细节和设计的实施。交互设计师此时专注于任务的一致性，通过走查关键路径场景验证详细定义的各个界面元素。视觉设计师需要定义字体风格和大小、图标以及其他视觉元素，以清晰的可供性（affordance）和视觉层级提供吸引用户的体验。细节优化阶段的最终目标是提供详细的设计文档，即一份产品视觉外观和行为规范或蓝图。根据情境需要，这些文档以书面文字或者交互媒体的方式进行呈现。

6. 支持

即使是精心构思并经过验证的设计，也无法预料开发过程中可能遇到的所有困难和技术问题。设计师需要在开发者构建产品的过程中及时回答他们随时提出的问题，这非常重要。开发团队经常会为了赶工期而将其工作按照优先级做些取舍，此时产品的设计也必须进行调整。如果交互设计团队不能及时调整设计，那么开发人员有可能因时间紧迫而自行改动，这有可能会严重地损害设计的完整性。

2.6 用户体验要素

杰西·詹姆斯·加瑞特（Jesse James Garrett）在深入分析网站和应用的用户体验影响因素之后，根据这些因素对用户体验影响的程度和范围，将其划分为五个层次，用于指导软件系统的交互设计。如图2-12所示，这五个层次包括表现层、框架层、结构层、范围层、战略层。用户在接触产品的过程中，往往是由上到下逐渐感知的，即首先接触到表现层，再经过使用过程一层层体会企业/产品的战略目标。对于设计师而言，则要从下到上展开设计，首先定义企业/产品的战略目标，由战略目标定义产品的功能范围、信息架构和任务流程，最终定义产品的视觉表现。

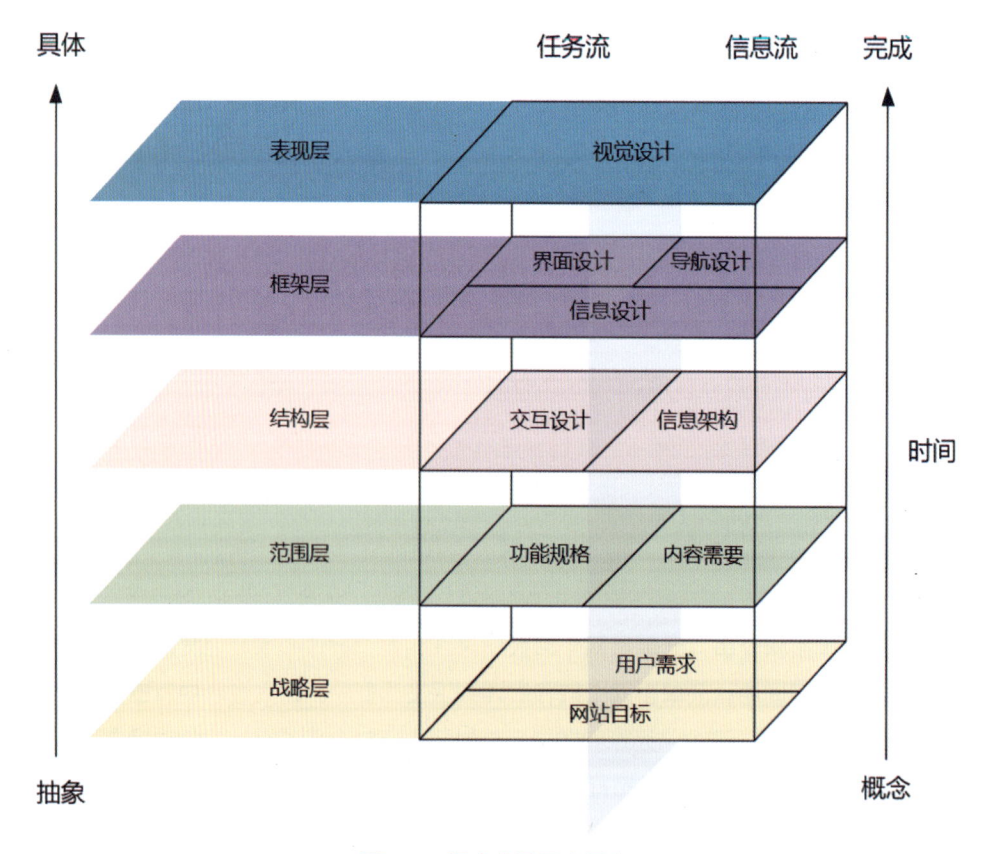

图2-12 用户体验五个层次

2.6.1 用户从上到下认知产品

1. 表现层

用户在接触产品时，看到的是产品（软件系统、网页或者应用）所呈现出来的视觉表现（surface），主要包括界面元素和信息内容的视觉表现形式。界面元素包括按钮、滑块、窗口、菜单、单/复选按钮、文本框等用以供用户操作、控制软件的元件，其视觉表现指这些元素的形状、尺寸大小、颜色、材质效果等。信息内容可以通过文字和图形、图像进行呈现，其视觉表现包括文字的字体、字号、颜色，图形和图像的色调、轮廓形状、尺寸、明暗度等。这些元素除了通过视觉化的方式向用户传递产品的形象之外，还具有一定的功能性，例如通过颜色、大小的对比，突出显示某一视觉元素，吸引用户的注意力，引导用户的操作流程。

2. 框架层

在表现层之下是网站的框架层（skeleton）。框架层定义的是界面元素和信息内容的位置和相对关系，也就是所谓的"布局"。用户在大致浏览完一个网站或者一个产品的首页之后，想进一步地去使用这个网站和产品，接下来只需点击一些控件或者按钮即可。用户在执行操作时，会感觉到有些产品使用起来非常流畅，而有些产品则使用起来非常费力。这其实是由于界面上控件布局合理性导致的。页面布局的合理性会极大地影响用户的操作效率，进而影响用户使用产品的整体体验。框架层的工作主要是优化界面元素的布局，使这些元素能发挥最大的效果，提升用户使用效率——用户在需要的时候，总是能找到应该操作的对象。

3. 结构层

与框架层相比更加抽象的是结构层（structure），框架层是结构层在具体界面上的表现形式。框架层定义所有界面元素的位置，而结构层则需要定义用户到达某个界面的路径，并且引导用户完成当前页面的操作之后进行下一步操作。框架层定义导航条上各项的排列方式，而结构层则要确定这些项的具体内容。

用户在使用网页和产品的时候，可能需要跳转多个界面，在跳转的过程中用户其实可以感受到网页或者产品的信息架构和交互逻辑是否清晰。在结构层，通过定义信息架构、任务流程、交互逻辑使产品的功能点能够被使用。结构层在五个层次中应该是比较复杂的一个层次，它就像一个产品的地图，当你需要使用某个功能时，它会一步一步地引导你去实现这个功能，以达到你的预期目标。

4. 范围层

结构层确定了信息架构、任务流程、交互逻辑，在结构层之下的范围层（scope）则需要定义产品的功能。除了产品的基本功能外，有一些方便用户操作，使交互流程易于完成的功能需要逐渐加入产品之中。例如，用户经常在电商平台使用某个邮寄地址，那么是否电商平台系统应该记住这一地址，在用户下一次提交订单时，默认填写该地址作为用户的收件地址。范围层要解决的就是定义产品应该具备哪些功能。

5. 战略层

范围层之下是战略层（strategy）。战略层定义了产品的目标、用户及所要满足的用户需求。普通用户对于产品战略层的感知是非常不敏感且比较模糊的，只有在产品缺失或不可用时，用户才能感受到产品的价值和存在的意义。例如，某企业对外卖订餐产品的战略定位是为用户提供方便、快捷的订餐服务。普通用户对产品的感知仅停留在其功能层面，即利用该产品可以订外卖。当因为某种原因无法使用这类产品，而确实又需要的时候，用户才会感到不方便。

2.6.2 设计师从下到上设计产品

1. 战略层

在整个产品设计过程中，战略层要解决的问题是定义产品目标、目标用户和用户需求。设计团队需要回答以下问题。

- 我们希望通过这个产品得到什么？例如，产品在一年内盈利多少？带来多少流量？能否和现有产品形成互补优势？带来哪些社会影响？为企业树立什么样的品牌形象或社会形象？
- 谁将使用我们的产品？我们希望谁使用我们的产品？
- 用户使用这个产品做什么？使用产品之后他们能得到什么？改善什么？产品给用户带来什么服务和价值？
- 产品的核心竞争力与不可替代性是什么？

以上这些问题的答案定义了产品的基调，最终将传递到其他四个层面，指导各个层相应的设计活动。

2. 范围层

范围层定义产品的功能与规格。在确定目标用户、用户需求、产品目标之后，设计团队需要围绕这三方面考虑产品应该提供哪些具体的服务与功能来满足这三方面的战略目标。在定义功能架构之前需要把所有功能定义清楚。产品具备哪些功能？核心功能是什么？每个功能的作用是什么？执行产品功能目标是什么？这些都是范围层需要回答的问题。

在定义产品的功能与规格时，需要确定功能的优先级，以定义设计开发工作的优先次序。从产品功能对盈利模式的支撑程度，对实际业务开展的支撑程度，用户的需求程度等角度分析，可以把产品功能划分为重要核心功能、次要核心功能、重要非核心功能、次要非核心功能，对应的优先级从最高到最低。项目团队的人力、财力、时间等资源要优先保障高优先级的功能设计与开发工作。

3. 结构层

结构层的设计工作要确定产品的信息架构、任务流程、页面跳转的逻辑关系等内容。这些设计工作决定了产品的使用流程是否合理、能否保证用户顺利地使用产品。信息架构设计定义了产品功能信息所处的位置和寻找路径；任务流程设计定义了用户使用产品功能完成具体任务所要走过的路径和经历的产品页面；这两者在产品中最后的呈现方式就是页面之间的跳转逻辑关系。

信息架构的设计需要通过卡片分类、信息分类、聚类分析等设计方法解决产品包含的所有信息的分类问题，最终以层级化的树形结构体系呈现给用户。信息架构的层数（信息架构的深度）和每一层信息内容的数量（信息架构的广度）需要很好地平衡。

任务流程的设计需要从业务的具体开展方式开始，分析当前用户完成任务的流程，找出所有信息输入、处理、输出的过程，通过产品帮助用户完成这些任务。层次任务分析法可以有效地对用户任务进行分层，然后分析各层任务流程的合理性，进而展开优化设计。任务流程设计的目标是降低用户操作次数，优化交互方式，提高任务执行顺序的灵活性，减少场景转换，最终提高用户工作效率和准确度。

用户使用产品完成任务时，需要经历不同数量的页面，这些页面间的跳转逻辑应该符合用户已有的知识，才能降低用户学习成本，提高产品易用性，最终提升用户满意度和工作效率。

4. 框架层

框架层要定义每个界面具体的控件元素布局，比如按钮、控件图片、文本的区域和位置。在结构层解决了信息结构、任务流程的梳理，在框架层就要把实现每个任务的界面设计出来。在这一阶段应该按照一定的规范定义控件的尺寸、所处区域大小和相应的文字标签。框架层所有设计工作一般以产品设计线框图（wireframe）的方式呈现。

线框图通过选择和布局交互控件和设计元素实现界面设计；通过放置和排列信息对象完成产品的信息设计；通过定义页面跳转关系和交互逻辑完成任务流程定义。把这三者整合到一个文档中，线框图就可以确定产品的基本架构，同时为表现层的具体设计工作指明方向。

5. 表现层

表现层是整个五层模型的最后一层，在这一层要完成产品的所有视觉设计工作。基于框架层完成的产品线框图，此时要为线框图"上色"，定义产品最终的视觉呈现效果，也就是绘制产品的"高保真原型"。表现层的工作也可以说是为产品创建最终的感知体验。

软件产品的设计是快速迭代、功能不断更新（增加、减少或替换）的长期过程，为了保证产品（不同版本的）所有页面效果的一致性，为用户带来一致的整体感受，在视觉设计阶段要定义整个产品的设计规范，主要包括色彩的RGB值（或用其他色彩模型表示，如LAB值）；字体的选择、颜色、字号、修饰元素；图片的尺寸、长宽比例、色调、修饰效果等；控件的具体尺寸、修饰效果等。这些具体的设计规范还可以指导程序开发人员的工作，保证程序开发的最后效果和设计方案效果的一致性。在表现层，产品的内容、功能和视觉美学融合到一起，成为最终的设计方案，完成其他四个层面的所有目标，并为用户营造美好的感官体验。

如图2-13所示，在利用用户体验要素的5层模型开展产品设计工作时，先确定产品的战略，再根据产品战略依次从下往上设计，形成战略定义、功能定义、结构设计、布局设计、视觉设计5个阶段。每一阶段的设计结果都是下一阶段的输入内容和工作基础，也决定了工作方向。每一个阶段制定的设计决策都需要在下一设计阶段具体执行，如果反复修改，则会使产品形象变得模糊，并且非常不利于项目的推进。

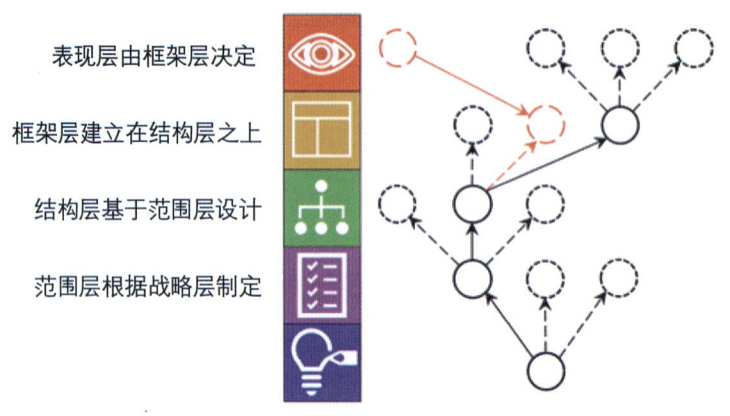

图 2-13　基于用户体验要素模型的产品设计工作框架

2.7　交互设计的工作流程

交互设计工作不仅在于定义软件系统的信息架构和界面布局，在面对新的市场机遇，创造新产品，或对已有产品更新升级时，交互设计的工作还包含探索设计机会、定义产品功能，进而定义使用流程和信息架构、设计产品界面布局、构建产品原型并展开设计评估。完整的交互设计工作流程如图2-14所示。

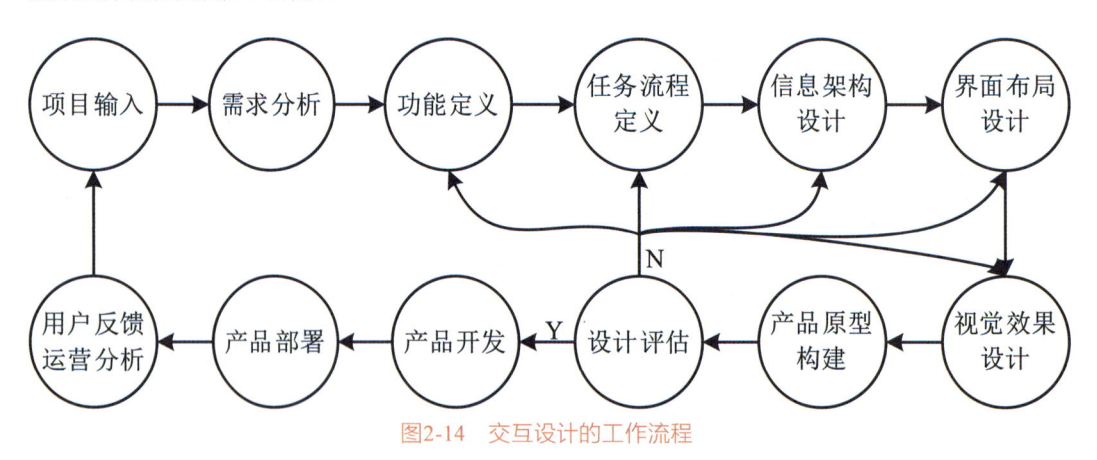

图2-14　交互设计的工作流程

1. 需求分析

需求分析阶段主要通过开展设计研究探索设计机会，定义市场和消费者需求，初步形成产品概念。首先要定义所设计产品的目标用户群体，然后通过用户访谈、问卷调查、现场观察等研究方法找到用户的需求和期望。显性需求和用户期望通过访谈、观察可以获取，隐性需求则需要具备用户体验知识的研究人员分析用户对相关产品的认知、态度、使用习惯和操作流程之后进行挖掘，列出潜在需求之后，可以通过问卷调查的方式进行确认。

这一阶段的工作主要由设计研究人员完成，设计师、领域专家、产品经理参与其中。工作成果主要是需求分析报告，一般包括目标人群筛选、定义与特征描述和用户需求描述。目标人群定义以用户模型（Persona）的方式呈现；需求描述包括需求来源，如用户描述的需求，经过研究人员分析得出并由用户确认的需求。另外，为了便于规划产品的迭代与发展，需要对用户需求进行分类，常用工具为如图2-15所示的卡诺模型（Kano Model）。

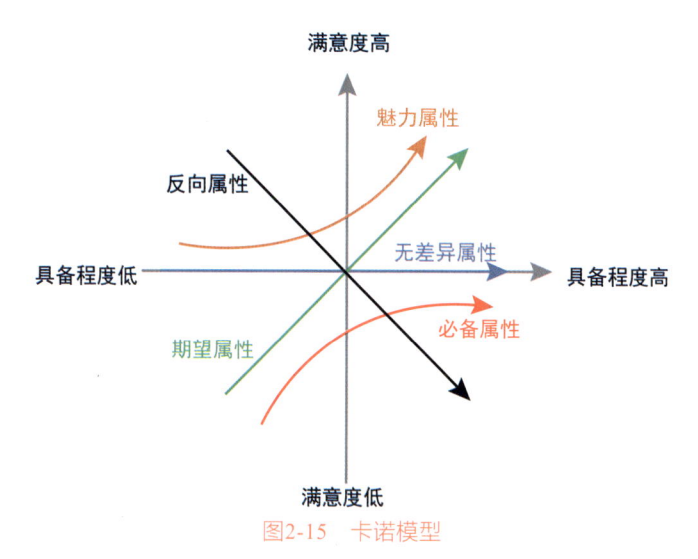

图2-15　卡诺模型

卡诺模型将产品和服务的质量特性分为以下五种类型。

- 必备属性：当产品具备此属性时，用户满意度不会提升；当产品不具备此属性时，用户满意度会大幅降低。
- 期望属性：当产品具备此属性时，用户满意度会提升；当产品不具备此属性时，用户满意度会降低。
- 魅力属性：用户意想不到的特征，如果不具备此属性，用户满意度不会降低；但如果产品具备了这一特征，用户满意度会有很大提升。
- 无差异属性：无论产品是否具备此属性，用户满意度都不会改变，用户根本不在意。
- 反向属性：用户根本没有此需求，如果产品具备此属性，用户满意度反而会下降。

之后，设计开发团队根据研发计划和企业资源，来规划先开发哪些功能，满足哪些用户需求，在后续版本开发哪些功能，满足哪些用户需求。

2. 功能定义

功能定义阶段主要通过对市场与行业、竞争产品展开分析，再结合用户需求确定产品的具体功能，是一个融合多方面信息之后制定决策的过程。

市场与行业分析：寻找市场中的机遇，确定产品的切入点，一般由产品经理和项目相关人员（包括设计师）参与分析讨论，最终确定符合市场需求和行业发展趋势的产品功能。

竞品分析：分析已有的相关产品，从商业目的、功能、体验等方面归纳总结，找出竞品的优点和缺点，在保证不侵犯知识产权的情况下参考竞品的优缺点定义产品功能。

需求转化：分析已经确定的用户需求，将其转化为产品功能，描述产品功能满足用户需求的具体方式。根据用户需求类型，结合产品的商业模式定义产品的核心功能和辅助功能，为后续产品开发定义工作顺序和重点。例如，将用户的基本需求定义为产品的基本功能或核心功能，提高其开发优先度，在开发过程中优先开发；将用户的期望型需求定义为次要功能或辅助功能，在用户达到一定数量，产品运营平稳，具有持续盈利能力之后进行开发。

这一阶段的工作主要由产品经理、设计师和研究人员合作完成，需要领域专家和潜在用户的参与。工作成果是产品功能清单，需要说明功能来源，如参考某个竞品的优势，市场和行业发展的某一趋势或满足用户的某项需求。经过设计开发团队分析评估后，在功能清单中描述每一项功能的开发优先度。

3. 任务流程定义

产品的每一项功能都需要用户执行一定的操作流程才能得以完整实现。以某网络订餐平台为例，其核心功能是支持用户通过该平台订餐。为了实现这一目标，用户需要在手机或计算机上打开并登录该订餐平台，浏览相关餐饮信息，选择自己要订的餐食类型，确定具体的餐食项（如菜品、主食、小吃、汤品等）和数量，填写收货地址和联系方式，确认之后提交到平台，然后支付餐费，完成订餐。用户使用产品达到目的所经历的具体阶段就是相应的任务流程，如果是渐进式创新，可以参考已有的竞品定义产品功能的任务流程。如果是突破式创新产品，没有可参考的竞品，则需要根据用户以往完成相同或相似任务的具体流程定义产品功能的使用流程。

任务流程定义工作主要由设计师和产品经理完成，研究人员、潜在用户、程序人员和领域专家参与讨论和决策。在设计产品的任务流程时要关注用户在各个任务环节的具体操作行为，主要包括启动程序、登录、浏览、搜索、选择、输入、修改、删除、确定、提交等。为了便于产品开发，设计师需要与程序人员确定用户的所有操作节点处要执行的条件判定，如在提交内容时判定用户所填写内容是否完备、是否符合某些规范、是否处于登录状态等；并在判定处给出不同判定结果对用户的引导，如判定用户处于未登录状态，则将用户引导至登录页面。

这一阶段工作的主要成果是产品所有功能的任务流程图。需要注意的是，根据产品所面向的用户类型不同，需要定义适用于不同用户的任务流程。如电商平台要同时为买家和卖家提供服务，那么不仅需要定义用户购买商品的任务流程，还需要为卖家定义管理商品、订单、客户的任务流程。这两个角色的相关联任务流程需要一起定义，如买家退货和卖家管理要求退货订单的流程。

4. 信息架构设计

软件产品的主要作用是（通过与用户的交互）对信息进行处理，并显示给用户。信息架构可以理解为产品的骨架，它定义了产品所有信息的相对关系和组织形式。用户使用产品完成任务的过程中，无论是输入、浏览、筛选、确定还是提交，每一次操作的对象都是信息，信息的相对位置决定了用户能否流畅地完成任务，最终实现自己的目标。例如，当用户选择所要预定的菜品和数量，下一步要提交到系统，如果"提交"操作的位置和视觉效果设计得不好，用户找不到或花费了较长时间和一定的精力才找到该操作对象，这不仅会降低用户的使用效率，还会导致用户产生急躁、挫败、失望等负面情绪，某些用户甚至会放弃任务，并卸载产品。

信息架构设计阶段的主要工作是对产品包含的所有信息和功能进行分类、分组并定义其层级结构关系。这一工作由产品经理和设计师共同完成，潜在用户、研究人员、领域专家、程序人员参与讨论和决策。最终的产出成果是产品的整体信息架构图，在完成之后，拿出产品所有功能的任务流程图，在信息架构图中对应地找出完成每一项任务所需要走过的节点，确保没有遗漏。

5. 界面布局设计

任务流程和信息架构定义完成后，需要把产品的所有信息和功能转化为具体的页面。所有页面内的信息总和以及页面间的层级结构关系是信息架构的具体体现，页面内的浏览/操作顺序和页面间的跳转关系是任务流程在产品中的具体表现形式。产品所有功能的任务流程的每个任务节点都应该有相应的支持页面，但不一定是一一对应关系。可能某个任务节点对应多个页面，如"支付"任务对应的页面包括显示/选择/填写支付账号、输入支付密码、确认支付页面以及支付成功后显示支付信息的页面。也可能多个任务节点对应一个页面，如浏览菜品、选择所需订购的菜品、输入数量三个任务节点都在同一个页面内完成。

在设计页面布局方案的时候，可以参考已有的设计模式确定页面所包含的信息的位置和相对关系，但需要重点推敲页面所支持的任务节点处，用户的主要需求是什么、视线规律是什么、决策模型和标准是什么。带着这些问题的答案对页面内的信息进行视觉优先度分级，保证用户主要需求的信息醒目，能快速被用户捕捉到，然后通过视觉设计引导用户视线，逐渐呈现其他辅助信息，帮助用户完成当前页面内的决策，最终引导用户完成任务。例如，当用户浏览并挑选菜品的时候，口味类型是用户决策是否选择该菜品的首要信息，要突出显示，确保用户除了菜品图片之外第一眼就能看到，然后根据从上到下、从左到右、从大到小的布局原则呈现价格、所属餐厅及其位置、主要口碑评价等信息。

界面布局设计工作主要由设计师完成，产品经理、潜在客户、研究人员以及程序员参与设计方案的评审。这一阶段的工作成果是产品所有页面的线框图，完成之后，拿出所有任务流程图，对应找出利用页面完成任务的操作路径，确保页面布局设计没有遗漏。

6. 视觉效果设计

界面布局阶段基本上完成了产品页面内所有信息对象的呈现方式（文字、图片、视频、动图等）、所处位置和尺寸的定义。视觉效果设计阶段的主要工作是通过为所有信息对象赋予颜色、材质、样式以提升界面的美感，塑造产品最终的感知体验。

在设计过程中，设计师可以先根据企业或产品的战略目标、企业的视觉形象、主要的业务内容预先制订颜色、字体、材质效果、样式的设计规划，然后抽取产品的核心功能页面开展具体的设计。设计方案经过评审通过后，依据这些核心页面的设计方案制定设计规范（如图2-16、图2-17、图2-18、图2-19、图2-20所示），说明不同信息对象的字号大小、字体选择、颜色、样式的设计标准，之后只需要依据这些规范批量化定义界面的视觉效果，这样能提高工作效率，保证产品的视觉效果完整统一。另外，纳入界面布局中信息对象的尺寸和位置等设计规范之后，可以形成产品界面的开发规范，移交给程序人员，指导产品页面的开发。

视觉效果设计工作主要由设计师完成，在定义了设计规范后，可以用示例向设计团队的所有成员说明规范的具体使用方法，之后可以让多个设计同时开展视觉效果设计工作，最终完成产品所有页面的视觉效果设计。

1.iOS系统推荐基于640×1136px或750×1334px进行开发，Android系统推荐基于720×1280px进行开发
2.iOS系统开发单位为pt(点),基于640×1136px，换算公式为：1pt=2px
3.Android系统开发单位为dp,字体开发单位为sp,基于720x1280px换算公式为：1dp=2px、1sp=2px

系统	设备分辨率	比例倍数
iOS	640×1136px	@2x
	750×1334px	@2x
	1080×1920px	@3x
	1242×2208px	@3x
	...	...
Android	320×480px	@1x
	720×1280px	@2x
	1080×1920px	@3x
	...	...

图2-16　某产品的图片尺寸规范

	样式	字号	字重	使用场景及用途
重要	标准字	36px	常规	用于少数重要标题 如导航栏标题、分类名称等
	标准字	32px	常规	用于一些较为重要的文字或操作按钮 如首页模块名称等
一般	标准字	30px	常规	用于大多数文字 如正文标题、商品名称等
	标准字	28px	常规	用于大多数文字 如正文标题、商品名称等
	标准字	24px	常规	用于大多数文字 如正文内容描述、小标题等
较弱	标准字	22px	常规	用于辅助性文字 如底部导航栏标题、菜单栏标题、次要的副标题等
	标准字	20px	常规	用于辅助性文字 如底部导航栏标题、菜单栏标题、次要的副标题等

图2-17　某产品的文字设计规范

	样式	色值(sRGB)	使用场景及用途
重要		#0070C0	**主色调用于特别需要强调和突出的文字、按钮和图标** 如导航栏、状态栏、注册按钮、图标配色等
		#000000	**用于重要文字信息、内页正文、标题** 如类目名称、正文标题等
		#F2F2F2	**用于重要文字信息、导航栏标题、模块背景色** 如导航栏标题文字、按钮文字、图标文字、模块背景色等
一般		#595959	**用于普通文字信息** 如商品类型、个人资料等
		#7F7F7F	**用于辅助、次要信息、提示信息** 如日期时间、地区、底部导航栏等
较弱		#D9D9D9	**用于边框线** 如模块边框线
		#F2F2F2	**用于背景色** 如大背景色

图2-18　某产品的配色设计规范

功能型图标（代表可操作的信息，如底部导航栏图标、菜单栏图标等）

操作图标（24×24px）

导航栏图标（32×32px）

菜单栏图标（40×40px）

线状

填充

底部导航栏图标（40×40px）

默认

选中

图2-19　某产品的图标设计规范

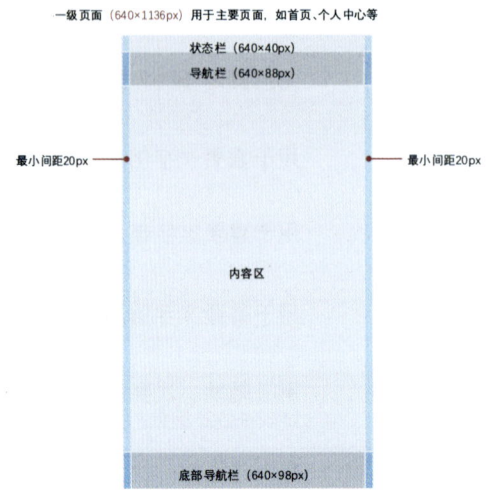

图2-20 某产品主要页面的布局规范

7. 产品原型构建

虽然界面布局设计和视觉效果设计定义了产品所有页面的设计效果，但该阶段最终呈现的是静态、独立、分散的产品页面，产品的整体形象并不明显。产品原型构建基于所有页面设计效果，建立页面之间的切换和跳转关系，模拟产品真实运行状态，强化产品的整体形象，提高用户测试时的沉浸感，让用户感觉到这是一款产品，而不是一堆散乱的页面。除了用来开展可用性测试、验证设计方案的合理性，带有交互功能的原型也可以用来在产品上线/发布之前向顾客和消费者演示产品功能的使用流程。

为软件产品设计方案构建原型的工具非常多，常见的包括Figma、Axure、Sketch、Adobe XD、Mockplus、Justinmind、墨刀、inVision等。与平面设计软件（以Photoshop和Illustrator为典型代表）相比，这些原型软件能在页面之间建立跳转关系，设置交互控件的视觉特效，支持触摸屏的手势操作，生成独立的可运行程序，模拟产品的运行过程，部分设计软件还能为设计师团队内部，以及后端程序开发人员建立协作平台，确保设计方案在开发过程中百分之百得到执行。

8. 设计评估与可用性测试

设计评估和产品的可用性测试是软件产品不断更新、不断提升用户体验的前提保障。常见的设计评估和可用性测试方法包括启发式评估、专家评估、基于任务的可用性测试、无任务的可用性测试、产品运行日志分析、关键事件分析、设计方案的A/B测试、眼动测试等。

产品原型构建完成之后，可以邀请领域专家、可用性专家、潜在用户、营销人员等设计开发团队之外的利益相关者对产品展开评估和测试，以找出设计方案中不合理的地方，这样可以在进入产品开发阶段前进行必要的调整。另外，在产品开发完成、部署之后，除了邀请以上利益相关者对已运行的产品进行评估和测试，找出需要改进的地方之外，还需要对产品的运行状况进行持续监控，分析产品运行日志，找出用户在使用产品过程中存在的问题以及产品的缺陷，为下一次的产品迭代指明工作方向。

第3章　交互设计策略

3.1　CUBI用户体验模型　　48

3.2　交互设计原则　　59

3.3　为心智模型而设计　　70

3.4　面向人机交互过程　　77

3.5　诱发用户交互行为　　80

3.6　呈现信息处理过程　　89

3.7　提供及时有效的反馈　　97

3.1 CUBI用户体验模型

所有体验设计师都希望能做出引人注目的创意项目——解决商业问题，同时通过有意义、有价值的体验吸引用户。然而，有限的预算和紧迫的时间给设计师带来了很大挑战，他们很难在这种约束下构思出真正具有创新性的产品概念，难以详尽地查找设计流程中的遗漏，也无法全面考虑创造有效用户体验设计的诸多影响因素。

用户体验设计师Corey Stern深入研究了已有的用户体验模型和框架，利用逆向技术分析了数百个成功的项目案例（包括营销网站、游戏、应用程序、电子商务、教育等）。他深入分析了这些项目的设计概念、交互设计方案以及相关的用户体验影响因素，研究结果发现：大部分成功的项目都很好地平衡了产品内容（Content）和交互（Interaction）的关系，通过良好、易于理解的内容吸引用户、传达信息；利用良好的交互设计成功引导用户访问更多内容，达成交易，在这两者的基础上实现商业目标。

在深入分析用户体验影响因素与用户目标和业务目标的结合方式之后，Corey Stern创建了CUBI用户体验模型。如图3-1所示，该模型将用户体验的影响因素分为内容（Content）、用户目标（User Goals）、商业目标（Business Goals）、交互（Interaction）。

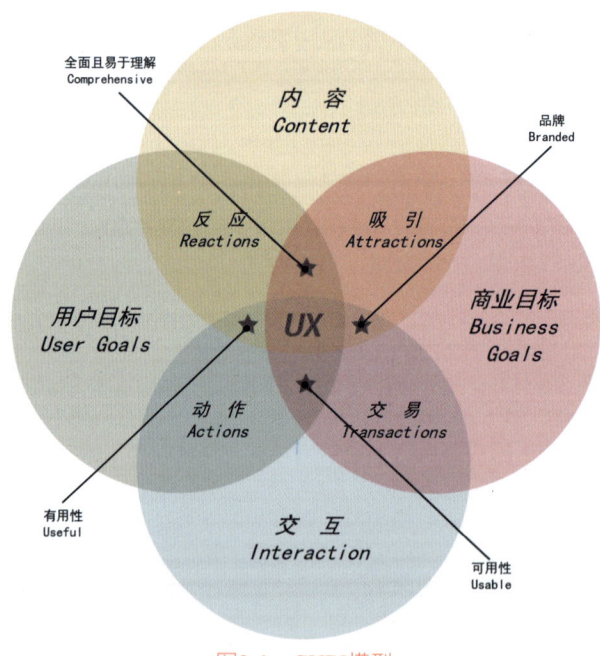

图3-1　CUBI模型

3.1.1 CUBI的作用

CUBI用户体验模型经过Corey Stern的使用和发展，可用于完成以下目标。

1. 创意

创意体验有着吸引用户并提供更独特的品牌体验的潜力。CUBI模型通过采用各种技术以及方法，提供了一个更新颖的展示内容的框架。

2. 交流

当设计师与用户有共同语言时，它提供了一个更好的交流环境，也有助于保证设计策略走上正轨。

3. 简化

将术语和实践作为体验设计的一部分，是一种广泛而混乱的做法。这个模型简化了复杂的设计过程，并且通过列举整个项目必须考虑的部分，将之转化为一个个简单的模块。

4. 协作

当我们了解了影响体验设计的要素时，会明白不同的角色、团队、资源以及战略执行所需要的内容。这种理解可以帮助我们创建一个项目计划，并且使之更容易具体到执行层面。

5. 补缺

CUBI模型有助于确定设计过程中的一些遗漏。例如，一个企业的营销网站可能有既定的要求、目标和功能，但是可能他们没有制定一个内容策略，或者他们只进行了市场研究，但是没有进行正式的用户研究。

3.1.2　CUBI的各构成要素

1. 内容

如图3-2所示，内容（Content）的设计需要关注内容类型、模型、处理、呈现方式和架构等因素。

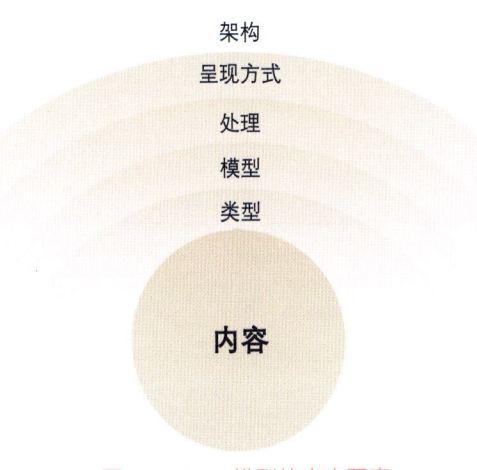

图3-2　CUBI模型的内容要素

1）内容类型

内容不仅包括文字，还包括各种交互媒介，如图片、视频、音频、数据、文件，以及一大堆你根本不会注意到的东西。当各种内容相结合后，才会有机会呈现更加多样化的交互媒介，例如信息图表、文字、数据可视化表达以及插图的结合。规划内容的呈现形式及其与用户在特定情境下使用内容所要达成目标的符合程度非常重要。

2）内容模型

内容模型结合不同的内容类型后可以提高其识别度和认知度。例如，餐厅点菜用的菜单就是一种内容模型，它可以包括菜品成分、说明以及配图等内容类型。再比如，电影审查的内容模型可以包含电影介绍、收视率数据、演员名单以及预告片等内容类型。

3）内容处理

设计师可以对内容进行美学或其他方式的处理。例如，内容的视觉风格是2D插图，也可以是复古风格或双色处理后的照片。根据品牌的需求，文字可以有独特的语气或以个性化的方式进行表达。根据品牌设计指导原则，图像可以体现出企业独特的文化。

4）内容的呈现方式

内容可以通过多种创意方式进行呈现。通过讲故事、比喻、类比、象征、设定场景、制造挑战或其他创造性方法，内容可以变得更有趣、更吸引人。例如，在比较重要的大型会议现场，漫画师利用漫画、艺术化字体、图表等方式在舞台旁边的白板或黑板上将重要的演讲内容以视觉化的方式记录下来。

5）内容的架构

内容构架是网站或者软件的信息结构和组织方式，它涉及所有内容相关要素，包括内容类型和模型，以及内容间的互相连接。

总而言之，聚合多种内容类型可以创建内容模型，内容类型和模型都可以有多种处理方式，内容的呈现方式可以为设计提供一种叙事方式或框架。所有这些要素都通过内容的架构进行组织。

2. 用户目标

如图3-3所示，在开展用户体验设计时，关于用户目标（User Goal）有五个因素需要考虑：用户类型、需求、动机、行为和结果。

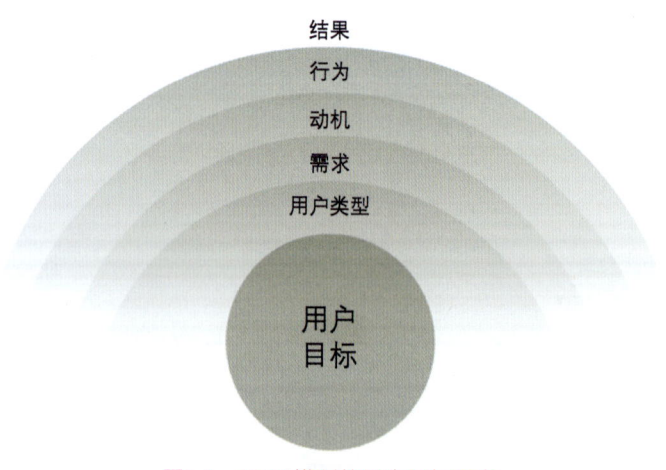

图3-3　CUBI模型的用户目标要素

1）用户类型

了解不同用户类型以及他们使用的终端产品非常重要。常见的做法为创建用户角色

（Persona），详细描述他们的地位、职责、技能水平、人口特征（性别、年龄、语言、所在地区等）、心理学特征（个性、价值观、态度、兴趣、生活方式），以及他们何时、何地、以何种方式使用产品。

2）需求

一旦用户类型确定，理解和定义其需求和愿望是帮助他们实现目标的关键所在。一些需求可能很简单，像查找文档；另一些需求很复杂，如心理需求或自我实现。其他的用户需求包括个人发展、成就感、掌握能力、获得他人认可、身份地位、归属感、表达的需求或对行为目标的感知等。

3）动机

确认了用户需求之后，需要了解他们如何被驱动去满足这些需求。用户使用产品可能是受到内在或外在奖励的驱动，也可能是受到了其他线索、触发器或其他方式形成的激励因素的驱动。

4）行为

理解了用户动机之后，需要研究用户当前的行为，以及新动机如何潜移默化地改变其行为。如果有足够的动机，能促使用户行为发生足够大的改变，那么将培养出用户新的行为习惯以及对产品和品牌的忠诚度。

5）结果

需求、动机和行为的结合可以转化成对用户有意义且可以度量的结果。

每一类用户都有试图去满足的各种需求，用户被激发之后采取行动，重复的行为可以产生显著的效果。例如，一个很忙的母亲（用户类型）需要完成消耗10千卡热量的训练（需求），她可能是受每日提醒和朋友的鼓励（动机）而进行锻炼（行为），最后选择长跑训练（结果）。

3. 商业目标

如图3-4所示，商业目标（Businesses Goal）方面需要考虑的因素包括运营、提供的产品或服务、经营结果和使命。

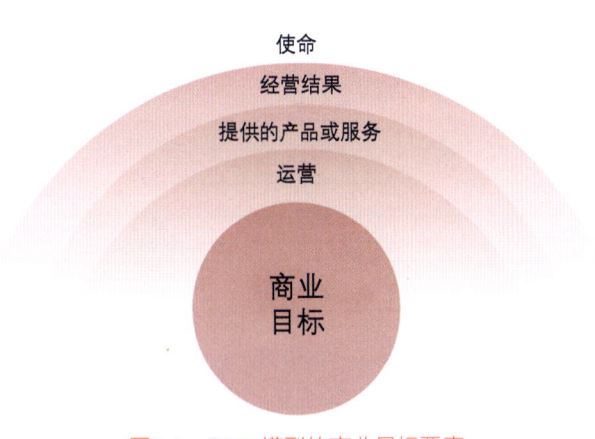

图3-4　CUBI模型的商业目标要素

1）运营

每个项目都需要有支持产品的各项运营要素，包括人、资源和其他相关体验。

项目运营中的人包括关键业务的利益相关者、内容提供者、主题专家、合作者、管理者、应召参与该项目的用户和其他用户。资源可能包括内容数据的输入、API（Application Programming Interface，应用程序编程接口）、第三方工具、图片库、品牌运营指导方针、现有的用户研究和分析结果以及其他资源。

相关体验可能发生在使用产品之前、期间和之后。首先需要了解用户如何发现产品，是通过企业内部通信消息、广告、应用程序商店、搜索引擎，还是通过社交媒体。这有助于设计出持续、一致、专业、专注的产品宣传方式。此外，用户可以与企业的各个部门，如客服、技术支持、人力资源或其他部门展开互动。了解这些信息可以使设计师掌握企业满足客户咨询需求的能力。

2）提供的产品或服务

企业可以提供产品、服务或者两者兼有的生态系统。了解这些产品和服务如何相互关联也非常重要。为宣传这些产品或服务，企业也应该给出价值主张，说明为什么消费者应该使用自己的，而不是其他竞争对手的产品或服务。

3）经营结果

企业提供的产品或服务最终将提供有意义的衡量指标或关键绩效指标（Key Performance Indicator，KPI），进而帮助企业实现商业上的成功。关键绩效指标包括财务表现、获得客户的目标、客户满意度的提升、员工的绩效指标、客服中心度量指标或其他指标。

4）使命

企业的经营使命需要说明一个机构的核心目标、竞争优势、目标受众以及存在的原因。企业使命应该引导决策，明确定义经营目标。

总之，企业运营支持业务产品和服务。如果客户有积极的品牌体验，完成正向交易，那么就会产生商业利益，进而帮助企业实现自身的使命。

4. 交互

如图3-5所示，产品的交互（Interaction）设计需要考虑四个方面的因素：模式、系统、设备和人际互动。

图3-5　CUBI模型的交互要素

1）模式

设计模式（即微交互）是可重复使用的组件和交互方式。模式包括标题、菜单、日历、地图等对象。常用的模式资源库包括Pattern Tap、Mobile Patterns和pttrns。

2）系统

系统包含导航、流程、反馈和通知，以帮助用户推进任务，实现自己的目标。系统可以是静态的，也就是说，它是不变的；也可以是动态的，即系统内有恒定的变化或活动。动态系统可以通过外部操作进行调节，也可以自我调节，这意味着特定用户基于认证信息拥有不同程度的权限和操作。系统也可以通过内容管理系统或其他系统软件定义，会有一系列不同的功能和限制。

3）设备

在开展体验设计时，需要了解目标设备的性能和限制，包括屏幕尺寸、连接能力、用户界面规范和其他因素，这一点非常重要。

体验的过程可能涉及各种设备，如手机、平板电脑、售货亭、终端机、手表、电器或其他产品。例如，现代的手机支持手势操作、地理定位、加速度计、录音、拍照、推送通知等功能。为了使某些设备符合人体工程学，为用户提供舒适的使用体验，还需要考虑用户界面设计问题。

4）人际互动

人际互动可以是正式的或非正式的、个人的或多人之间的、社交型或其他类型的人与人之间的交流活动。因此，在设计交互系统时，不仅要考虑设备和技术因素，还需要关注如何促进和优化人与人之间的交流和互动。

总之，一个系统需要提供一系列设计模式。该系统可以在多台设备上提供服务，以鼓励某些类型的人际交互行为。

3.1.3 体验因素

有效的用户体验不仅仅只包括产品的可用性（Usability），它还应实现更多的价值。在CUBI模型中，至少要关注以下四个方面的因素。

用户目标、内容和交互的重叠区域是"有用性"（Useful）。就一款产品或一项服务来说，无论是内容还是交互方式，只有能帮助用户实现目标，对用户来说才是有用的。

用户目标、交互和商业目标的重叠区域是"可用性"（Usable）。交互方式的设计一方面应该符合用户的认知，才能保证用户可以使用产品或服务；另一方面还要促进用户形成商业交易，保证开发产品或提供服务的企业可以通过用户与产品的交互实现商业目标。

交互、商业目标和内容的重叠区域是"品牌化"（Branded）。用户通过接触企业提供的内容，以及产品或服务的交互方式在自身心目中建立起产品或企业的品牌形象。企业自身形象或产品品牌形象的建立也是企业经营的商业目标之一，是一种无形资产。

商业目标、内容和用户目标的重叠区域是"全面且易于理解"（Comprehensive）。企业为了帮助用户实现目标，必须有针对性地提供易于用户理解且全面的内容。也只有这样，企业才能实现自身的商业目标。

1. 品牌体验

品牌体验并不仅仅和视觉形象（Visual Identity，VI）有关，它是用户经历所有相关触点之后，对品牌产生的整体感受。用户接触业务过程的所有感受都是品牌体验，如在网上查看产品信息，从服务中心获得在线支持，打开产品包装，或从朋友那里了解产品或服务。

品牌应该向用户传达自己是可信、可靠、有信誉的，并且企业在自己的宣传中应该体现出这些特点。品牌传播和交易活动可以建立品牌的忠诚度，也有可能会破坏它。

2. 全面且易于理解的体验

良好的体验应该是用户可理解的，也应该具有一定的广泛性。易于理解的体验应该清晰、简洁、标签适当、可扫视、组织良好、分类清晰且没有歧义。如果企业的行话、术语、俚语过多或消息不相关，用户不可能对产品的体验产生共鸣。

广泛的体验能为用户提供整体感。缺少内容会让用户觉得没有得到满足。如果用户在公司产品主页或支持页面上找不到足够的信息，他们就会关闭网页或者删除应用。

3. 有用性

有用的产品和服务能够满足用户需求，使他们感觉更有成就感和富有创造性，并帮助他们高效地实现自己的目标。通过用户行为、操作、工作表现的变化或其他具体手段度量产品是否有用。

4. 可用性

可用的产品应该易于使用、直观、容易找到，易学习、清晰、一致，并在用户使用系统的过程中给予提示和反馈。产品或服务的可用性设计还应该考虑以下问题。

- 允许用户纠正错误；
- 为残障人士提供辅助功能；
- 在目标设备和浏览器上能有效工作。

3.1.4 行为环

用户与商业系统展开交互行为通常包括四个处理步骤（图3-6）：吸引、反应、动作、交易。

- 吸引：业务目标和内容之间的重叠区域是吸引。所有体验都通过起始触点吸引用户。
- 反应：用户对产品或服务传递出的信息做出反应，并且迅速决定是否有对他们有用的信息。
- 动作：用户的反应可以促使其采取行动，以实现某个目标或执行某些任务。通过动作召唤（Call to Action）、触发器、任务列表、仪表板或其他方式都可以促进用户执行动作。
- 交易：用户的动作被转化为商业交易。交易类型包括购买产品或服务、提供产品或服务的评级或其他直接与业务发生关系的形式。

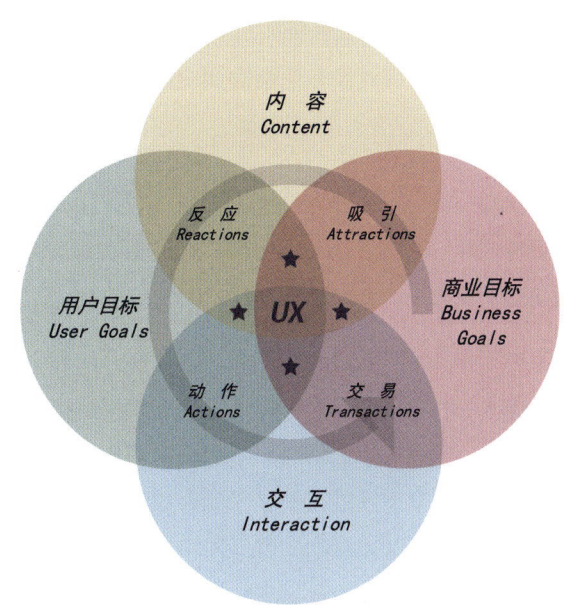

图3-6 CUBI模型的行为环

CUBI模型结合用户体验准则、任务和方法形成一个结构化的完整模型（图3-7）。

CUBI用户体验模型

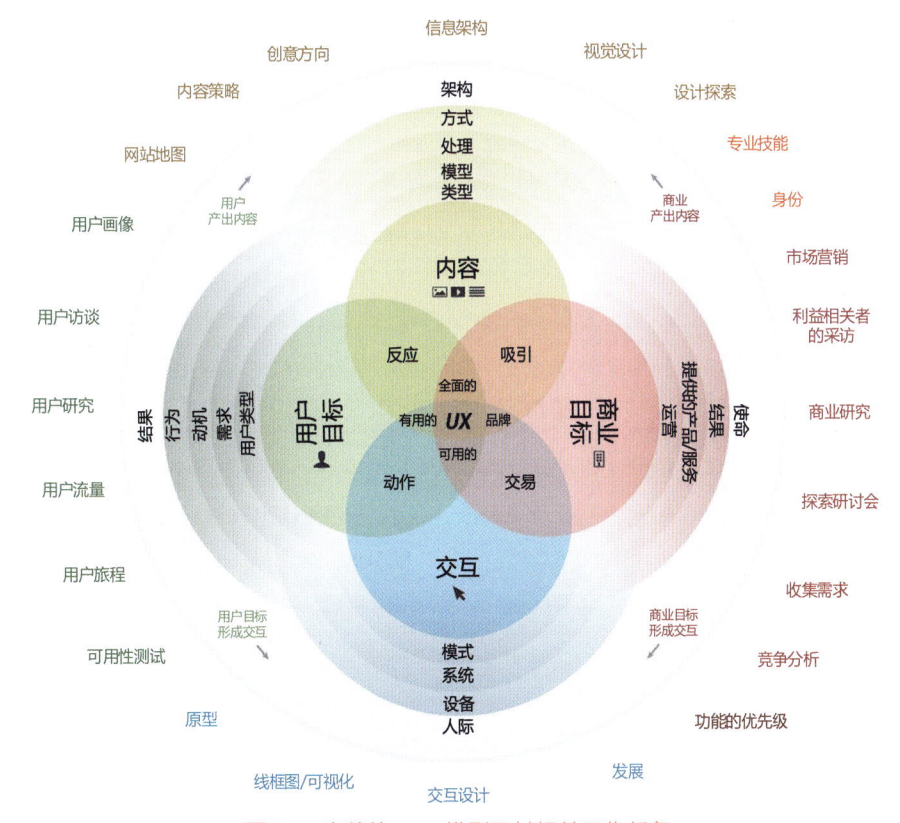

图3-7 完整的CUBI模型及其相关工作任务

该模型指出了执行企业战略所需的潜在任务和所要付出的努力。需要注意的是，图3-7中包含很多用户体验学科和任务，例如内容开发有可能需要内容策略、专业技能和信息架构。为了识别用户的目标，可能需要用户研究方法，如问卷调查、情境调查、访谈和可用性测试。

3.2 交互设计原则

优秀的产品大多在视觉上主次分明，能够让用户轻松地了解用户界面元素的含义，并掌握其使用方法，知道如何通过使用产品实现他们的目标，并很快开始着手自己的工作。它并不要求用户了解其内部的工作原理，用户只需下简单的指令，产品就会认真清楚地记录用户的每一个步骤，开启并执行多项工作任务，并保证用户能够撤销任何操作。

为了设计出这样的产品，交互设计领域有很多设计师和学者通过大量的设计实践总结了一些设计原则，并通过科学研究验证了这些原则的可行性和有效性。这些交互设计原则能够帮助设计师对产品的交互行为进行合理规划，设计出良好、可用且高效的用户界面，提升产品的使用体验。

3.2.1 尼尔森可用性原则

人机交互学博士雅各布·尼尔森（Jakob Nielsen）分析了两百多个可用性问题之后，于1995年提出了"十大可用性原则"。这十项原则属于比较广泛的经验原则，对设计师和评估人员具有较强的启发性，自发布以后就成了交互设计和评估的重要参考标准。

1. 系统状态可见

用户使用系统或者产品的过程中，任何形式的操作，如点击按钮、按下键盘、滚动屏幕等，系统都应该以及时、适当的方式做出反馈，向用户呈现系统当前所处的状态，以告知用户其操作是否生效，系统正在做什么。响应时间越快越好，最长也不能超过用户可以忍受的时间，因为状态显示不及时、反馈不及时用户则无法获取自己对系统与产品的操作反馈，在没有得知当下操作的效果时，用户也就无法预知下一步应该怎么做。通过持续与开放的沟通，建立用户对产品的信任。

如图3-8所示，上图是操作成功的反馈，下图是数据连接失败的反馈，无论操作是否成功，都需要及时告知用户。

图3-8 操作反馈

图3-9 是加载状态的示意图标，随着更多内容加载成功，灰色的圆圈轮廓线逐渐被蓝色填充，以此来表示产品正在加载内容，蓝色线条和剩余灰色圆圈轮廓的比例能大致告知用户加载进度，以百分比显示的数据能更准确地告知用户进度。

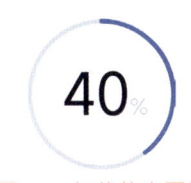

图3-9　加载状态图标

2. 系统与现实世界匹配

在设计产品时，应该尽可能地使用用户的语言表述产品的功能和内容。使用贴近用户所在的环境（年龄、学历、文化、时代背景）的文字、词汇和概念。系统在确定操作或者提示术语的时候应该考虑用户能否明白这些术语和提示。产品中信息的呈现应该遵循现实世界的惯例，符合用户的思考逻辑，确保用户不需要查找任何文字的定义就能够理解产品。永远不要奢望设计师给出的文字和概念能完全和用户大脑中的概念一致。设计团队应该通过用户研究找到用户熟悉的用语和表达方式，以及他们对产品中重要概念的心智模型，以此作为依据开展产品设计。

如图3-10所示，macOS和Windows操作系统都将回收站设计成垃圾桶的样式，这与现实生活中我们会将不用的东西丢进垃圾桶一样，并且在回收站里没有文件的时候显示是"空"的状态，有文件时显示"有垃圾"的状态，这符合用户的心智模型。

图3-10　macOS 和 Windows操作系统的回收站

3. 用户的控制权和行为自由

用户常常会有一些误操作，对于用户的误操作我们应该给予用户改正当前操作、返回上一步或退出当前操作的机会。这样可以让用户感觉到自己有充分的控制权，更加自信地探索和使用产品，避免用户担心因为不可挽回的错误无法继续推进任务。在设计产品时，应确保退出当前操作的出口足够明显，用户能很容易地找到。

如图3-11所示，通过微信应用发出一条消息，在一定的时间内可以将其撤回。这样的设计给予用户更大的权限，可以避免因发错消息而产生困扰和尴尬。

图3-11　微信消息的撤回

4. 一致性和标准

产品内部的UI、文字、交互逻辑应该保持一致，同时应遵循平台或行业惯例。这样，用户才不至于在使用过程中疑惑不同的文字、场景或交互行为是否具有相同的含义。用户使用其他数字产品的时间总和肯定大于使用你的产品的时间总和，用户的使用经历和体验会成为他们对产品的期待。如果你的产品与用户的期待不一致，则相当于强迫他们学习新的规则，这会增加用户的认知负担。

确保产品内部的一致性，以及产品和其他产品以及平台的一致性，这样能降低产品的学习成本，使用户能很快掌握产品的使用。对于产品或产品族内部的一致性，设计团队应该在内部建立一套设计规范，确保产品内部所有的配色、文字设计、页面布局、图标、交互方式的一致性。对于产品与外部的一致性，应遵循产品所在系统开发平台的设计规范，例如iOS的设计规范、鸿蒙的设计开发规范等。

如图3-12所示，大部分资讯类产品都有"收藏"这一功能，收藏功能可以用心形或星形表示，一旦选择了其中一个，之后跟收藏有关的功能则需要在这一点上保持一致而不能混用。图3-12这款应用中，"收藏"功能使用的是星形图标，在用户面板中同样也使用了星形。

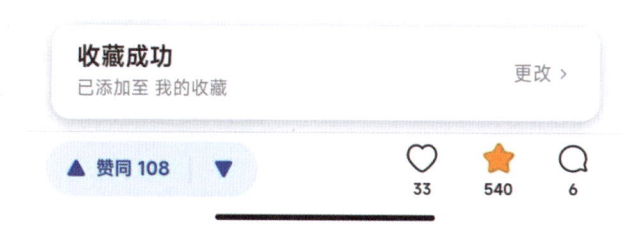

图3-12　某应用的收藏图标

5. 预防出错

相比于设计精良的错误提醒弹窗，更好的设计是避免这一错误的出现。在用户使用系统或产品的过程中，难免会有出错的时候。使用出错可以分为两种：一种是由于用户走神或是注意力不集中导致的非意识性错误；另一种是因为用户的心智模型和设计方案不匹配造成的意识性错误。对于第一种使用出错，通过限制条件和默认设置可以很好地进行预防。对于第二种出错，通过降低用户记忆负担、支持撤销操作或者警告用户的方式可以有效地进行预防。

大部分应用都通过一些判定条件将某些操作对象限定为"不可用"状态，进而避免用户进一步出错的可能。如图3-13所示是知乎应用登录页面，如果用户没有填写完整的账号与密码，则底部的登录按钮是置灰不可点击的状态，只有当账号与密码都输入后，底部的登录按钮才会变为蓝色成为可点击状态。这样既预防了用户进一步的误操作，也降低了服务器的访问负荷。

图3-13　知乎应用的登录界面

如图3-14所示，使用安卓版的微信发朋友圈动态时，在用户所编辑的动态未完成发表之前，无论是误操作触发退出当前编辑页面的命令，还是由于其他原因，用户明确要退出编辑页面，系统都会通过弹窗的方式询问用户是否保留刚才已编辑了一半的内容。如果没有这样的预防措施，用户由于误操作退出了编辑页面，那么之前编辑的内容则会全部丢失，想再发就只能重新编辑，损失会比较大。

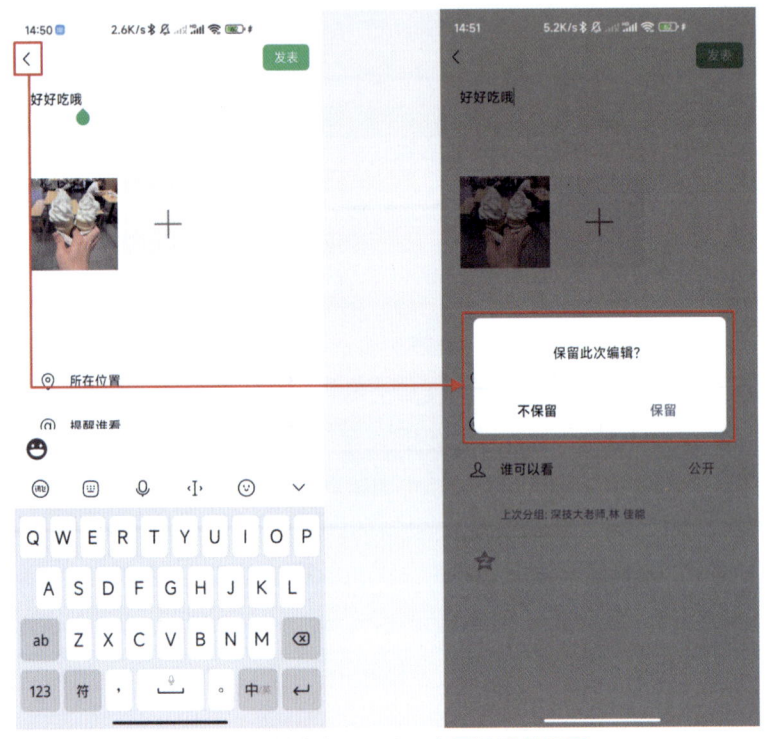

图3-14　微信应用退出朋友圈编辑的提醒

6. 识别胜于回忆

把界面元素、操作方式和选项明显地呈现在用户面前，如此可以很好地降低用户的记忆负荷。这样，用户在使用的过程中就不用时刻记住这些信息，而是在需要使用的时候直接识别、读取。当用户无法识别所面对的界面元素的含义时，鼠标悬停提示之类的提供情境化的帮助可以有效地降低用户的记忆负荷（如图3-15所示）。用户的记忆负荷越低，出现疲劳的概率就越低，出错的概率也越低；反之，用户的记忆负荷越高，就越容易出现疲劳，也越容易出错。

图3-15　鼠标悬停提供的情境化帮助

如图3-16所示，当用户已在比较长的列表中选择了一些选项之后，系统应在筛选汇总区域罗列已经选择的选项。这样做的好处在于，当用户需要检查已选择了哪些选项时，只需要查看筛选汇总区域就可以了，不需要再滚动屏幕，一一核查之前已选择的选项。

图3-16 某产品的选项列表和筛选汇总区

如图3-17所示，在智慧园区移动应用选择多个房间时，由于可选房间数很多，导致用户需要滚动屏幕，会出现屏幕滚动之后用户看不到已选择的房间号，为解决这一问题，设计师在页面顶部设计了一个显示用户已选择房间的区域，用户可以随时查看已选择的房间号，这样的设计能够减少用户的记忆负荷。

图3-17 智慧园区应用选择房间界面

7. 灵活性和使用效率

根据对产品的熟悉程度和使用技能的熟练度，大部分系统和产品的用户都可以分为新手用户、中间用户和专家用户三种。如何既能满足技能水平低，对产品认知不足的新手用户的使用需求，又能满足专家用户希望产品快捷、灵活，能提高工作效率的要求是一项具有挑战的设计任务。为专家用户提供键盘快捷键和各种灵活的触摸手势，但并不向新手用户呈现这些快捷方式是一种解决方法。另外，要给予用户自定义常用功能和个性化内容的自由，这样才能使用户可以选择自己喜欢的方式完成任务。

如图3-18所示，支付宝应用把大部分用户经常使用的功能集成在首页上，也允许用户根据自己的个人习惯对首页内的功能图标进行调整，有比较高的灵活性。

图3-18　支付宝应用首页的功能图标

8. 美感和极简设计

在产品的界面设计中应该突出重要信息，剔除或隐藏与用户使用不相关或者用户基本不需要的信息。用户的注意力是有限的，如果执行某项任务所需要的信息在界面上表现得不明显，那么用户的注意力就会被其他信息所分散。确保产品的内容和视觉设计始终聚焦于用户的需求，支持用户最主要的目标。

如图3-19所示的某应用的列表填写界面，红色的星号用来区分必填项和选填项，带有红色星号的是必填项，没有红色星号的是选填项，所有必填项放在选填项之前。

图3-19　某应用的填写列表

如图3-20所示，网易云音乐和QQ音乐应用软件的音乐播放界面的视觉设计和功能按钮的布局都做得很好，整体界面美观简约、功能主次分明。

图3-20　网易云音乐及QQ音乐播放界面

9. 识别、诊断错误并从中恢复

用户在使用系统或产品时，如果出现错误，应该使用浅显易懂的语句描述错误信息（不应该呈现错误代码或技术术语），准确地指出问题所在，并向用户提供解决问题的办法，甚至能快速解决问题的捷径。以视觉化的手法表达错误信息有助于用户注意并识别错误。

如图3-21所示，用户在网易注册邮箱账号时，如果输入的邮箱地址已经被注册，系统会立刻在界面上给出相应的提示与建议。这种做法能避免用户出现更多错误，提高注册效率。在用户出现错误的时候及时给予提醒，并给予建议帮助是一种很好的提升用户体验的方法，也是容错原则的一种体现。

图3-21　网易邮箱的注册页面

10. 帮助和系统文档

产品应该以适当的方式向用户提供帮助，以说明其使用方法。解决这一问题一般有4种方式，依次是无须提示、一次性提示、常驻提示、帮助文档。无须提示指如果产品设计得足够优秀，用户根本不需要看提示也能顺畅地使用产品。即便这样，也应该提供一份帮助文档，以备用户在特定状况下查询。帮助文档应该易于用户搜索，聚焦于用户的任务，保证文档描述的简洁，列出所要执行的具体步骤。

如图3-22所示，小红书和知乎应用的登录界面都设有"帮助"入口。如果用户在登录的过程中遇到了问题，需要寻求帮助，可以在这里寻求解决办法。这样做既能为用户提供解决问题的办法，避免用户遇到问题时手足无措，也能降低用户放弃登录或注册的概率。

图3-22 小红书与知乎应用登录界面上的帮助入口

3.2.2 诺曼交互设计原则

唐纳德·诺曼是美国认知科学、人因工程等设计领域的著名学者，他与前文提到的尼尔森共同创办了尼尔森·诺曼集团。他曾担任苹果公司先进技术组的副总裁，是认知科学学会的发起人之一。他出版了诸多与人因工程、人机交互设计、认知科学相关的著作，最具代表性的是《设计心理学》"四部曲"。这些著作都从不同角度探讨了人对产品的认知心理、人与产品的交互过程、可用性和用户体验等问题。

1. 交互行为的七个阶段

诺曼将人使用产品的交互行为分为执行和评估两个阶段。如图3-23所示，所有使用行为都可以解释为一个行为循环：用户基于自己的需求或目标，对产品执行一定的操作行为，然后评估执行结果，对比结果和目标的匹配程度。如果匹配，则完成交互行为；如果不匹配，则再次执行操作，再评估结果。用户在使用产品过程中遇到的问题，大多归因于这两个阶段，诺曼称之为执行鸿沟和评估鸿沟（图3-24）。

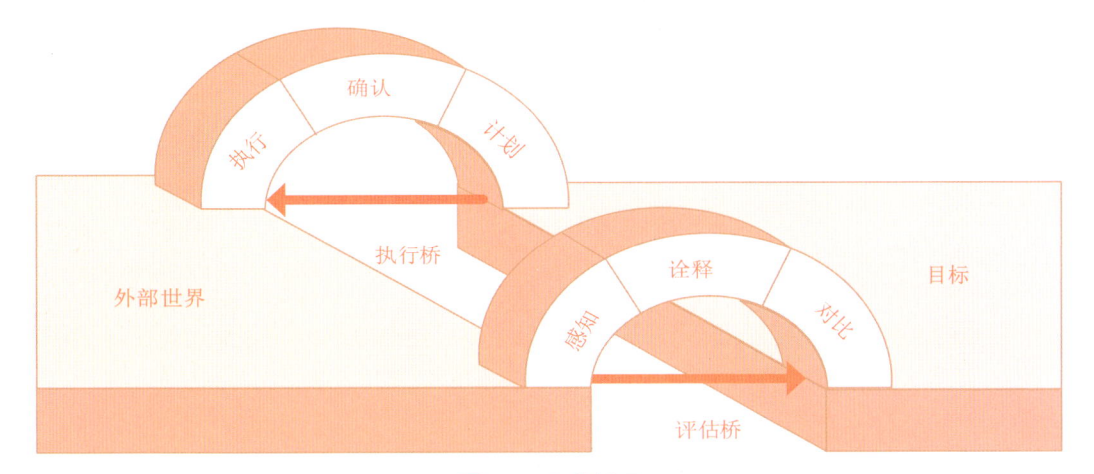

图3-23　行为循环

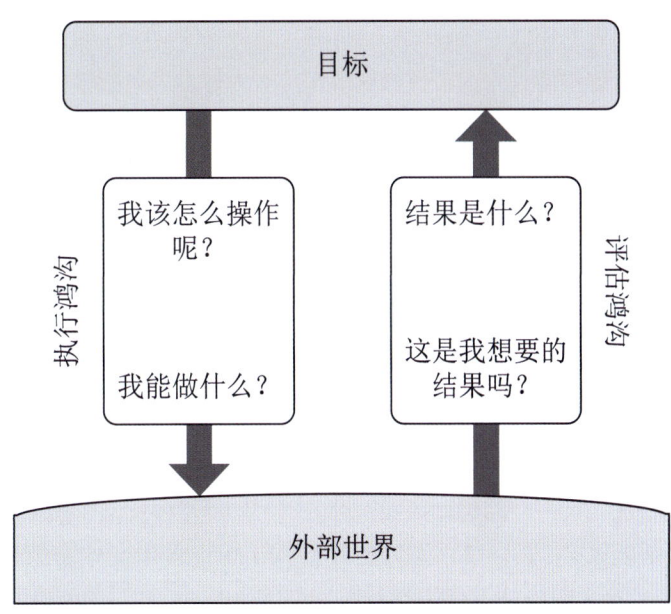

图3-24　执行与评估的鸿沟

对执行行为进一步划分，可以得到计划、确认、执行动作三个阶段，对评估行为进一步划分，可以得到感知、解释、评估三个阶段，再加上用户的目标，共同构成用户交互行为的七个阶段，表3-1列出了两个示例。用户基于想要达成的目标，在大脑中制订行为计划，将计划细化到可以操作的详细步骤，然后对产品执行这些操作步骤，产品根据用户的操作步骤做出反馈后，用户首先感知这些反馈信号，然后解释这些信号的含义，评估对比操作结果是否与自己想要达到的目标一致。

表3-1 交互行为示例

阶段	解释	示例1	示例2
目标	确定意图，即想要实现的结果	把衣服洗干净	买一本书
计划	确定实现结果的方案	用洗衣机洗衣服	在某电商平台购买
确认	具体行动的执行顺序	把衣服带至洗衣机处，打开洗衣机舱门，放进衣物，打开洗涤剂放置舱，放入洗涤剂，打开洗衣机，设定洗涤模式和时间，启动洗衣程序	打开某电商应用，进入首页后通过搜索引擎直接搜索书名，查看结果，找到想要的书，直接点击购买按钮，付款，等待收货
执行	按照方案实施行动序列	执行以上步骤	执行以上步骤
感知	识别外部世界的状态变化，即行动的结果	看到洗衣机开始转动，听到洗衣机工作噪声	看到电商应用页面给出的搜索结果，付款后页面显示的"支付成功"提示
诠释	对外部世界变化的含义进行解释	根据经验和使用知识，以上信号表示洗衣机已开始工作	根据应用页面给出的反馈信息，书籍购买流程已完成
对比	对比行动结果与目标的匹配程度	启动洗衣机洗衣服的目标已达成。等洗衣程序完成后查看衣服是否已洗干净	书籍已购买完成。等收到货后查看书籍质量是否满意

大多数交互行为并不完全经历以上七个阶段。表3-1中两个示例的交互行为阶段也可以进行进一步的分解，定义出更为详细的子目标和子计划（后续关于层次任务分析的章节将对此进行阐述）。交互行为七个阶段的划分为设计师理解用户行为提供了分析模型，也为设计产品的操作界面、反馈方式和形式建立了工作框架。

2. 交互设计原则

在以上的七个阶段中，从根据目标制订计划到执行计划，需要跨越执行鸿沟，即把自己大脑中的计划通过操作行为作用于外部世界的产品对象；从感知外部世界产品对象的变化到对比执行结果与目标是否匹配，需要跨越评估鸿沟，即对比从外部世界获取的信息和自己想要达成的目标是否匹配。为弥补这两个鸿沟，诺曼提出了相应的设计原则。

1）可见性

用户在使用产品的过程中，可以看到的功能越多，也就越能更加清晰地知道下一步要做什么。反之，当某些功能不在用户的视野之内，那么用户则很有可能找不到这些功能，也不知道该如何使用。也有学者将这一问题表述为可发现性（discoverability），指产品功能是否容易被用户发现。对于用户来说，产品中那些无法找到或无法使用的功能形同虚设，毫无意义。

在设计产品的过程中，对于功能的可发现性的考虑通常会涉及平衡问题。使某个东西更易于让用户发现，也就意味着其他东西不会那么容易被用户发现。因此，首先要确定应该使哪些功能更易于被用户发现，哪些功能不易于被用户发现，有时为了产品界面的简洁，或者突出主要和高频使用的功能，需要隐藏某些功能。常见的做法是确保新手用户和中间用户使用的所有核心功能容易被用户找到，将专家用户使用的高级功能和使用频率低的辅助性功能留在"更多""高级"等对产品有一定了解之后才能找到的菜单中。

2）反馈

诺曼认为，反馈是"一种让用户知道系统正在处理其请求的方式"，即产品通过反馈信息告知用户，操作行为已经接收到，正在处理，处理的进度如何，以及处理过程是否完成等，这有利于推进用户的下一步使用行为。反馈必须及时，否则用户会质疑自己的操作是否生效；反馈应该提供与操作相关、用户能够理解的信息，否则用户会对反馈信息产生疑惑，不知道下一步应该如何进行。

交互设计中常见的反馈形式包括听觉、触觉、视觉、动觉以及其中几种的组合。在实际的执行过程中，需要根据反馈内容的类型、重要程度和紧急程度、用户可用的信息接收通道等具体情况选择适当的反馈方式。

重要信息的反馈应即时且清晰。例如，当用户的操作行为产生错误时，用提示对话框的方式告知用户发生了错误，并给出正确的操作建议。"心流（flow）之父"契克森米哈伊认为，当用户有自己要实现的目标，具备完成目标的技能，且有能衡量目标完成进度的方法，这些条件都具备之后，用户使用产品完成目标时会进入一种心流状态，体验到乐趣。对于一般性的通知和消息，只需通过持续时间很短、并不是很明显的反馈告知用户有消息进来，同时不会打断他们的心流状态。例如，在推特上发表了一条推文之后，屏幕底部会出现消息确认提示框，告知用户操作已成功。

3）约束

设计师要通过产品的设计约束用户在特定时刻可以执行的操作行为。约束的本质是限定用户的使用行为，要求其遵循一定的规则。那么，用户对这些规则的知晓程度和理解程度会极大地影响用户操作行为的正确性。在产品中，用户执行操作前的明确提示以及操作后的错误反馈和纠正指引能有效地帮助用户理解产品的使用规则。例如，实体产品的按钮被限制在特定的区域，用户只能对其进行按下操作，而无法使其左右运动。在软件设计中，需要用户输入数字的输入框，程序人员通过后台程序限定用户只能输入数字，无法输入文字。

4）映射

映射指用户的控制行为与产生的结果之间的匹配关系。基本上所有的人造物都需要在控制行为和结果之间建立映射关系。例如，台式计算机键盘的上下按键与屏幕内容滚动的映射关系。在间接操纵模式下，用户按下键盘上箭头向下的按键时，屏幕上的指针光标会相应地向下移动，从而显示出下方的内容，这也符合用户的心智模型——想要看下面的内容，就按向下的按键。在直接交互的触摸屏设备上，操作方式则不同，用户触摸并向上滑动屏幕会把下面的内容"拉"上来。这种操作模式会使用户感觉自己的操作直接作用于承载"内容"的页面。正如拉开一幅竖向卷起的画轴，要想看下面的内容，直接把画卷往上拉就可以了。以上两种交互方式的操作方向截然相反，但实现的结果是一样的，且用户能够建立与之对应的映射关系。

5）一致性

一致性指对于相似的操作任务，产品的界面设计应该使用相似的操作流程和界面元素。例如，对于在界面中选择某些对象这一交互方式，采用统一方案：鼠标单击所要选择的对象后，该对象高亮显示，告知用户该对象已被选中。如果同一款产品中还存在其他选择对象的操作和反馈方式（如鼠标单击所要选择对象，旁边的复选框填充色块，但选择对象没有任何视觉上的变化），那么就可以认为在此产品中，其选择对象的交互方式存在不一致的现象。不一致的界面会导致用户使用时产生疑惑，提升其学习成本。

6）功能可见性

功能可见性也被称为可供性（affordance），指产品的外在特征能够告知用户其使用方式。也就是说，良好的功能可见性指产品能够为用户理解和使用产品提供线索。例如，鼠标按键被限制在鼠标整体的塑料外壳上，与周围较大面积的外壳主体有区分，这些视觉线索都向用户暗示：这个区域可以点击。

3.2.3 复杂性守恒定律/泰斯勒定律（Tesler's Law）

复杂性守恒定律（Law of Conservation of Complexity）由Larry Tesler于1984年提出，也被称为泰斯勒定律（Tesler's Law）。该定律声称：每一个过程都有与生俱来的复杂性，在对其简化的过程中存在一个临界点，超过临界点之后就无法再简化了，只能将固有的复杂性从一个地方转移到他处。

20世纪80年代中期，当Larry Tesler还在为苹果公司工作时就意识到，用户使用应用程序的方式和应用程序本身同样重要。他认为，我们能够将应用程序内在的、无法简化的复杂度进行转移。只是，这一微妙的平衡艺术必须由专业的交互设计师才能完成。Larry Tesler的观点在开发人员中引发了一场争论：应该让一位工程师花费额外的一周时间去减少软件程序的使用难度，还是应该让数以百万计的用户花费额外时间学习并适应产品的使用方法，哪种做法更有益于企业的成功。这一争论本身也反映复杂度守恒定律的普适性，它不仅仅限于软件和应用程序领域。

以图3-25所示电视机的操作为例，非智能电视与智能电视的操作复杂度存在非常大的差异，但控制电视机，浏览、播放电视节目的操作难度其实并没有太多变化。非智能电视的遥控器操作按键非常多，而智能电视遥控器的操作按钮则很少，非常简洁，从这个角度来看，前者比后者更为复杂。但非智能电视的每个按钮基本上只对应一项功能，且电视屏幕上直接呈现节目内容，没有与遥控器相对应的视觉化操作界面，用遥控器可以直接选择内容并观看。而智能电视一般都带有配合遥控器的视觉化操作界面，用于组织电视内容，需要通过遥控器再次对视觉化操作界面进行操作，之后才能定位到节目内容进行播放。

相对于非智能电视，智能电视的遥控器界面虽然更加简洁，但却需要配合电视屏幕内的视觉化界面使用。也就是说，电视机操作的总体复杂度并没有因为电视机的智能化而降低，只是把一部分复杂度转移到了屏幕内。

这种将复杂度转移到产品本身的做法将成为人工智能时代产品开发的主流思想。为方便更广泛的用户群体的使用，产品研发团队需要利用人工智能技术，赋予产品感知外部环境和用户状态，进而推测用户需求，主动向用户提供产品功能或服务。用户仅需确认是否需要产品提供的功能或服务，并评估产品提供这些功能或服务的方式及具体参数是否符合其期望。在多次这样的循环过程中，人工智能产品会学习到用户的偏好，进而优化其推测模型和产品的具体运行参数，使产品提供的功能和服务更加符合用户的需求，为用户带来便捷、舒适的使用体验。

图3-25　卫星电视与智能电视

3.2.4　简单有效原理/奥卡姆剃刀原理（Occam's Razor）

奥卡姆剃刀原理（Occam's Razor）又称"奥卡姆的剃刀"，它是由14世纪逻辑学家、圣方济各会修士奥卡姆威廉（William of Occam，约1285年至1349年）提出。这个原理称为"如无必要，勿增实体"，即"简单有效原理"。该原理认为，产品中不必要的元素会降低用户使用效率，而且会增加不可预期后果的发生概率。多余的设计元素，有可能造成用户使用产品失败或者其他问题。这一原理对于产品视觉设计的指导作用类似"less but better"的设计理念，即强调简约与功能性，设计追随功能，排除一切多余的东西，"剪除"设计中多余的元素，去除解决方案的杂质，使设计更严谨、纯粹。

如图3-26所示为手机购买国际流量的界面，左侧的设计方案中，选择好要购买的套餐之后，选择地区的时候需要调出地区选择弹窗，选择之后，点击"确认"，再次回到刚才的充值界面，才能点击"立即购买"进行付款。而右侧的设计方案，直接列出了热门目的地和相应的资费情况，大部分用户可以直接在这个页面通过一次点击完成订单确认，完成交易，整体操作流程更加简便、高效。通过界面的设计减少用户的操作步骤可以有效地提升使用效率和用户体验。

图3-26　为手机购买国际流量的界面

3.3　为心智模型而设计

用户在使用产品的过程中总是充满个人偏见和各种成见。甚至用户在真正使用产品之前就已经对产品应该如何工作有自己的想法和预期。然而，并不是所有的产品都会按照用户的想法工作，这时用户需要学习产品的使用方式。相比之下，通过设计使产品的使用方式符合用户预期更为合理，这样可以节省学习成本，提高产品的易用性。

3.3.1　三种模型

软件产品从规划到实施的过程涉及以下三种不同的模型。

- 用户大脑中的产品工作原理，也就是用户关于产品的"心智模型"（Mental Model），也有人将其翻译成"心理模型"；
- 界面向用户呈现出的产品工作方式，即"UI模型"，也被称为设计模型（Design Model）、表现模型（Represented Model）或设计师模型（Designer's Model）；
- 产品实现功能的过程，即"实现模型"（Implementation Model），也被称为系统模型（System Model）或程序员模型（Programmer's Model）。

理想状况下，产品所反映出的三种模型应该是一致的，用户界面完美地表现产品的功能实现过程，并符合用户对于这一过程的认知和观点，易于用户理解和使用。但在实际的产品开发过程中，这三种模型很难保持一致（图3-27）。大多数情况下"实现模型"很复杂，用户难以理解，如果保持"UI模型"和"实现模型"的一致性，则很难让用户准确地建立正确的"心智模型"。在这样的情况下，我们就需要权衡"UI模型"和"实现模型"的一致性，在一定程度上简化产品界面,以保证大部分用户能拥有更好的用户体验。

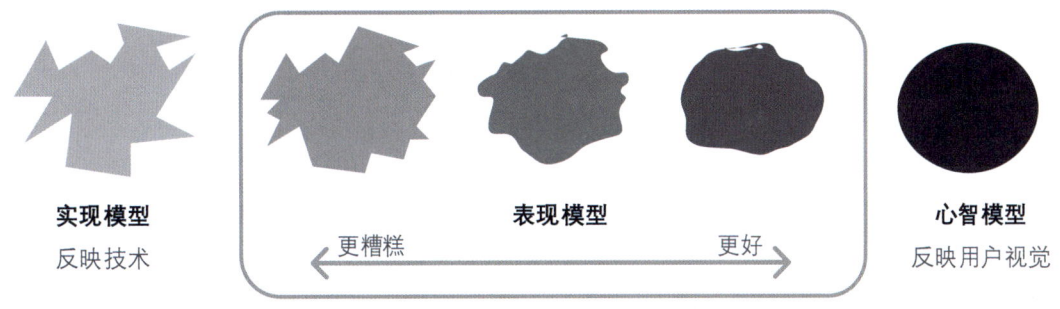

图3-27 三种模型

以构建一个在线观看电影的平台为例。基于以往的生活经历,客户对于购买一部影片的心智模型如图3-28所示,进入音像商店,浏览并找到自己想要看的电影,为自己选择的影片(以光碟为载体),付钱,带回家观看。

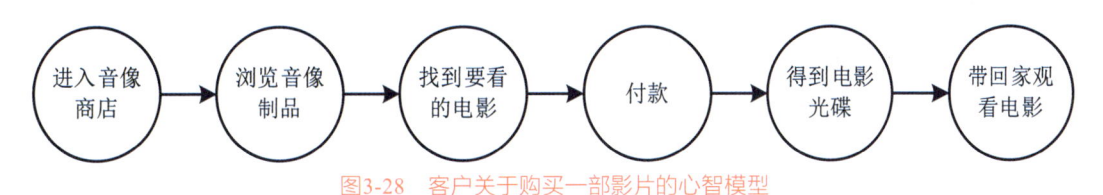

图3-28 客户关于购买一部影片的心智模型

但在网络平台购买一部电影并观看的过程与此存在很大差异。用户无须支付实物形式货币,且电影内容也没有实体载体(如光碟)。这一过程的实际情况(实现模型)如图3-29所示:用户登录网络平台,找到要观看的电影,通过客户端发起支付行为,服务器端处理用户的支付过程,通过追踪用户的支付行为,确保支付完成后,在系统后台的数据库中更新用户账户信息,赋予用户账户观看所选择影片的权限,之后在客户端浏览器内播放用户所选择的电影。当然,售卖电影的系统平台也可以设计成允许用户将电影文件下载到本地,这与用户的心智模型更加匹配——用户付款之后得到了电影。

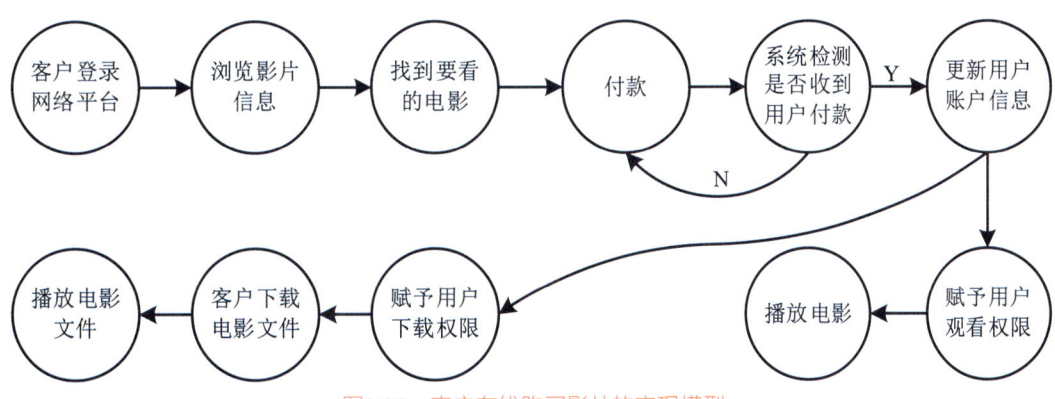

图3-29 客户在线购买影片的实现模型

用户关于如何购买电影的心智模型和实现模型完全不同,用户界面位于这两者之间。因此,用户界面的作用在于连通这两个不同的世界,以用户能够理解、友好和谐的方式呈现那些发生在用户视野之外，看起来很难理解的事情。为了帮助用户理解当前正在发生的事情，UI模型必须比实现模型更接近用户的心智模型，并隐藏实现模型某些复杂的过程。对于在线购买影片的例子来说，用户界面可以将系统检测用户是否付款成功，更新用户账户信息，赋予用户观看影片权限等过程隐藏，只通过视觉化的方式显示付款成功，并改变影片是否可以观看的权限标识。

3.3.2　通过设计帮助用户构建心智模型

"UI模型"与"实现模型"的不完全匹配可能会导致产品难以被用户理解；"心智模型"与产品的工作方式出现偏差，会影响产品的使用效率和体验。为了解决这一问题，需要根据用户的心智模型设计产品的交互方式，具体步骤如图3-30所示。

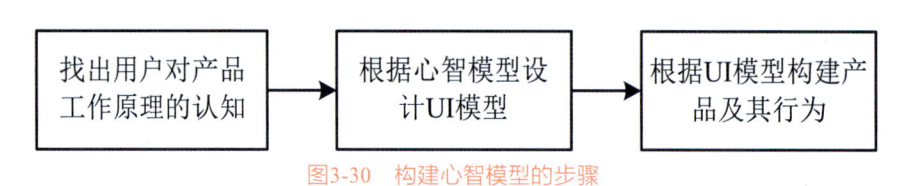

找出用户对产品工作原理的认知 → 根据心智模型设计UI模型 → 根据UI模型构建产品及其行为

图3-30　构建心智模型的步骤

首先找出用户对事物工作原理的认知。通过与用户访谈或观察用户当前执行某些任务时的行为，了解他们大脑中已存在的心智模型。然后根据用户的心智模型规划产品的UI模型，协调UI模型与实现模型的一致性。最后根据UI模型规划产品行为，尽量保证用户需要学习的东西最简单也最少，这样能让用户更快地更新心智模型以适应产品的工作原理。

这种理想状况并不总是能够实现。有时，受限于全新的技术原理，可能无法使产品的行为与任何已有的事物类似，只能为产品设计全新的功能实现方式或使用方式。如果是这样，保证用户需要学习的东西少而简单，在用户输入和产品输出之间建立确定且对应的关系。只有这样，用户才能比较容易建立关于产品运行的心智模型。

如果在研究中发现，用户在使用产品时（比如在可用性测试中）的心智模型总是错误的，那么可以尝试改变产品的外在表现。例如，替换那些与产品行为不匹配的隐喻，也可尝试让产品看上去非常独特，这样用户能很快接受产品的行为与已知的东西或自己猜测的使用方式不一致。

以下设计原则能有效帮助用户形成正确的心智模型。

1. 简单

心智模型的本质其实就是对现实世界的简化。如果依据一些简单化原则来设计产品，那么用户的心智模型就很有可能与实现模型达成一致，帮助用户更好地掌握产品的使用方式。

如图3-31所示，在手机上运行的视频录制应用的界面中，"录制"按钮被设计成较大的红色圆点。用户在任何时候（包括第一次）看到这个界面都会被其吸引，猜测它可能会启动"录制"功能（最醒目的操作对象对应产品最核心的功能），进而主动尝试点击这一操作对象。

图3-31　手机端视频录制软件的极简界面设计

2. 熟悉

用户远比你想象中知道的更多，在使用新产品之前，用户已经储备了大量相关知识和经验。在设计新产品的时候应该与成熟的同类或相关产品保持一致，与这些产品的工作原理保持一致，这样更能引导用户形成有效的心智模型。

长久以来Windows操作系统中的回收站图标的设计都模拟了现实生活中的垃圾桶形象（图3-32），被用户删除的文件都会保留在这里，如果误删除了，用户可以到这里来找回文件，与用户日常的生活经验一致，用户很容易建立对应的心智模型。

图3-32　Windows 操作系统的回收站图标

Windows操作系统回收站的图标设计也并非完全模拟现实生活中垃圾桶的使用方式，而是省略掉了一些不必要的细节。例如，现实生活中，用透明材料制作的无盖垃圾桶（和Windows操作系统中图标的视觉形象完全一致），用户看向垃圾桶时能够分辨，垃圾桶是否满了，里面扔了哪些东西，用户不用动手翻，也大致能判断出垃圾桶里是否有自己想要找回的东西。Windows操作系统回收站图标的设计并未考虑这些细节，只要有被删除的文件，垃圾桶图标就会变成图左侧的状态（有垃圾，接近于满的状态），图标的变化并不区分回收站里文件的多少，垃圾桶内填充的白色纸团也并不反映回收站内文件的类型。

忽略掉以上这些细节并不影响用户对回收站这一功能的使用。当用户想要找回被删除的文件时，他们首先会通过图标状态来判断回收站内是否有文件。如果有，就单击图标，进入回收站，再利用搜索功能，或按照文件类型排序、按照删除时间排序等功能找回自己需要的文件。而这些便利性是现实生活中垃圾桶所不能比拟的。

3. 易于识别

没有人愿意记住产品的使用步骤和界面的具体操作方法，产品的交互设计也不应该要求用户这样做。一些帮助性的提示和显而易见的选项是比较好的解决方法。

在Windows 10操作系统中，"文件资源管理器"的菜单栏内可用的操作选项会根据用户所浏览或所选择的文件类型而变化，如果当前窗口全是Word文件或用户仅选择了Word文件，菜单栏将仅显示针对Word文件可用的操作选项，其他不相关的操作选项则处于不可用状态，如图3-33上方的"打开"和"编辑"。如果用户同时选择了两种及以上类型的文件，那么菜单栏内则只显示这些类型文件都可用的操作，如"打开"等。

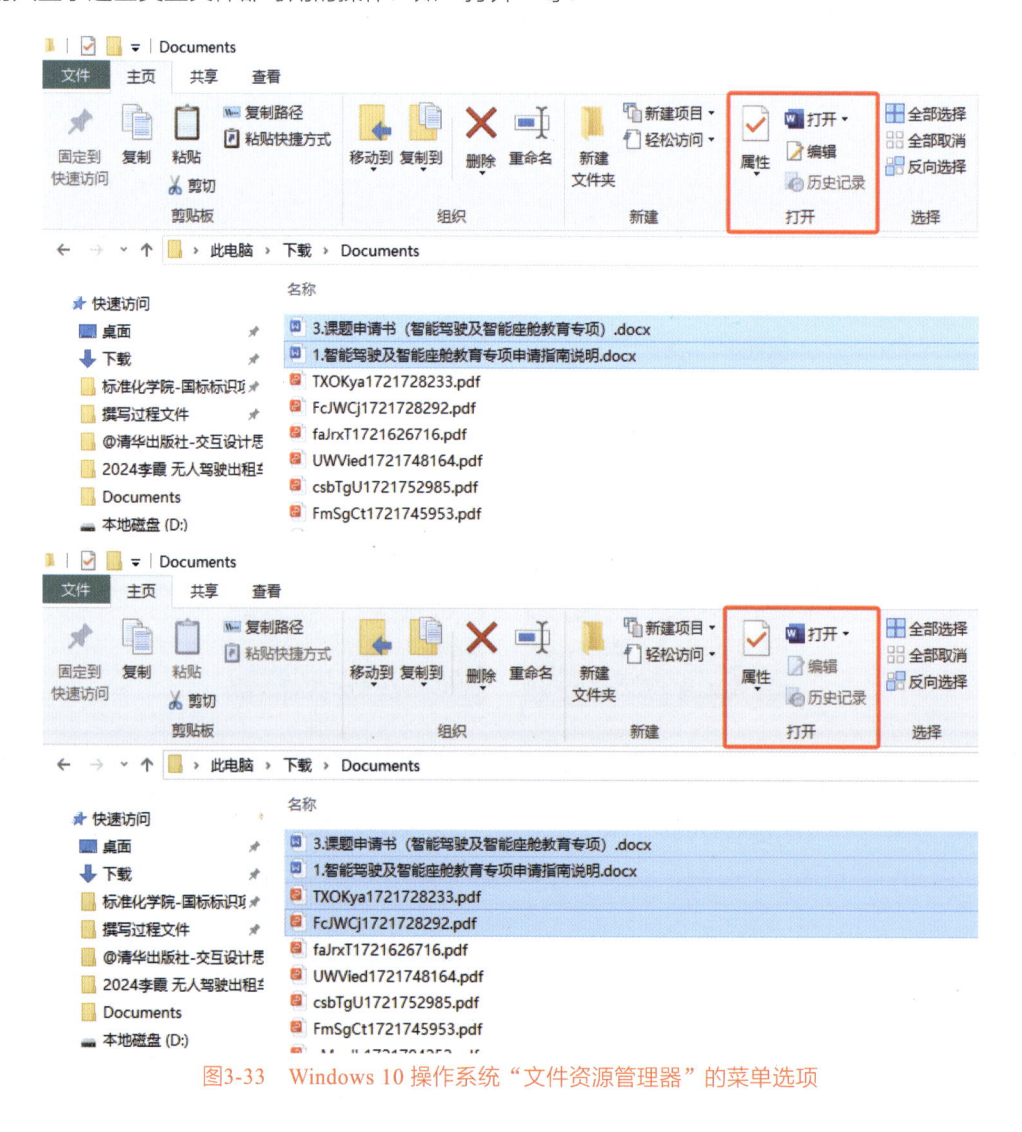

图3-33　Windows 10 操作系统"文件资源管理器"的菜单选项

4. 灵活

在可能的情况下，允许用户采用不同的技术和路径达到同样的操作效果。如图3-34所示，用户通过电商平台购买商品时，可以先登录，然后挑选商品，下单，付款，完成购买；也可以进入平台后直接挑选货物，下单，在付款的时候再登录账号完成购买。某些购物平台甚至可以为用户生成随机账号，免去用户注册账号的麻烦。

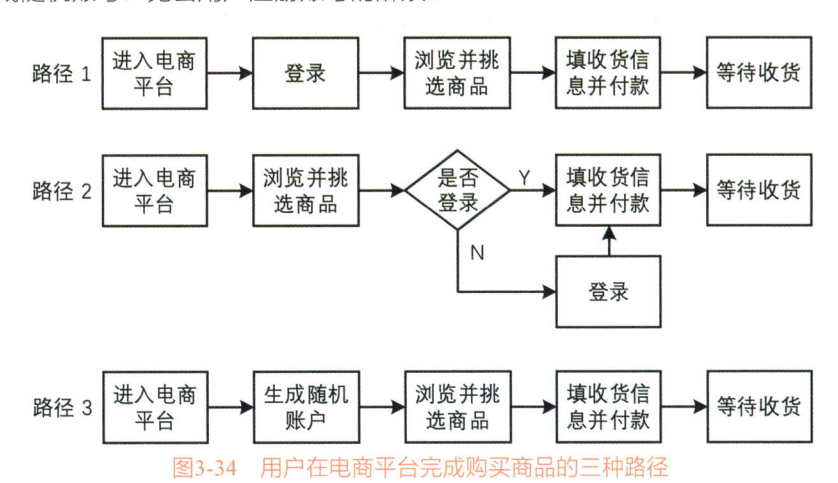

图3-34　用户在电商平台完成购买商品的三种路径

5. 反馈

产品应该为用户的交互动作提供及时有效的反馈。如果用户点击了某些对象，那么这些界面元素的视觉效果应该有所变化，图3-35中向上的电梯按钮被按下，按钮的背光灯亮起向用户说明"该按钮已被按下"。如果用户拖动了操作对象，那么这些对象应该随鼠标或手指的运动轨迹移动，不应该存在任何延迟。如果用户的操作需要一些时间才能完成，则应该利用进度指示器（如进度条）告知用户，产品已经接收了他发出的指令，正在处理。

适量的反馈能帮助用户形成正确的心智模型，但应该避免过度地反馈。有些反馈结果并不是特别直观、信息量过多，反而会让用户无法理解反馈的含义，不知道产品当前所处的状态，导致用户体验不佳。

图3-35　电梯按钮通过亮灯向用户提供反馈

6. 安全

除非刻意为之，否则用户的操作不应该造成无法挽救的错误或损失。如图3-36所示，在用户关闭未保存的文件时，系统应弹出"确认关闭"对话框，询问用户是否真的想要关闭文件，并明确告知关闭未保存文件可能导致的后果。当系统崩溃时，帮助用户恢复一些内容；允许用户撤销某些操作。这些设计能解除用户使用产品时的后顾之忧，让用户更加自由地探索产品的使用方式。

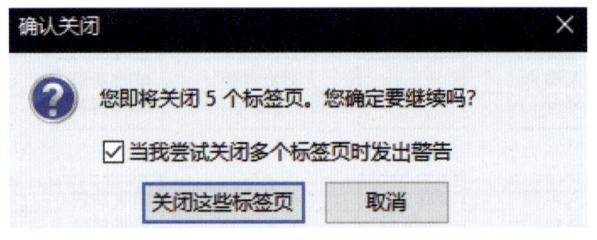

图3-36　Firefox浏览器的关闭确认窗口

7. 可供性

在设计界面中的元素时，应该巧妙地通过设计细节向用户暗示交互方式。可供性（affordance）指界面元素支持的交互方式的可能性。利用约定俗成的设计语言和拟物设计手法，通过视觉元素向用户暗示产品操作方式，帮助用户理解产品的运作原理。正如诺曼在《设计心理学》一书中所阐述的：好的设计师只向用户展示适当的操作对象，而把不合适的操作对象隐藏起来。

任天堂（Nintendo）的老式NES控制器（图3-37左）的设计没有体现出其持握方式。实际上，两个红色按钮的位置离右下方这么近，把控制器颠倒过来拿反而更舒服一些。对比任天堂的新产品Game-Cube的控制器（图3-37右），虽然新的控制器更复杂一些，但它很明显地告知了用户使用方式，控制器两边的小圆块告诉用户应该用手握住它。

图3-37　两种游戏手柄

Windows操作系统的用户界面通常用斜面和高亮效果或变换背景色来暗示用户——你可以与此元素进行交互。把鼠标光标移到某个界面元素的上方，如果它高亮显示的话，那么就表明你可以单击它（图3-38）。

图3-38　Windows 操作系统关闭窗口图标的鼠标光标悬停效果

3.4 面向人机交互过程

典型的人机交互过程如第1章图1-2所示。这一过程一般由人发起，通过人对机器现状的识别、判断，结合工作目标制定决策，然后基于已有的机器操作知识发起操作动作，作用于机器的控制器，机器接收控制信号之后按照一定的规则处理信号和相应的信息，完成之后将处理结果通过显示装置显示出来，人通过感觉器官接收信息，基于工作目标对信息进行判断，制定决策，进入下一次人机交互循环。例如，用户想要通过手机给家人发送短信，基于这一目的，首先查看手机的状态："处于默认待机状态"，基于使用手机的知识制定操作决策："写短信"，然后发起操作："编写短信"，通过键盘输入文字之后，手机处理这些输入信号，将文字显示在屏幕上，用户查看文字，认为编写完成之后，制订决策："发送短信"，进入下一个人机交互循环。

人机交互过程总是在一定的自然环境、人工环境和社会环境中开展，这些环境对于人的决策、人对信息的接收、人的操作动作、机器接收控制信号的准确度、机器的运行、信息的显示都存在一定的影响。对于使用手机发短信的例子，如果用户处于冬天的户外，温度较低导致用户不想通过键盘的方式输入信息。如果用户在公交车上，车辆运动和颠簸导致用户输入时操作准确度降低，操作时间变长，此时可以通过语音输入，但如果公交车上人较多，受到不打扰他人或不愿暴露个人隐私的文化习惯的影响，用户又不愿意通过语音输入信息。

交互设计工作最终以人机交互界面的方式呈现。界面中交互控件定义了用户的交互行为，例如按钮对应点击操作，滑块对应拖动操作，文本框对应键盘输入文字的操作。信息的呈现方式决定了用户接收信息的方式，图形和文字呈现的信息通过视觉通道接收，以声音呈现的信息通过听觉通道接收，视频传递的信息则同时需要视觉和听觉通道接收。机器和软件程序处理用户所输入指令和信息的过程和进度也需要通过界面呈现，这样有助于用户做出决策。

3.4.1 支持交互动作

随着人机交互技术的发展，人操作计算机的方式从原来的键盘输入发展到用鼠标单击，再到当前利用手势、语音甚至脑电波等自然方式控制计算机对象。相应的用户界面也从最早的命令行界面（Command Line Interface，CLI）进化到图形化用户界面（Graphic User Interface，GUI）、触摸化用户界面（Touchable User Interface，TUI）和语音用户界面（Voice User Interface，VUI），这些新型操作方式和用户界面不要求用户花费很长的时间学习就可以掌握，符合人类与生俱来的能力，被称为自然用户界面（Natural User Interface, NUI）。

在交互设计过程中，明确产品的硬件载体对于用户交互方式和交互界面的定义至关重要。当一款产品需要在PC、笔记本电脑、平板电脑、智能手机、智能电视、智能音响等不同平台运行时，需要分别定义不同的交互行为和用户界面。

- 在PC和笔记本电脑上运行时，鼠标和键盘操作精度较高，显示屏幕也比较大，可以在同一屏内显示更多操作对象，减少产品界面层级。

- 在平板电脑和智能手机上运行时，触摸屏的操作对操作对象的尺寸要求较大，准确度较低，需要在同一屏内显示较少的操作对象，且不能挨得太近，以免误操作。触摸屏的显示区域较小，导致产品界面数量和层级较多。
- 智能电视通过遥控器操作，通过四个方向键导航，其界面设计不宜有较深的层级，在同一屏内应考虑内容的分块和快速导航，以提升操作效率。
- 智能音响通过语音和少量视觉信号进行交互，语音识别的准确度，人工合成语音的音色、语调、语速、音高、重读、语气等是声音界面设计的关键所在。

3.4.2 提供有效反馈

系统接收用户发出的指令后需要在内部进行处理，不同复杂程度的信息和不同的任务所耗费的资源不同，导致处理时间长短不同。系统的工作状态对用户制定操作决策起到至关重要的作用。如果用户无法清晰判断自己的输入是否被接受，点击的按钮是否生效，软件当前执行的任务还有多久才能完成，以及机器或软件是否还在工作，那么用户会变得迷茫，不知所措。

交互设计师在设计产品时应该考虑以适当的方式告知用户：机器是否已经接收指令，系统当前正在做什么，当前的任务还需要多久能够完成，任务是否已经完成。反馈的形式可以是图形、文字、动画，也可以是各种声音或语音，甚至是利用机器本体的震动，这些反馈通过视觉、听觉、触觉通道传递给用户。在选择反馈形式时，需要考虑用户的信息接受能力特征和人机交互情境因素。例如，同样是餐食信息，面向成年人的设计可以利用实物图片和文字的方式呈现信息（如图3-39左所示），而对于儿童来说，卡通图片或动画加上配音的方式则更具吸引力（如图3-39右所示）。在特殊情境下，需要考虑同时采用多种形式向用户反馈信息。例如，在夜晚，同时利用声音和震动向用户表明系统接收到了新的信息。

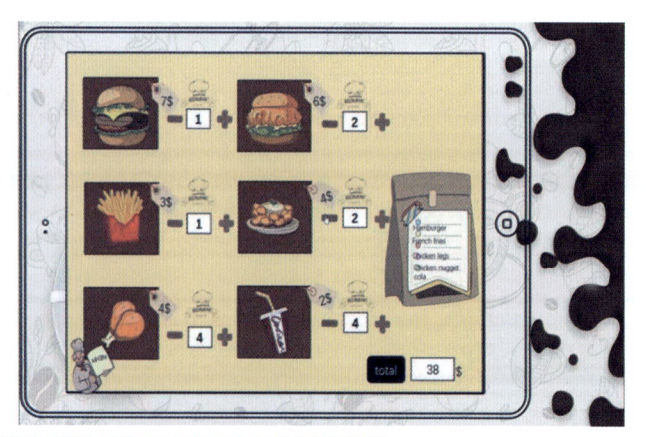

图3-39 面向不同人群设计的餐食信息显示界面

反馈的及时性也会影响用户的交互行为，如果系统反馈不及时，导致用户等待时间过长会引发负面情绪。反馈提示持续的时长应该考虑用户的认知特点，例如当用户保存文本文档时，如果文档内容较多，需要一定的时长才能保存完成，此时通过进度条可以告知用户保存操作的进度。如果文档内容很少，保存过程非常快就可以完成，软件并不显示进度条，用户界面也没有明显的提示告知用户已经保存了文档，此时用户会误以为操作不成功，以至于多次单击"保存"按钮或是按Ctrl+S键。

3.4.3 辅助用户决策

当系统处理信息，通过用户界面给出反馈，用户通过感知通道接收信息后，需要基于交互目标和系统使用知识对系统给出的反馈进行评估与分析，制定行动决策，规划下一步的操作动作。

在人机交互过程中，因为人的认知和记忆特点，经常会出现误操作的情况，为了降低出错率，提高工作效率，系统需要帮助用户完成一些信息比较和判断。例如，在账户注册页面，用户输入密码时，为了保密，系统在用户界面上以星号或圆点呈现用户输入的密码，导致用户很难清晰判断当前究竟输入了多少个字符的密码，是否符合系统对密码字符数量的要求（如图3-40所示）。此时，系统应该在用户界面上告知用户已经输入了多少字符数，为了符合密码设定规则，还应输入多少个字符。在要求用户输入银行账户和电话号码之类较长字符串的界面，用户经常需要核对已输入的内容是否正确，在设计用户界面时，把输入框内的字符分解为每4个一组能有效提高用户输入的准确率，降低用户核对所需的时间（如图3-40所示）。

在设计产品时，应该检查任务流程中所有需要做出判断或制定操作决策的节点，通过用户界面中的细节设计，让系统帮助用户比较信息，做出判断，然后把判断结果及时显示在用户界面上，辅助用户制定交互决策。

图3-40　能提升用户判断效率的文本输入框

3.5 诱发用户交互行为

2012年以来，国内各地出现了很多钢琴台阶，它们通过声光电和压力传导装置引导行人走台阶而非电梯，提倡健康的生活方式。钢琴台阶这种互动装置最早出现在瑞典斯德哥尔摩一个名为Odenplan的地铁出入口，创作人员对进出口的楼梯进行了别出心裁的"改装"——把每一个台阶用油漆刷成黑白两色，这使楼梯看上去就像钢琴的黑白键盘。该装置是德国大众汽车发起的Theory of Fun（有趣理论）项目计划的一项成果，该计划利用各种有趣和突发奇想的方式改造或影响人们的日常行为习惯。

第一个钢琴台阶装置在斯德哥尔摩并公开之后，引得所有路过的行人都尝试通过自己在台阶上各种不同的行为引发该装置发出声响，甚至有多人合作，在台阶上通过上下、左右的跳动演奏简短的乐曲（如图3-41所示）。这种设计利用了人们的好奇心，结合人们日常生活中的视觉形象要素——琴键，再加上与之对应的钢琴声音反馈，有效地改变了用户的行为方式，使更多的人走楼梯，而不是搭乘扶手电梯。

图3-41　外观类似于钢琴琴键的台阶

对于软件产品的使用，也可以通过一些设计手法，引导用户的使用行为，以降低学习成本、提高工作效率、达成更好的使用体验或促成更多的商业交易。

3.5.1 行为召唤

行为召唤（Call to Action，CTA）指通过设计手法引发用户的各种交互行为，如下载、试用、购买、加入会员等，而这些用户行为其实是产品设计团队的目标——希望通过用户的行为增加产品的访问量，提高用户活跃度或直接达成交易。

在商场和超市里，一些新品上市时会推出免费试用以及低价促销活动，用以刺激、吸引用户，以期促成购买行为。例如，宜家商场在产品上贴出的标签"请躺下试试""打开抽屉看看"都是行为召唤（如图3-42所示）。用户在试用体验过产品之后，才有可能购买产品。在现实生活中，一个箭头、一个图标或者一句话，都可能召唤出用户的某种行为，这种情况对于软件产品的设计同样适用。

图3-42　宜家商场里的行为召唤标签

软件设计中，CTA经常以吸引用户注意力的按钮、链接、图片等方式出现。当这些元素能够引导或激励用户采取行动，那么就是有效的CTA。在产品的界面中，有效的CTA越多，用户执行的操作就越多，产品就能获得更多的收益。但需要注意的是，在设计CTA时，需要综合考虑用户对界面的需求，CTA的设计应尽可能协助用户完成其任务，达成目标，而不是分散用户的注意力。例如，当用户在电商平台提交完订单进入付款页面后，其目标是通过操作完成付款，如果在付款页面就以吸引用户注意力的视觉设计呈现诸如"同类型价格更低的商品"之类的CTA则会打断用户完成目标的心流和任务流程，有可能会导致用户放弃支付，继续对比商品，进一步拉长用户的决策时间，这并不符合电商平台的运营逻辑。以下原则有助于设计出有效的CTA。

（1）设计更为逼真的按钮。

渐变、阴影、圆角等视觉效果能让按钮看起来像现实世界中的实体按钮，用户可以更好地感知并去按压。用户在现实生活中经常会按下各种按钮，例如灯的开关、计算机的开机按钮、键盘的按键等。当用户看到立体感很强，十分逼真的按钮时，就知道该如何去操作它了。如图3-43所示的按钮采用了突出的颜色、光晕和阴影效果，营造出一定的立体感，吸引用户点击。

图3-43　显眼且逼真的按钮设计

（2）吸引用户的注意力。

想要用户做出交互行为，首先要吸引用户的视觉注意。CTA的设计可以从色彩搭配、尺寸大小、位置和动态效果等方面着手，提高对用户视觉的吸引。

与同一屏幕内其他元素相比，CTA应该具有更高的视觉识别度，利用高反差配色能够使CTA很快被用户注意到。在图3-43左所示的哔哩哔哩App界面中，"发布"按钮的背景色和文字标签的颜色有较高的反差和对比，能吸引用户的注意；右图中宜家App界面中的"发布"按钮通过黑色块搭配白色线条图标，在整个界面中也营造出了较为突出的视觉效果，能够吸引用户的注意。

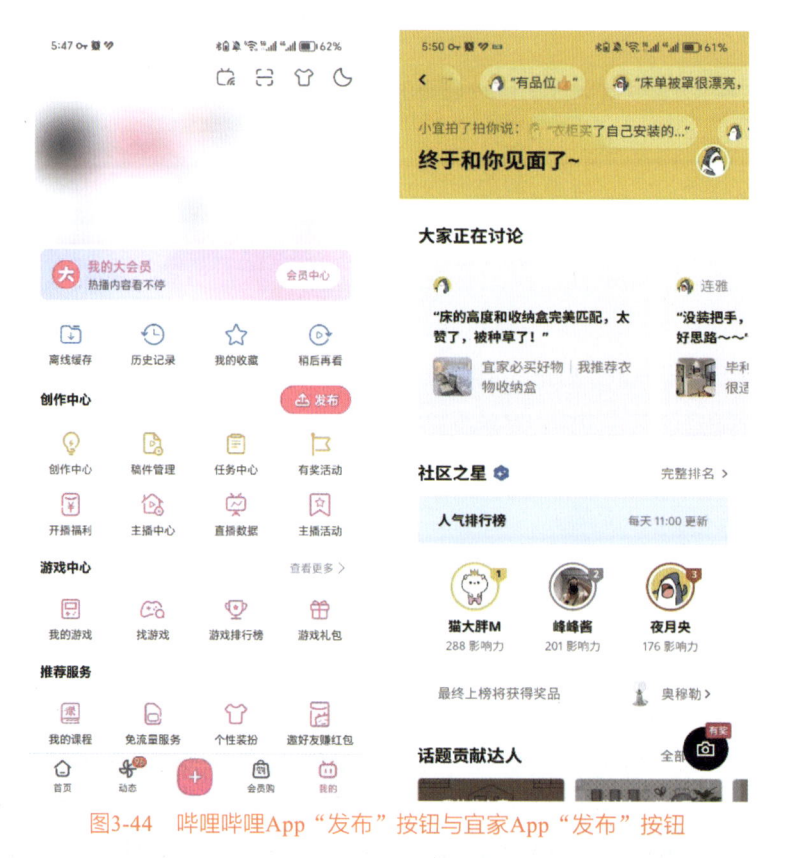

图3-44　哔哩哔哩App"发布"按钮与宜家App"发布"按钮

为CTA设计比周围其他界面元素更大的尺寸能够在一定程度上吸引用户的注意力，意味着更为重要的作用，具有一定的优先度。如图3-45所示，知乎应用的"发布"按钮位于屏幕底部的主菜单栏，形状和颜色都与同一级其他按钮不同，能有效地吸引用户的注意力，鼓励用户发布内容。相比之下，新浪微博应用的"发布"按钮则位于屏幕顶端右上角，其颜色与周围其他元素的颜色区别度不是很大，视觉吸引力相对小一些，对用户发布内容的行为召唤力也弱一些。

在醒目的位置放置CTA，跟随页面滚动，方便用户随时操作。如图3-46所示，无论用户是否滚动页面查看商品详细信息，购物类应用的"购买"和"加入购物车"按钮总是停留在页面底部，方便用户随时购买产品。而部分PC平台的购物网站将"购买"按钮放在产品图片的右侧,当用户滚动页面时,会在顶端出现固定的"购买"按钮,方便用户随时操作。

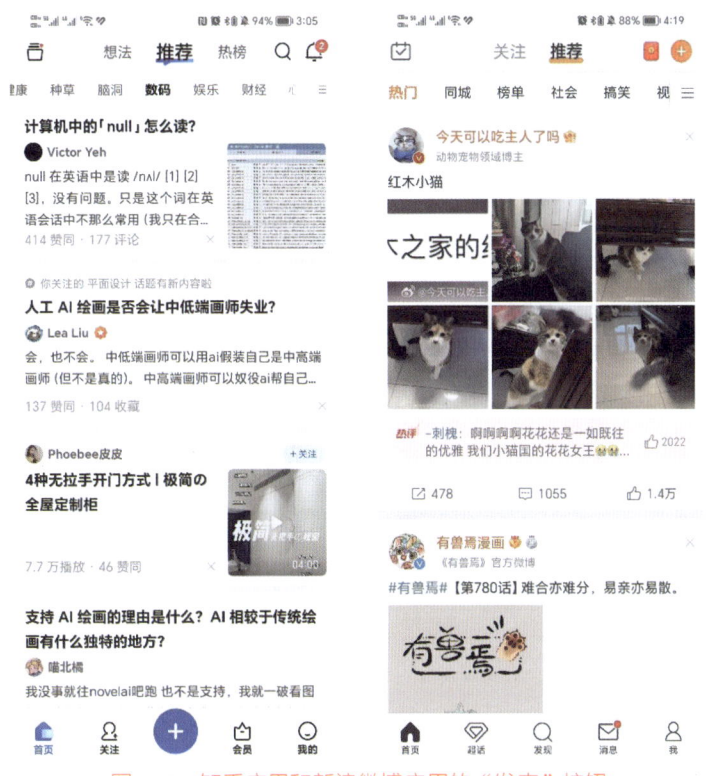

图3-45 知乎应用和新浪微博应用的"发表"按钮

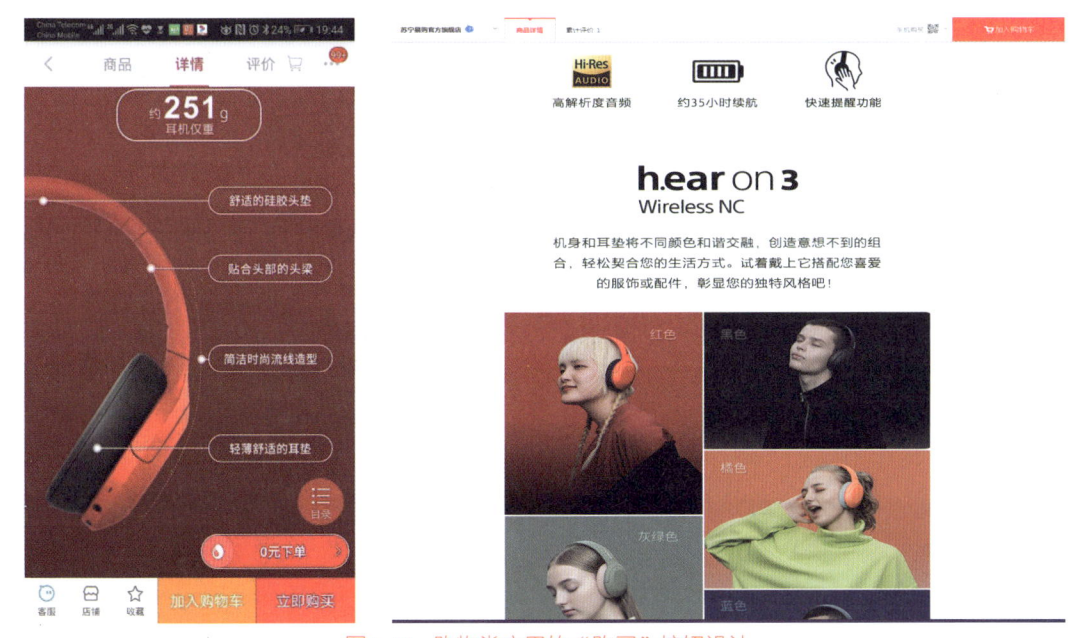

图3-46 购物类应用的"购买"按钮设计

为CTA设置动态效果可以快速抓住用户的注意力。人总是无法忽视那些视野范围内移动的对象,因此,很多产品都利用人类视觉的这一特点,在页面的角落为广告或其他重要元素设置动态效果，吸引用户的视觉注意力，促进用户进一步了解该对象。

（3）使用有具有感染力的文字。

具有情绪感染力的文字能唤起用户的情感共鸣，进而引导用户的行为。各种购物平台的界面中使用的"立即""立刻""现在""马上""限时""距结束还剩……"等文字标签能营造出一种紧张感，使用户更加兴奋和激动，暗示用户尽快采取行动。如图3-47所示为天猫应用中的"马上抢"按钮和京东购物应用中的"立即购买"按钮。

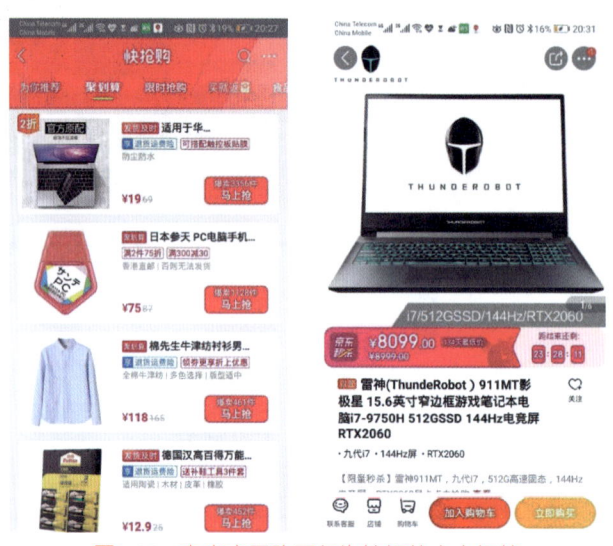

图3-47　电商应用购买行为按钮的文字标签

在一些不希望用户执行的操作选项中使用负面情绪用词，可以极大减少用户执行此类操作的概率。如图3-48所示，某咨询机构网站页面上跳出的广告中，不与该机构建立业务关系的按钮标签被设计成"残忍拒绝"；手机模拟大师程序的卸载按钮被设计成"残忍卸载"的文字链接，弱化了按钮形象，给用户营造出不可点击的错觉。

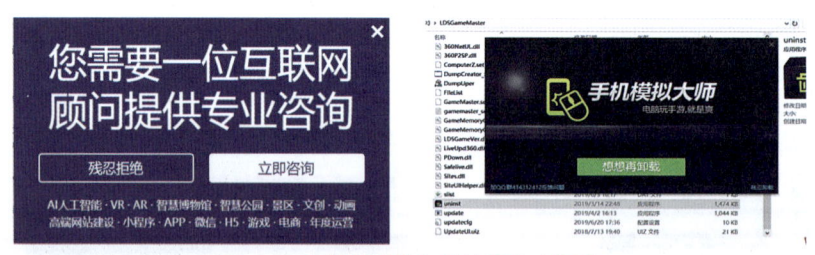

图3-48　有情绪感染力的按钮文字标签

（4）降低用户行为成本。

对于新产品或不熟悉的产品，没有经过试用，用户是不会购买的。很多网站和应用在用户还没了解产品的时候，就在首页要求用户购买，这种做法成功率极低（如图3-49所示）。更好的做法是，允许用户不注册、不登录就可以访问某些免费内容，当用户需要访问付费功能或内容时，才要求用户登录，或注册后登录，并且在注册页面为用户提供免费试用或允许用户只付出很小代价就能体验某些付费功能，这样能够极大地促进用户深入了解产品和功能，进而才可能为某些功能付费（如图3-50所示）。

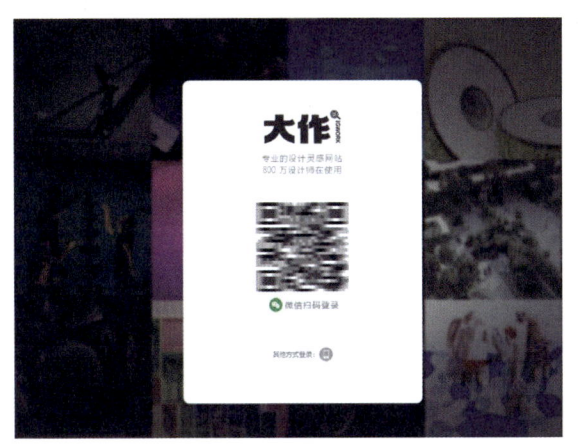

图3-49　打开网站时就要求注册登录

图3-50　注册后能免费试用一个月

（5）增加交互效果。

当用户鼠标指针移动到按钮上时，改变按钮和鼠标指针的视觉效果也能暗示用户，这是个可以操作的对象，进而鼓励用户执行操作。PC平台的软件系统大多都延续了这一设计，如图3-51所示的天猫购物网站的购买按钮"马上抢"，当鼠标指针移动到按钮上时，鼠标指针变成了手的形状，且按钮产生了阴影，增加了其立体效果，吸引用户按下它。

图3-51　天猫应用购买按钮的鼠标指针悬停效果

此外，还可以通过预设的交互效果引导用户。如前文图3-48的示例，设计师希望用户执行的操作按钮都采用了已被点击或鼠标指针悬停的视觉效果，以此引导用户来点击这些按钮，促成商业行为或停止卸载，保留软件。

在设计CTA时，应该从用户目标和产品目标出发，确定希望用户执行的行为，然后利用按钮、文本或图片的设计吸引用户的注意，促使他们执行相应的操作行为。

3.5.2 心理驱动

人类总是受到自身内部的驱动力去做一些事情。在钢琴台阶的例子中，第一个看到这个"新台阶"的人，受到内在好奇心的驱动，通过台阶的外在形象可能会联想到钢琴琴键，进而走过去尝试"使用"这一新事物，当踏上台阶的那一刻，台阶"发出"按下钢琴琴键才会产生的声音，用户会感到很有趣，并进一步探索其功能。研究人类的心理驱动力能进一步为软件产品的功能设计提供新思路。

伟大的意大利诗人但丁在其作品《神曲》中称人类有七宗罪，根据其严重程度从重到轻分别是：傲慢，忌妒，暴怒，懒惰，贪婪，暴食和色欲。但丁认为七宗罪存在于人的本性之中，符合生物最基本的"趋利避害"习惯，只是当这些本能过度发展后便成了一种罪。在设计产品的过程中，了解并正视这些人性的弱点和欲望，有助于打造更好的产品，吸引更多的用户，并能提高产品的用户黏性和用户使用产品的频率。

1. 傲慢

傲慢是自尊的表现，自尊与荣誉感、优越感有关，每个人都希望获得别人的尊重与敬仰。根据马斯洛需求层次理论，这些属于较高层次的心理需求。如果产品能给用户带来荣誉和优越感，就可能吸引并保留住大量用户。根据用户使用产品的频率、时长以及用户技能的提升程度，赋予用户特定的荣誉称号或特殊权利（如审核权、禁言权、@所有人的权利等）。这些在某种层面上都能给予用户一定的荣誉感与优越感，满足用户的虚荣和自尊心。

产品的荣誉和等级系统设计需要有明确的规则，并且不同等级所拥有的"特权"也应该主动、明确地告知用户，使用户在逐步提升等级的过程中树立明确的奋斗目标。在适当的时候，系统应告知用户距离达成下一成就还需付出的努力，以此激励用户持续使用产品，追求更高的荣誉。

对于社交类产品，可以通过特定机制赋予用户一些虚拟称号，例如QQ群的群主、管理员，微博的大V认证等（如图3-52所示），这些都能提升用户的优越感，让其感到自己与其他普通用户不同。而工具类产品的设计策略则不同，工具类产品一般没有用户社群的概念，无法让用户像使用社交产品那样在群体中获得优越感。随着用户使用工具类产品时长的累积，可以设置一定的奖励机制，例如开放更多的功能，给予一定的模板资源奖励等，这样也能让用户觉得由于自己持续使用产品而受到了奖励，比新用户拥有了更多的权限或资源，在其心中构建一定的成就感。此外，游戏类产品的公布玩家积分排名、给予勋章，直播类产品将用户的打赏金额进行排名，同时对于有特殊贡献的用户进行单独展示等做法都是利用了人类的虚荣和傲慢心理形成的设计策略。

图3-52 QQ的群管理员身份和微博的大V认证

如果直接给用户各种荣誉勋章，可能会使用户感觉太容易，无法在其内心激起成就感。正确的方式应该是把荣誉作为目标激励用户，并告知获得荣誉的方法和路径，让用户付出实际行动，达成条件之后才给予其荣誉（如图3-53所示）。这样才能让用户感觉到荣誉是自己通过努力获得的，才能在内心建立成就感。

图3-53 某应用的粉丝勋章升级方案

2. 忌妒

"没有对比就没有伤害"，忌妒来自对比，处于弱势的一方会产生忌妒心理。忌妒会让人失落、沮丧，但如果引导得当也会转变为追赶他人的动力。另外，忌妒还来自虚荣心，人们对于自己没有和得不到的东西都会有着极大的渴望，因此可以利用忌妒去刺激用户来达成某些成就或目标。

适当地增加竞争机制可以为产品注入活力，提升产品的用户黏性和用户活跃度。通过树立标杆形象，让少数用户成为正面荣誉获得者，以此激发其他用户的忌妒心，使其投入更多的精力追赶标杆形象。

忌妒与傲慢是相对立的，在群体中有人获得了荣誉与地位，在对比之下其他人就会产生忌妒。前文关于社交产品的设计策略，赋予了某些用户特定的称号、荣誉和权力，满足了其虚荣心，就会使其他没有得到这些荣誉和权力的人产生忌妒心理。在游戏类产品的设计中，通过向所有玩家展示排名和高端玩家所拥有的装备，可以有效激发其他普通玩家的忌妒心理。这种情况下，需要用语言刺激用户，使其采取一些措施追赶那些拥有荣誉和特权的用户，当用户获得了一定程度的荣誉和权力之后，就会因其"特权"和与其他普通用户的不同而产生傲慢心理。此时，产品应该呈现新的忌妒目标，让用户再一次进入追赶目标的循环。

3. 懒惰

懒惰是人的天性，没有人想做特别消耗体力或者非常耗费时间的事情。如果一款产品能节约用户的时间或者节约其体力付出，那它取得成功的概率会很大。所有用户都希望用更少的时间与体力成本完成同样的事情，省时、省力、便捷是所有工具类产品的核心竞争力。

以下设计策略均迎合了人类的懒惰天性，能够增强用户对产品的依赖，形成使用习惯，进而提升产品的用户黏性，防止用户流失。

- 减少操作步骤：通过界面设计和操作流程的优化减少用户在使用产品过程中的操作步骤和页面跳转次数，但前提是保证简化后的界面和操作流程能帮助用户完成任务。
- 降低决策次数：产品使用过程中的每一次决策都可能使用户退却或放弃任务。因此，用户的决策次数越少，使用过程就越流畅，对于一些不太重要，不涉及用户隐私和财产的决策项，可以基于用户研究结果，默认帮助用户勾选其中的某个选项，用户只需要再次确认就可以了。例如，对于用户初次使用产品时需要签署同意的客户协议，默认勾选"同意"选项，减少用户不必要的决策。
- 减少需要输入的内容：对于需要用户经常、重复输入的内容，帮助用户记住这些内容，下次直接呈现给用户，要求其确认即可。例如，系统可以记住登录系统需要输入的账户名和密码，当用户打开登录页面时，直接在需要填写的文本框内填充账号名和密码，用户只需要点击"登录"按钮就可以了。
- 以视觉化的方式呈现关键信息：人们总是倾向于看图，不喜欢阅读文字段落，在界面设计中，将一些关键信息以图形、图像或图标的方式呈现，能提升用户获取相关信息的效率，也符合用户的视觉偏好。
- 突出重要信息和操作对象：用户在界面通过浏览扫视搜索自己需要的信息或是操作对象需要一定的时间。简洁的用户界面能降低用户认知负荷，提高视觉搜索效率，帮助用户在界面中快速找到目标。

4. 贪婪

贪婪是指人想拥有更多的资源，占有更多的价值，即便这些资源或价值对于人本身来说可能并没有太大的意义。利用这一心理因素，在设计产品功能时，可以有效提高产品的用户黏性和留存时间。

当用户刚开始使用一个产品的时候，降低用户获取资源的难度，适当给予用户一些免费资源，并提示用户继续使用将会获取更多的资源，或让其试用某些付费之后才能使用的高级功能，在试用结束时告知用户充值之后可以永久使用这些高级功能。在前期降低获取回报的难度，可让用户感觉回报比付出多，不断刺激用户的贪婪心理，可以增加用户使用产品的频率。

在初期给予用户奖励并不断刺激用户的贪婪心理之后，在中后期可以告知用户需要达成新的成就才能领取奖励从而增加获取奖励的难度，一方面增加用户获取奖励的成本，另一方面也告知用户后续奖励内容和获取途径。当用户达到不同阶段的要求，并获取相应层次的奖励时，他们的贪婪心理得到满足，从而延长了他们在产品内的停留时间。用户使用产品的时间越长，在此产品上拥有的"虚拟资产"（奖励）就越多，就越不容易放弃使用该产品。沉没成本的增加提升了产品的用户黏性。

以付费听书产品的设计为例，新用户注册并登录时，直接获得10积分。当用户开始听书，系统提示听完10分钟后，可额外获得20积分。这样做的好处在于，10分钟的时间可让用户判断自己是否对当前听到的内容感兴趣，另外，用户在完成动作后能听到额外两部免费电子书，因此有听完这10分钟的意愿。当用户完成10分钟的使用并获得20积分时，系统提示用户分享自己喜欢的电子书给好友，好友也能免费听一本电子书，同时自己会获得40积分。这样循环往复下来，用户在满足自己贪婪心理的同时，不自知地帮助产品运营团队完成了他们所期望的进一步使用和产品推广动作。

当资源有限的时候，贪婪会让人产生另一种期望——幸运，希望自己能通过捷径获得资源，但幸运的人总是少部分人。各种产品中的"抽奖"功能是典型的帮助用户获取资源的捷径。抽得"大奖"的用户会有巨大满足感，而并未获得奖励的用户侥幸心理会更强，认为下次自己就会更幸运，由此形成具有活力的用户行为循环。

对于付费听书产品，为用户设计一些抽奖活动，前提是用户花10积分获得抽奖机会，奖励是获取200积分，这种高赔率的活动能吸引用户参与。设计团队可以把中奖率设为10%，这样，10个人参与抽奖就能凑够100积分，运营再补贴100积分，最后随机选出一个人获取奖励积分，并公布。这样就仅用100积分成本激活了10个用户的使用行为，比每名用户直接发10积分更能刺激用户，同时满足了中奖用户的贪婪和侥幸心理，也刺激了没有中奖用户的妒忌心理，使他们进一步采取行动。

在培养用户贪婪心理的时候需要进行适当地引导，让用户知道使用产品的行为有利可图。只有当产品与用户双方都能获利时才能使产品长期运营下去。

3.6 呈现信息处理过程

随着计算机技术的不断进步，硬件产品的计算能力有了很大提升，有效地缩短了软件处理用户操作和加载内容的时间。然而，在某些场景下，软件处理用户操作或加载全部内容所需的时间仍然较长。在这种情况下，需要及时地向用户呈现软件处理信息的过程，以缓解用户的等待焦虑，同时明确地向用户呈现信息处理的进度，以方便用户安排自己的时间，是继续等待，还是先去做其他事情，稍后再来查看任务是否完成。

设计师往往把主要注意力放在界面的设计上，从而忽略了用户等待软件程序完成信息处理时的体验。信息的处理和页面加载过程是应用程序中最重要的环节，设计师应该为这一环节的用户体验提供良好的解决方案。

3.6.1 等待体验

在软件产品处理用户的操作或加载内容的过程中，用户能做的事情只能是等待。没有人喜欢等待，但在某些特定时刻，用户却不得不面对这一现状。软件产品的使用过程充满了焦虑的等待与时间的消耗，总是有各种原因导致用户在整个产品的使用过程中无聊地等待产品做出反应，才能执行下一步动作。在这一过程中，糟糕的用户体验很有可能导致用户跳转到其他任务或是使用其他产品，造成当前使用行为的中断或终止。

1. 等待时长

人对时间长度的感知会受到具体活动情况的影响，导致感受到的等待时长与实际等待时长不一致。在等待交通工具时，时间每流逝1分钟，人们就会感觉自己已经等了3分钟，但如果在等待的过程中把精力和注意力投入一些消遣、娱乐活动上，就会感觉时间过得很快。在以下情况中，用户会对等待时长格外敏感，所感知到的等待时长大于实际等待时长。

- 搜索重大、敏感的信息：重大、敏感的信息会对用户产生重要影响，心中迫切地了解这些信息，因而在搜索和阅读时心情极为迫切。例如，阅读银行顾问的回复、阅读恋人的回信、搜索重要约会地点、打开一份重要文件等。
- 活动有时间限制：因为时间的紧迫性，在执行具体操作或完成任务时，用户希望高效、快速，在时间限制内达成目标。在这种情况下，如果有需要用户等待的情况，那么用户会觉得等待的时间很漫长。例如，需要快速启动摄像功能，记录下转瞬即逝的画面；快速启动记事本软件，记录下大脑中突然冒出的设计灵感等。
- 使用环境压力大：当用户使用产品时，如果所在的外部环境容易造成紧张氛围，则会影响用户对产品使用过程中等待时长的感知。例如，在驾车过程中查看车机系统软件的加载进度。由于用户要一直关注于路面，精神处于紧张状态，再分心查看车机系统软件的更新情况会进一步加剧紧张的心理。用户希望每一次查看都有进展，因而对等待时长很敏感。
- 重复等待：在使用软件的过程中，随着等待次数的增多，用户会越来越不耐烦，对等待时长的感知会越来越敏感。起初一两次的等待，用户还勉强能够有耐心，如果使用产品中总是需要等待，用户就会感觉每次等待都是个漫长的过程。

大部分时候，软件程序处理用户所输入的内容或加载特定内容对象所需的时间是由具体技术决定的，设计师并没有办法改变这一客观物理量，但却可以通过各种设计手段改变用户对等待过程的感受。

2. 管理进入程序前的等待

一般来说，程序启动时的加载是使用该产品过程中用户需要等待时间最长的过程，也是用户点击启动图标后首先看到的程序反馈，在此期间的等待体验会严重影响用户对产品的感知和后续的使用体验。管理用户等待体验的原则包括：在用户等待期间向其提供有意义、能吸引其注意力的内容或信息；对于用户等待出现的对象，预先向用户呈现部分内容或模拟效果。目前已有一些解决方案用于改善用户的等待体验，主要包括以下几种类型。

1）启动画面

程序启动图标被点击后，最常见的现象是向用户呈现该程序的启动画面，在其中呈现一些与产品形象、功能介绍或使用方式相关的静态或动态图像，并辅助呈现进度条，告知用户加载进度和剩余所需时间。如图3-54所示，在启动页呈现产品功能介绍或是使用方式能让用户了解产品的特性或掌握一些产品使用技巧。而仅展示产品形象（如图3-55所示），如程序图标或是企业品牌logo的动画，则对用户毫无意义，只会让用户感觉到启动画面像是把自己与具体的程序内容隔开的一堵墙，每次使用都要跨过这堵墙才能真正地使用产品。

图3-54　某应用启动页的产品功能介绍

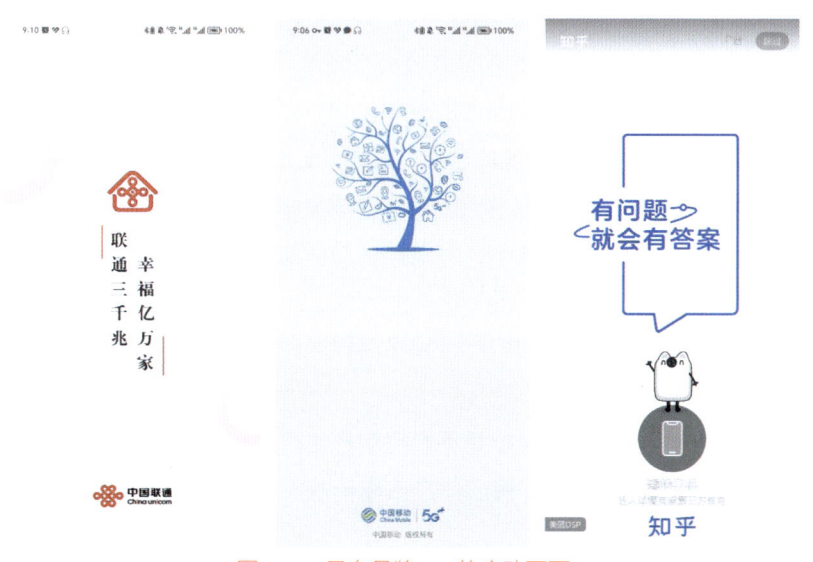

图3-55　只有品牌logo的启动页面

移动应用的使用环境和实际用途各有不同，启动画面的适应性也有所差异，在以下情况应谨慎使用启动画面。

- 高频重复使用的移动应用：用户每天都要数次启动同一款移动应用，肯定希望启动后或从后台唤醒程序后能快速使用。这种情况下，每次都呈现启动画面只会徒增用户的等待时间，造成不好的使用体验。
- 每次使用移动应用的时间都很短：对于每天启动数次的移动应用，如果用户每次使用时间都很短，例如只是查看或确认某些信息，那么就绝不能每次都呈现启动画面。某些情况下，用户启动程序后使用程序的时间甚至还不如启动画面的持续时间长，如果总是呈现启动画面会让用户觉得自己大部分时间都被浪费掉了，并没有真正用在使用软件上。

除以上情况外，上文提到的执行任务时间紧迫、使用产品的外部环境压力大等情况，也不适合使用启动画面来填充用户等待程序响应的时间窗口。

2）插播式广告

很多程序会用广告占据启动画面。一方面，这些广告能为程序的研发团队带来收益。另一方面，这些广告也能分散用户的注意力，减轻其等待进入程序页面的焦虑。但和启动画面一样，插播式广告会令用户分心，打断其执行任务的心流，削弱用户对任务的专注度。在人机交互过程中，插播式广告就像额外添加的一个多余的步骤一样。另外，大部分插播式广告的设计都让人难以接受——排版凌乱、画面粗糙、内容散乱，时刻影响着用户对产品的使用。

广告可能是某些产品盈利的唯一来源，例如用户可以完全免费下载，且在使用过程中不需要付任何费用的软件。在这种情况下，完全摒弃广告是产品开发团队不可接受的选项。以下建议可以在保留广告的前提下尽可能不对用户使用产品的体验造成太大负面影响。

- 不要同时使用插播广告和启动画面。
- 在用户停留时间较长的页面，不要在该页面嵌入广告。
- 保证用户每次启动或每一天看到的广告内容是不同的。
- 提供关闭广告的按钮。即便如此也应该限制广告时长，让其很快播完。较长的广告时长会迫使用户手动关闭广告，对用户心理造成负面影响。
- 确保关闭广告按钮的位置统一且明显，例如都在广告区域的右上角，用红色的关闭按钮。
- 通过视觉化的设计，明显地将广告和程序界面做出区分，不要试图误导用户去点击广告。
- 把广告放在屏幕的边缘，保证其不影响用户对产品的使用。在页面布局时，不要将其固定在屏幕上，否则用户会感觉广告像一块狗皮膏药，再怎么滚动屏幕都无法摆脱它。
- 一些移动应用的广告会以游戏化的方式呈现，但其实这种做法丝毫无法缓解用户等待的焦虑。当用户发现这其实并不是游戏，只是伪装成游戏的广告时，反而会更加愤怒。

3）模仿进入程序

就医过程中，当病人在诊室外等待时，经常感到时间漫长，而一旦进入候诊室，便觉得离见到医生更近了一步。同理，人们在等待进入程序时总感觉时间流逝得很慢，进入程序后就会觉得时间过得飞快。基于这种现象，设计师可以在程序启动后模拟用户将要看到的页面的"骨架"，让用户感觉马上就可以使用了。这里的页面"骨架"并不是真正的页面，只是视觉上相似而已。iOS系统的产品指南建议在用户等待的时候呈现与产品页面类似的"空心"页面，也就是没有具体内容，只有页面布局框架。

除此之外，还可以通过逐渐显示程序页面的结构元素的方式，给用户营造程序正在逐渐推进的感觉。对于已经加载的页面框架，可以用应用程序的logo、预设图片甚至色块来填充，这种做法也能增强用户对品牌形象的认知。如图3-56所示，优酷应用在加载内容之前，以程序logo填充内容区域，增强用户对产品的认知。犀牛故事应用使用一些与自己产品名称相关的预设图片填充内容区域。花瓣应用则在图片内容加载完成之前利用各种颜色的色块填充内容区域。

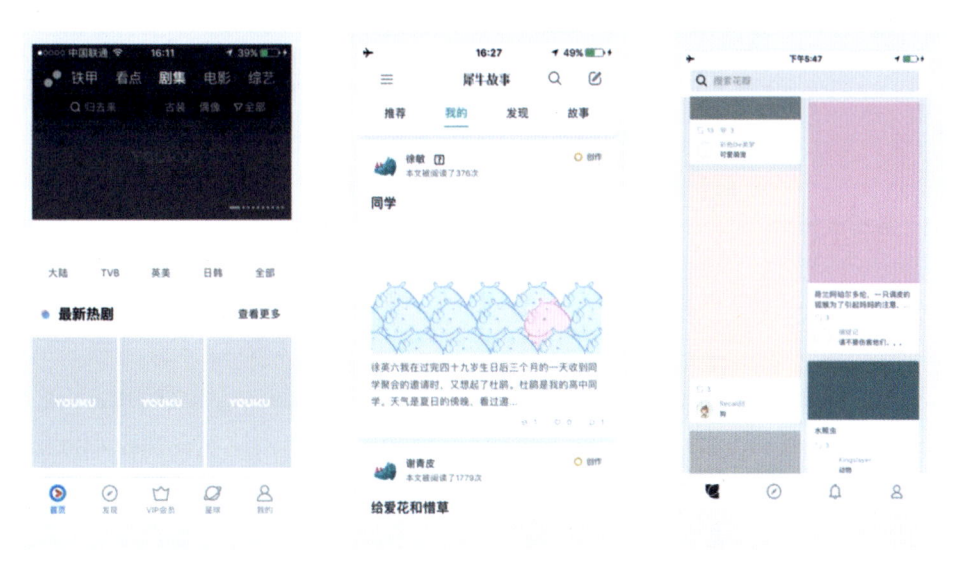

图3-56　内容加载完成之前的临时占位设计方案

在页面框架加载之后，可以逐渐向用户呈现页面的内容，这样不仅能缩短用户的感知等待时长，还能真正地缩短等待时间——至少用户已经看到了部分页面内容。在这种情况下，设计师需要考虑页面的加载策略，哪些内容优先加载，哪些内容可以稍后加载。

4）提供详细信息

目前，有很多应用程序的加载页面会显示一些动画或静态图片，再配上"加载中……""请稍等"之类的文字——无非希望用户能耐心等待而已。但这种设计收效甚微，如果可以再用心设计一下说明文字，在加载页面详细说明目前程序处理的进程和所处的状态，则有可能会彻底颠覆用户的等待体验。把用户从原来看着软件努力加载，自己无所事事，只能经历漫长的等待，转变为清晰了解软件当前的处理步骤和所有要加载的内容。用户在详细了解了这些过程之后，就可以理解为什么要等这么长时间了。如图3-57所示，悬镜服务器卫士在版本更新页面详细呈现了软件正在执行替换文件、新增文件等任务，配合进度条显示，可以让用户清晰地了解当前软件的工作内容，对等待更有耐心。

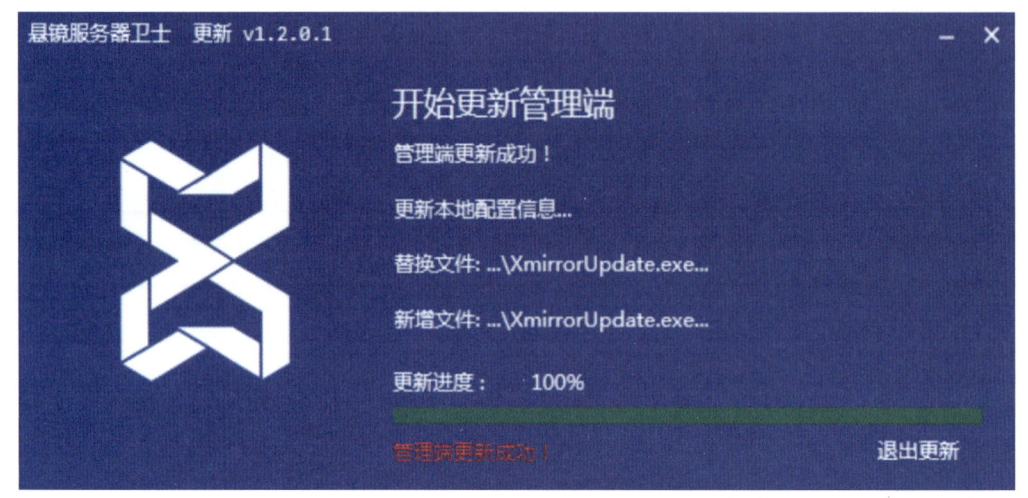

图3-57　在加载页面呈现详细的加载过程

需要注意的是，在描述程序加载的信息和步骤时，尽可能使用用户能够理解的文字，不需要过于专业，也不需要非常细致，信息过多反而会加重用户的认知负担。

3.6.2　加载模式

在人机交互中，用户与软件的每一次互动都是软件加载新内容的过程。因操作导致的页面跳转、刷新或弹窗都会使页面元素或信息发生变化，页面都需要向服务器发送请求信息，服务器接收后再发送反馈信息。由于网络及页面自身处理信息的原因使这一信息交换过程延迟，此时就需要"反馈"——即加载——来缓和用户的等待。加载有快有慢，快的加载可以让你根本没意识到这种"反馈"，慢的加载则会让用户等待到崩溃。

启动应用程序到用户完整看到程序的第一个页面的过程是最常见的加载，除此之外，打开新页面，刷新当前页面，移动应用程序的下拉刷新等都属于加载行为。在程序加载的过程中，需要在适当的位置放置动态图标，以告知用户："当前正在载入内容"。以下是常见的解决方案。

1. 状态栏加载

移动终端操作系统通常默认在状态栏显示加载进度。如图3-58所示，iOS系统自带的邮件、图片和应用商店等程序加载内容时会在状态栏显示一个类似"菊花"的动态图标。

2. 导航栏加载

大部分社交类的移动应用程序多在程序内部的导航栏显示加载进度（如图3-59所示），用来告知用户软件正在处理信息，这种方式不会干扰用户浏览其他信息。

图3-58　iOS系统在状态栏处显示加载图标

图3-59　邮件与微信的应用导航栏加载

3. 下拉刷新加载

下拉页面以刷新内容的交互方式已广泛见诸移动应用，这种做法既能保证用户可以看到本地缓存的数据，也支持用户主动刷新当前页面内容。在页面被下拉之后，屏幕顶部会临时出现一小块区域，用以呈现加载进度，当内容加载完成之后，这一区域消失，页面会回弹到原来的位置。

一些移动应用对这一区域的加载样式做了进一步的设计，将产品形象作为刷新的视觉样式，增加了品牌形象的宣传，也提升了用户体验。有一些应用程序在这一区域放置了广告用以实现更多的营收。也有一些应用程序将这一区域作为顶部下拉页面的临时入口，当用户下拉页面刷新内容时，下拉到一定位置会在屏幕顶部出现这一临时区域，再继续下拉页面，将进入程序的另一个内容区域。如图3-60所示，左图的小红书应用在用户下拉页面时，会在页面内要刷新的视频缩略图区域上方显示一个加载图标，告知用户正在加载更新内容。中间美团应用在用户下拉页面时，会在顶端显示一些广告。右图淘宝应用则在页面顶端显示了一个新的区域"淘宝二楼"，告诉用户这里有新的内容。

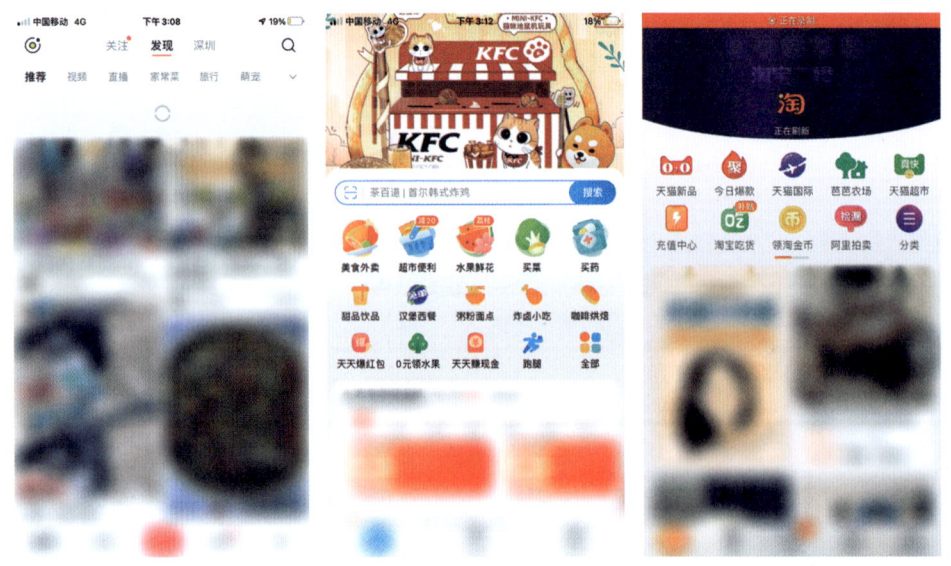

图3-60 下拉刷新加载的三种处理手法

4. 页面内加载

当页面内容元素比较少，例如一张图片，需要加载完成才能显示，一般采用在页面框架内加载的方式。在内容加载完成之前用户看不到任何内容，所以此处的加载设计对于等待体验的影响很大，建议采用一些情感化设计的手法，告知用户加载进度，降低用户等待焦虑。当出现错误，无法加载内容时，要及时告知用户原因（如图3-61所示）。

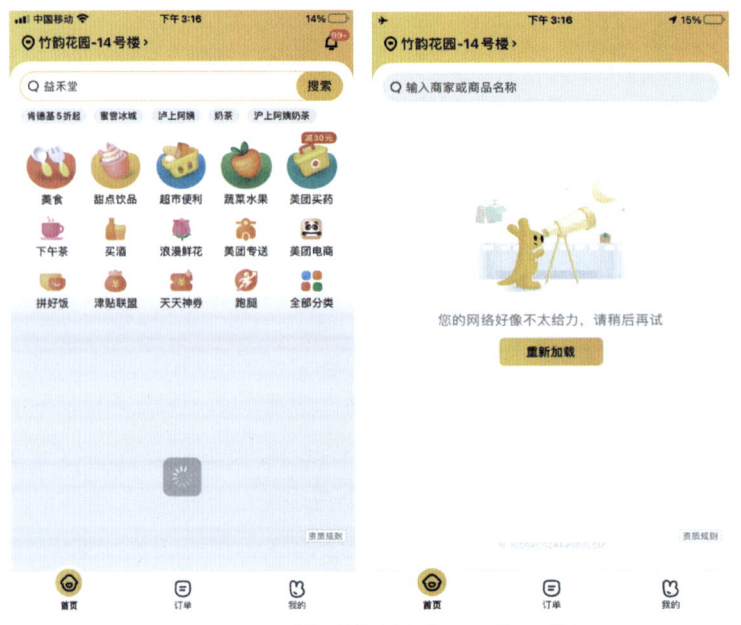

图3-61 页面内加载的状态指示和错误反馈

3.7 提供及时有效的反馈

反馈是人机交互过程中，用户执行操作之后立刻就会关注到的机器行为。反馈是否及时，影响着用户对产品运行方式的理解，也影响着用户的工作效率。反馈是否有效决定了用户能否完成一个人机交互的循环过程。有效的反馈指产品给出的反馈形式和方式能被用户理解，它能表明产品当前所处的状态，以及用户的操作行为产生的结果，能帮助用户建立产品运行方式的心智模型。

3.7.1 反馈的速度

产品的反馈速度本身就是用户的一种感知。用户不会用秒表来测量自己执行操作之后产品究竟用了多长时间做出反应，多长时间之后才处理完成并给出结果，重要的不是操作需要持续几秒或几毫秒才能完成，而是用户对产品速度的感知。

1. 响应时间

产品对用户操作的响应方式设计非常重要，它影响着用户对产品的认知和理解以及具体的使用效率。有研究结果表明，如果某一项操作能在0.1秒内完成，用户就认为它是瞬间完成的。如果完成时间多于0.1秒，少于1秒，用户不再认为操作是在瞬间完成的，反而会忘记当前正在发生着什么样的事情。如果某一操作的完成时间超过1秒，用户很有可能会在等待的时间内走神。所以，对于软件设计来说，最好保证用户的操作能在0.1秒内处理完成。

另一个与之相关的话题是触摸屏界面的持续交互问题，比如用手指拖动列表实现滚动这一操作。在这种情况下，产品性能尤为重要。用户界面必须立即对操作做出反应，并且反应过程要非常流畅。用户界面的变化一定要同步于用户的操作，并且要以较高的帧频实现这一目标。对于界面的反馈效果，用户是觉得自己正在与实际物体进行交互，还是觉得只是在向计算机发出指令？这在很大程度上取决于产品的响应速度。在此类用户界面中，糟糕的界面表现（如输入延迟或支离破碎的动画）将打断用户使用产品的心流，会极大地影响用户体验，造成负面效果。

2. 进度反馈形式

如果系统完成用户指令的时间超过0.1秒，产品就要给出一些反馈。应该提供什么类型的反馈取决于当前进行操作的类型和产品处理用户操作所需的时长。如果这个过程只需要1秒或2秒就能完成，可以把光标变成沙漏状，或提供一个视觉化的指示器，表明"产品正在处理您的操作"（如图3-62所示）。这种反馈形式无法明确告诉用户当前所执行任务的具体处理进度。

图3-62　短耗时任务的进度反馈形式

对于用户操作反馈方式的设计并不在于要告知用户操作需要持续多长时间，而是让用户感知到计算机已经接收到他们发出的命令，正在进行处理。一定要"明确地告知"，这一点非常重要。人们使用旧版IE浏览器的时候，经常会出现重复单击链接的情况，因为他们觉得第一次单击之后计算机没有明显的反馈，觉得可能计算机并没有接收到操作指令，进而重复操作（如图3-63所示）。为什么会出现这种情形呢？因为旧版IE浏览器显示的"正在加载"的活动图标或进度条不够明显，也不在用户单击链接时所关注的视觉焦点位置。

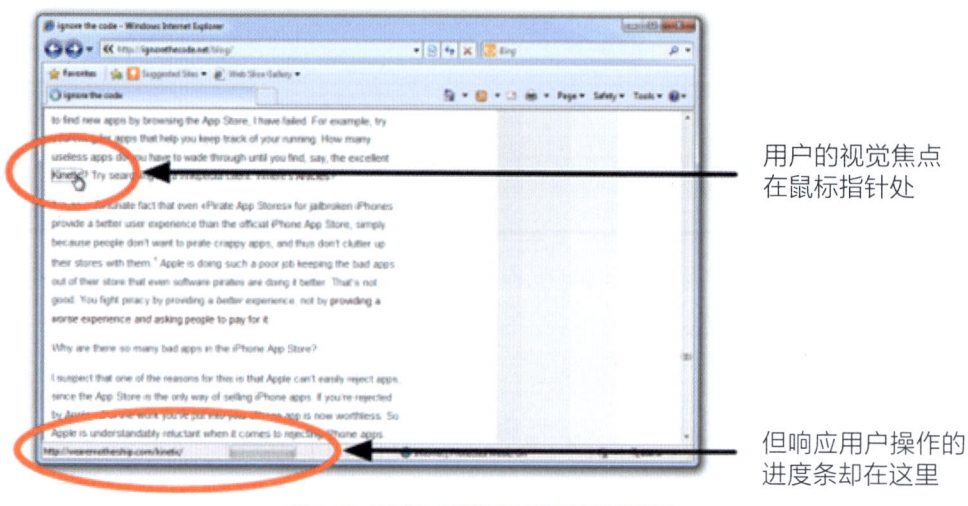

图3-63　旧版IE浏览器的下载链接反馈

对于超过几秒钟的处理时间，产品需要呈现进度反馈来表示该操作将会持续多长时间。通常的做法是显示一个进度条，如图3-64所示。

图3-64　进度条

在某些情况下，或许还要告知用户，计算机当前正在做什么样的事情。如帮助用户了解自己等待的原因，这一点尤为重要。例如，用户从影片编辑工具中上传一个影片，该任务包括两个阶段。第一，对影片进行渲染和编码；第二，上传影片。在进度条旁边添加一些简短的解释文字，甚至一个小动画来表示任务执行状态，这样能向用户暗示当前正在执行什么样的任务。告知用户程序当前所处的状态，能向用户解释为什么这个过程如此漫长，也能让他们等待的心得到些许安慰。

如果某项任务持续时间较长，用户很有可能会把关注焦点转移到其他地方，最后甚至可能会完全忘记计算机正在执行任务。这时可以用声音反馈向用户暗示任务已经完成，这样即便用户走神，也能得知这一情况。

3. 改善用户对速度的感知

改善速度感知的一种方法是先尽可能地显示部分结果。如果你正在为搜索系统设计用户界面，不要等到对用户制定的区域范围全部都搜索完才向用户显示结果，只要找到了匹配搜索关键字的对象就马上显示出来（如图3-65所示）。另一种方法是确保持续时间较长的操作不会卡住产品的用户界面。如果用户可以在此过程中做其他事情，而不是傻等着操作完成，他们可能不会注意到操作持续了很长时间。最后一种方法是在进度条上显示一些与进度成反方向运动的条纹，这样会让进度看上去更快一些（如图3-66所示）。

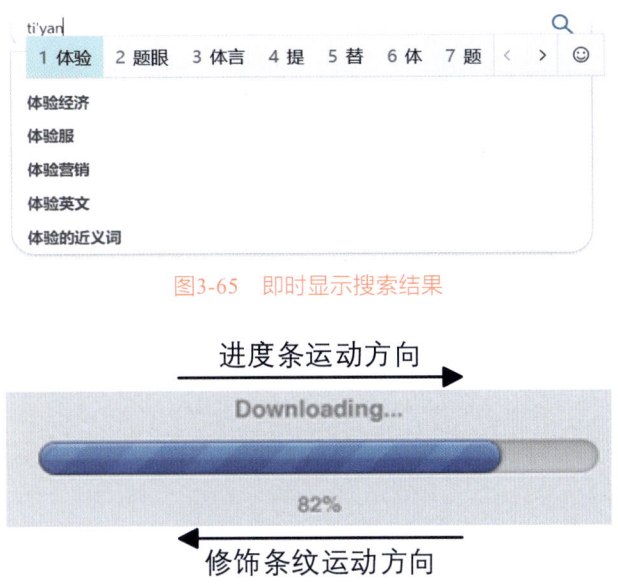

图3-65　即时显示搜索结果

图3-66　带有反向修饰条纹的进度条

4. 慢一点

缓慢的产品非常惹人讨厌，非常快的产品有时也会给用户造成疑惑。滚屏操作就是个典型的例子，如果页面内容滚动太快，用户很可能会错过要找的目标，进而反复上下滚屏寻找自己需要的内容。此时，刻意让产品表现得慢一些会有一定的作用，这样用户才能跟上节奏。

各种软件的保存功能是另一个典型情况。当大部分中间用户通过Ctrl+S组合键保存文件时，总是要按下这个组合键好几次才放心。其原因在于，文件内容较少的时候，程序很快就能完成保存的过程，用户并不能感知到这一过程的存在，所以就重复操作，以确保文件确实被保存了。对于类似保存文件的重要操作，用户期望自己操作之后能看到软件产品发生了明显的变化，处理了自己的操作。这种情况下，可以创建一个"假的"进度指示器（如图3-67所示），告知用户程序已经执行了保存命令，且很快完成了对文件的保存。

图3-67　Word和WPS文档的保存进度条

这样做可以让用户更加确信软件发生了某些变化。用户体验咨询师哈里·布里纳尔（Harry Brignull）谈到了在数币机器上发生的类似故事。数币机工作速度太快了，用户甚至无法相信它已经正确地数完了硬币。为了修正类似的用户体验问题，制造商对机器做出了一些改变，以稍慢的速度显示出数币的结果，并增加了扬声器，在机器等待计数器得出最后数字时播放数币发出的声音。这样做的结果是，人们相信机器在努力地数他们的钱，更加相信数币的结果。

3.7.2 反馈模式

与反馈有关的可用性准则要求"向用户提供适当、清晰且及时的反馈，这样用户才能知道他所执行的操作得到了什么样的结果，才能了解系统的运行状态"。反馈的类型非常多，从简单的进度指示器、确认信息，到复杂的动画和界面效果。常见的反馈模式包括：信息通知、出错、确认以及系统状态。

1. 信息通知

在使用产品的过程中，用户会收到推送的信息，或是操作的处理结果。此类信息的主要目的是告知用户新的资讯，或是向用户反馈之前操作的结果。在设计信息通知的反馈模式时，要考虑用户当前的工作状态和信息的作用。对于告知用户新资讯的信息通知，应该以"非打断式"的方式呈现信息通知，不打断用户当前正在执行的任务，允许用户事后查看，如京东应用的促销信息（图3-68）。对于反馈处理结果的信息通知，应该以更加吸引用户注意的方式呈现，明确告知用户之前操作的处理结果，并给出后续操作建议，如淘宝应用在用户已签收所购买物品后发出的通知（图3-69）。

图3-68　京东应用的促销信息

图3-69　淘宝应用的包裹签收通知

2. 出错

出错信息应该以简洁明了、易懂语言展现给用户（而不是用代码），并主动向用户提供解决办法。出错信息应该尽可能地显示在错误出现的位置，或以醒目的方式告知用户出错的位置。例如，注册名填写错误，在输入框之后马上显示出错信息，并给出错误解决建议（如图3-70所示）。三维建模软件Creo则在模型树区域内以红色标题告知用户出错的建模特征（如图3-71所示）。最好不要用对话框的方式向用户呈现错误信息，这种方式太突然、太明显，并且一般只有"确定"按钮（如图3-72所示）。这样做就好像很大声地指出用户的错误，用户也只能承认自己错了——虽然有时并非是用户的原因。

图3-70　登录信息出错提示

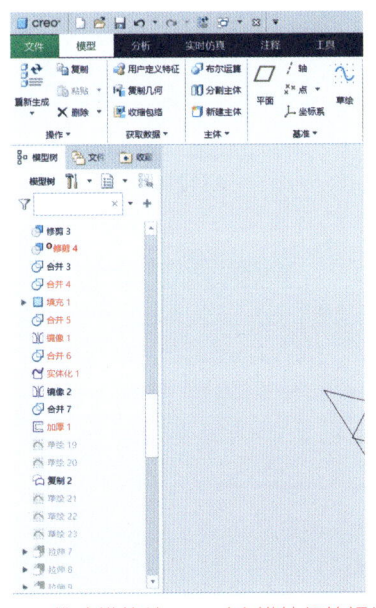

图3-71　三维建模软件Creo对出错特征的视觉设计

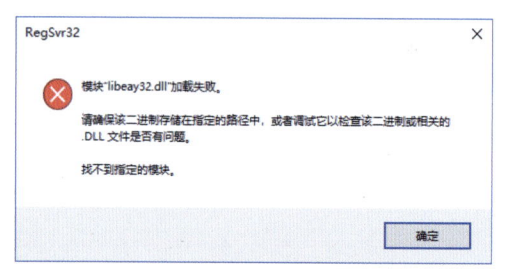

图3-72　Windows出错对话框

3. 确认

在用户使用产品的过程中，诸如删除文件、支付、退出系统之类有可能会对用户造成损失或是账户、资金安全的重要操作，需要让用户再次确认是否真的要执行这些操作。这种反馈信息需要以明显且需要用户交互的方式呈现，一般采用对话框的方式。例如，Windows操作系统删除文件时会弹出对话框，要求用户确认是否保存对文件的修改（如图3-73所示）。京东应用在支付费用时，会弹出对话框要求用户输入密码以确认支付（如图3-74所示）。需要注意的是，对话框实在是一种突然、吸引用户注意，且大部分用户都不喜欢的界面模式，对于某一项具体操作，是否要用对话框的方式要求其确认，应该开展深入的研究。

图3-73　Word未保存退出时的对话框

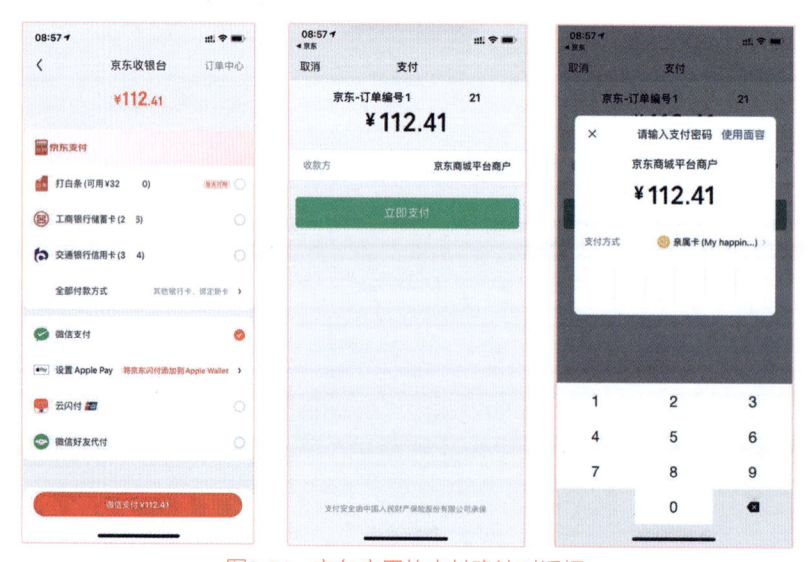

图3-74　京东应用的支付确认对话框

4. 系统状态

所有电器类产品都用指示灯表示其是否通电，是否处于待机或运行状态，是否出现了故障，但软件产品则没有如此明显的信号向用户呈现其运行状态。软件成功启动、运行后就处于等待用户与之交互的"待机"状态，用户执行操作动作之后，软件进入处理用户操作的状态，根据所需时长可以采取不同的状态表达方式，如进度条、图标等。处理完成之后，再次进入"待机"状态，等待用户的下一步操作。因一些原因，产品的某些功能不可用时，一般应对其界面元素进行"灰色化"处理，即将操作对象显示为灰色，表示其不可用。例如，文档处理软件的"复制"和"剪切"功能，当用户没有选择对象时，这两个功能不可用，系统将其图标和文字标签都变成了灰色，如图3-75所示。

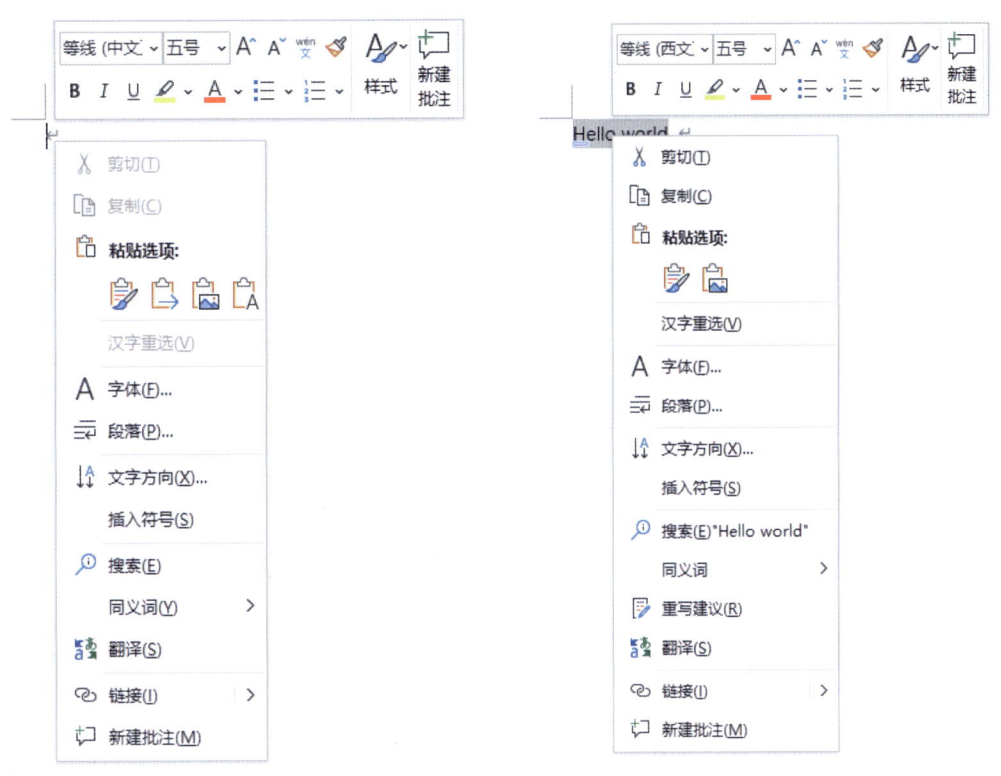

图3-75　"复制"和"剪切"功能的系统状态

第4章　任务流程分析与设计

4.1　任务流程　　　　　　　　105

4.2　层次任务分析　　　　　　105

4.3　流程图　　　　　　　　　108

4.4　任务流程设计原则　　　　117

4.1 任务流程

任务流程指为达成某一目标而精心规划的一系列相关活动以及这些活动之间的前后顺序关系。正式的任务流程一般是指需要重复进行的活动，它接收各种输入要素，通过流程中的各项活动产生所期望的结果，如产品、服务或决策。任务流程的重要特征包括重复性、目标性和过程性，其构成要素包括执行人、输入资源、活动、活动的相互作用和输出结果等。

无论你是否意识到，任务流程广泛存在于日常工作和生活中。例如，召开工作会议时先介绍会议主题，再依次沟通各个子议题，最终形成某个决议等；到银行办理存取款时，先在家中预约业务，然后乘坐交通工具到银行网点，取号，等待，办理具体业务，离开等。任务流程虽然客观且广泛存在，但并不是所有现存的流程都是合理且高效的，我们需要对任务流程进行分析，找出其中存在的重复、低效等问题，进行优化设计后，制定新的任务流程，管理学科的学者及企业内管理岗位的人员对此进行了较为广泛的研究。

对于交互设计来说，我们需要首先分析用户完成目标的任务流程和其中的所有活动节点。然后基于对信息技术的充分理解，从用户执行任务全流程中相关信息的采集、存储、分析计算、显示和传播等角度探索信息化产品所能支持的各项用户活动和任务，进而提出相应的产品或功能模块的设计概念，设计出具体的产品页面和用户界面。之后再进一步定义用户使用产品时的具体页面操作流程，并核对这些操作流程和最开始分析得出的用户任务流程的一致性（如图4-1所示）。例如，针对用户需要购物的目标，分析用户从进入购物商场、寻找品类货架、比较并挑选商品、放入购物车、支付、离开等购物流程的具体行为，设计一款电商类应用程序，通过具体的产品页面向用户展示商品、支持用户浏览商品品类、准确搜索具体商品、查看某个具体商品的参数、对比多个商品的价格和参数、支付等购物行为，最后还需要支持用户查询物流信息，提供相应的售后服务等。

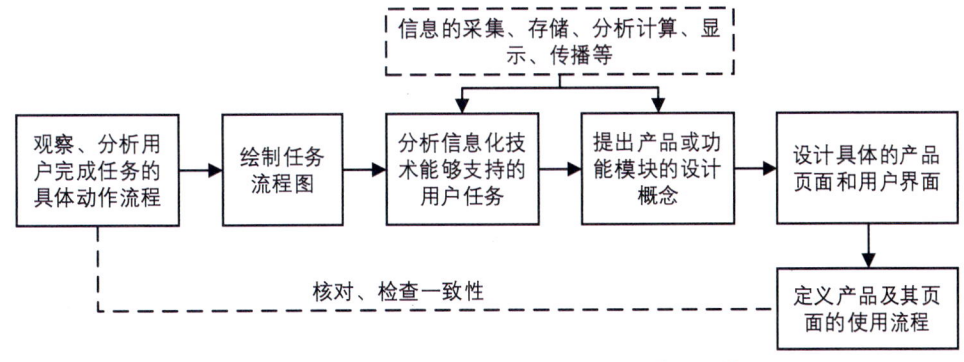

图4-1 交互设计中的任务流程分析和界面流程设计

4.2 层次任务分析

层次任务分析（Hierarchical Task Analysis，HTA）是一种自顶向下的任务分析方法，它提供了一种通用的目标或任务分析框架，常用于分析人类要完成的目标或者机器系统要完成的任务，它能够表示子任务目标或多项任务之间的时序和层次关系。

如图4-2所示，父层级描述的是总体目标或分项的子目标，子层级描述的是达成上一级目标所要执行的活动，层级越低，活动越具体。根据具体的项目研究需要，可以将子层级划分到最小的操作单元。计划指的是完成某一目标的可行路径。以"上班路上听音乐"为例进行任务层次分析（如图4-3所示），总体目标可以分解为6个子任务，第4个子任务又可以分解出7个子任务，通过一步步的分析，我们可以罗列出用户听音乐的整体任务流程和所有活动节点，便于从中挖掘用户需求和痛点。

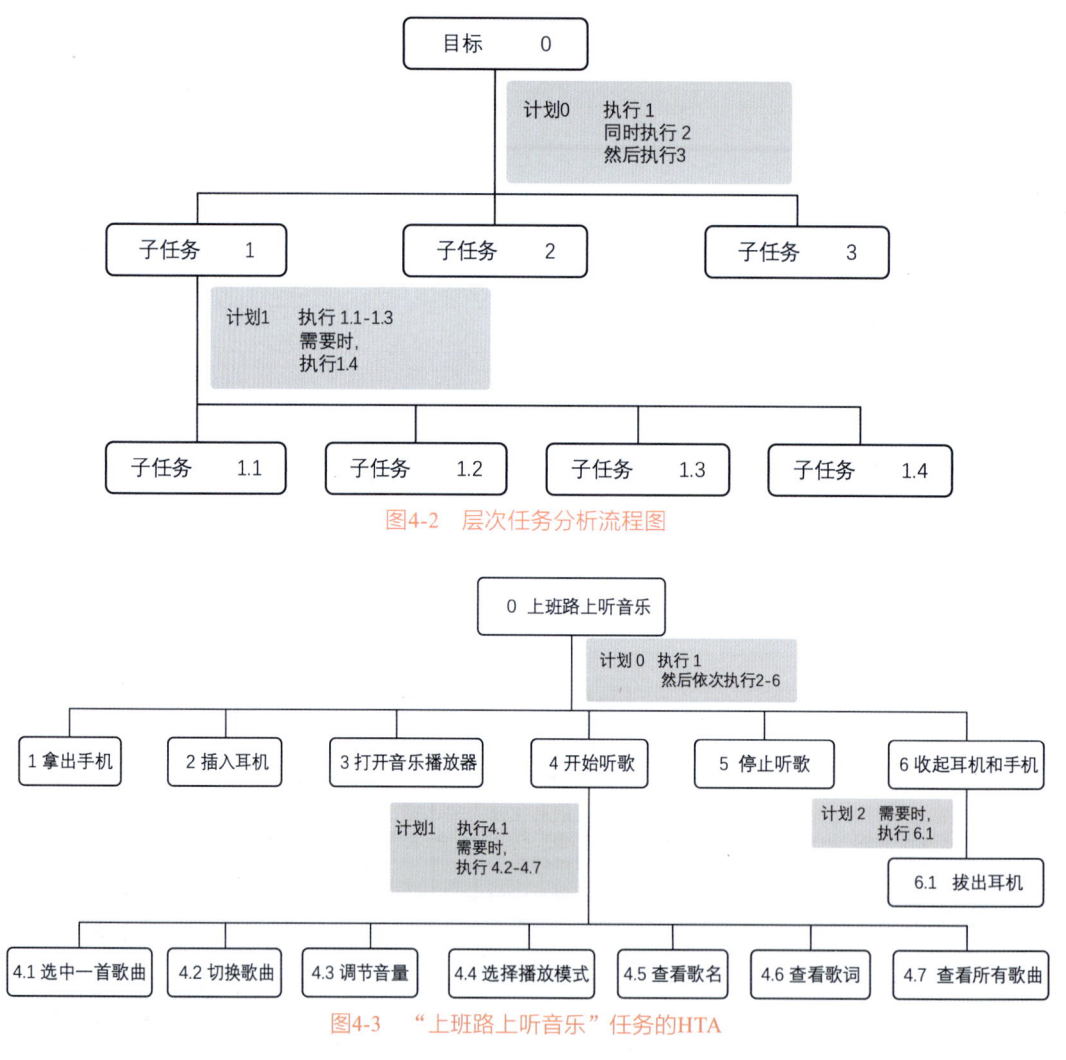

图4-2 层次任务分析流程图

图4-3 "上班路上听音乐"任务的HTA

执行HTA的核心步骤包括定义整体目标、定义子目标或操作、拟订分析计划。实际的产品设计和开发项目中，在执行HTA之前需要定义所要分析的用户任务，并收集相关信息，结合图4-3所示"上班路上听音乐"的任务，对开展HTA的所有步骤解释如下。

步骤1：定义所分析的任务。

层次任务分析的第一个步骤是识别并清晰地定义所要分析的任务,并明确任务分析的目标。例如,在对上班路上听音乐的任务进行层次分析的研究中,主要目标是预测听音乐任务中可能存在的问题。

步骤2:收集任务相关数据。

在清晰地定义了所要分析的任务/多个任务之后,需要通过任务观察、访谈、问卷、任务走查等研究方法收集任务相关的数据,主要包括:任务的步骤、完成任务时使用的技术、人和机器或产品之间的交互行为、团队成员之间的交流、决策和任务的限制条件等。一旦收集到足够的数据,就可以开始构建HTA了。

步骤3:确定任务的整体目标。

层次任务分析的顶层是定义任务的整体目标。例如,在上班途中,使用手机上的音乐播放器听音乐。

步骤4:确定任务的各项子目标。

在确定整体目标之后,可以把整体目标分解成一些子目标。在分解的过程中,要确保达成所有子目标之后能够实现整体目标。对于"上班路上听音乐"这一任务的整体目标可以分解为以下子目标:"拿出手机""插入耳机""打开音乐播放器""开始听歌""停止听歌"和"收起耳机和手机"。

步骤5:子目标的进一步分解。

根据所要分析任务的具体情况,分析人员有时需要根据任务步骤把子目标进一步分解成更细的目标和操作。这个分解过程需要重复到将目标分解为最小的任务单元。也就是说,HTA的最底层应该是详细的用户操作动作。例如,"上班路上听音乐"的HTA研究中,子目标"开始听歌"可以进一步分解为"选中一首歌曲",如果有必要可分解为"切换歌曲""调节音量""选择播放模式""查看歌名""查看所有歌曲"。

步骤6:拟订分析计划。

在充分分解和描述所有子目标之后,需要制订分析计划。计划规定了相应的任务目标如何实现,一个简单的计划可能是完成1,然后2,然后3;计划完成以后,就可以返回上一层。计划不一定是线性的,可以有很多种方式,例如完成1或者2,然后3。表4-1呈现了不同类型的计划。HTA的输出结果可以是一张树状图(如图4-3)或者一张表(如表4-1)。

表4-1 "上班路上听音乐"任务的HTA表格

0 上班路上听音乐 计划0:执行1,然后执行2,3,4,5,6
1 拿出手机
2 插入耳机
3 打开音乐播放器
4 开始听歌 计划1:执行4.1,如果有必要的话,执行4.2至4.4

	4.1 选中一首歌曲
	4.2 切换歌曲
	4.3 调节音量
	4.4 选择播放模式
	4.5 查看歌名
	4.6 查看歌词
	4.7 查看所有歌曲
5 停止听歌	
6 收起耳机和手机 计划2：如果有必要的话，执行6.1	
	6.1 拔出耳机

4.3 流程图

在计算机领域，早期的流程图（Flow Chart）是指使用图形来表示算法的一种思路，在汇编语言和BASIC语言环境中得到了广泛使用。流程图是以特定的图形符号加上文字说明，用来描述某一过程的图形。这种过程可以是生产线上的工艺流程，也可以是完成任务必需的管理过程。流程图现在也用于表达用户与产品的交互过程，它能够带来以下好处：

- 形象直观地表达用户与产品交互步骤，辅助设计师设计产品交互流程，并根据流程图整合改进线框图。
- 流程图能够作为检验工具让设计师更好地管理产品，找到产品中的流程设计问题，如一些边缘情况的流程问题（如系统无法登录的反馈方式及流程）。
- 流程图能够替代交互文档中很多的文字性描述，让技术人员和相关同事快速理解设计方案的逻辑，方便团队沟通。

4.3.1 流程图的构成元素

1. 基本元素

一般来说，矩形表示用户交互的基本单元——页面，而不具备网站导航属性的文件（如声音、图像文件、PDF文档等）用带卷角的文档图标表示（如图4-4所示）。同时，可根据需要使用页面组的符号来表示一组功能类似的页面，使用文件组来表示在网站的导航结构中被单一入口指向的一系列文件。

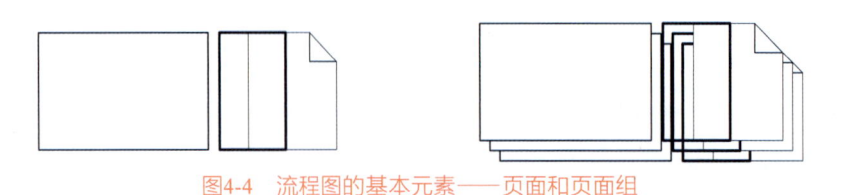

图4-4 流程图的基本元素——页面和页面组

2. 箭头表示工作流方向

各交互环节的连接需要表明用户在每个任务节点之间的流转方向，指示箭头可以很好地表明用户操作行为的流向，即工作流方向，如图4-5所示。

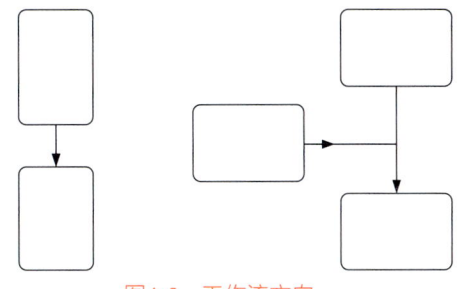

图4-5　工作流方向

3. 禁止

出于某些原因，系统禁止用户向操作流程的上游移动，例如删除数据后不可恢复。这种情况需要在正常的工作流的箭头线上增加一个与之垂直的线条（如图4-6所示），以表示禁止操作回流。

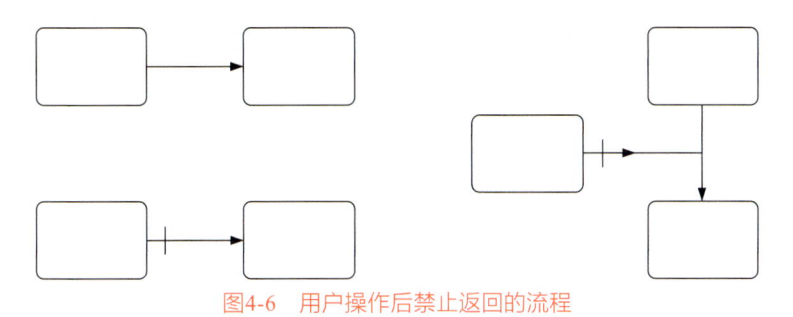

图4-6　用户操作后禁止返回的流程

4. 标注

在需要对用户的操作行为进一步说明时，可以在流程图的连接线和箭头上添加文字标注。标注的描述应尽量简练，如果说明文字较多，可以采用脚注或附录的方式（如图4-7所示）。这种情况下，通常使用括号内加数字和字母的方式对标注进行编码。数字用于说明当前标注在图表中页码，字母用于说明是该页中的第几项。例如，在流程图第三页中的第一个标注可以记为（3a），第四页第三个标注记为（4c），以此类推。

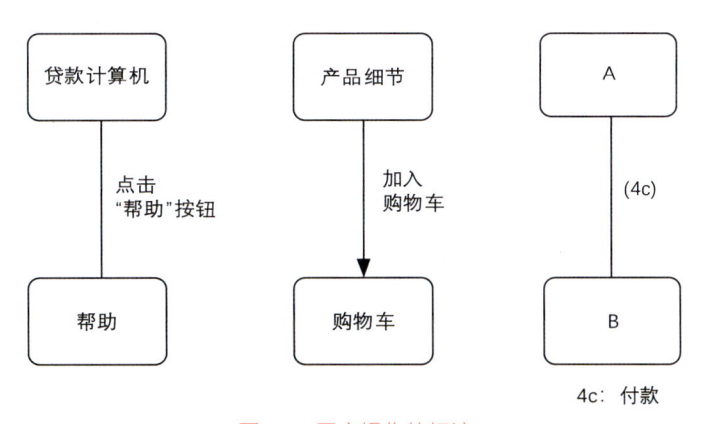

4c：付款

图4-7　用户操作的标注

5. 并发事件组

当用户的一个行为导致同时产生多个结果时（例如，用户点击下载控件后，界面跳转到另一个界面，同时开始进行文件下载），需要在流程图中的连接线上添加半圆形符号，表示后续的两个节点时间是同时发生的（如图4-8所示）。

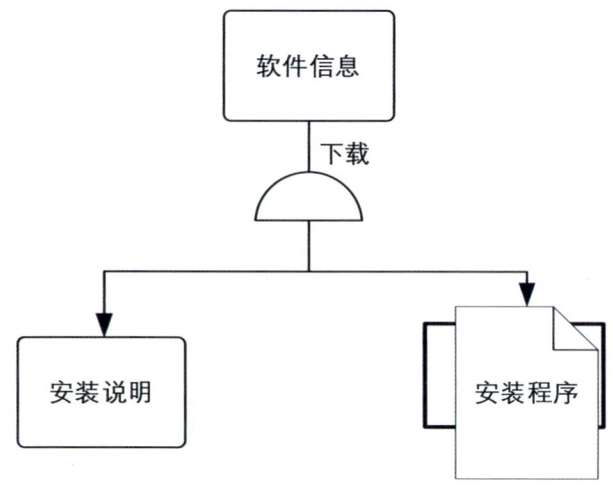

图4-8　并发事件的表示

6. 连接点

当系统结构比较复杂，难以用单一的交互流程图绘制完成时，可以使用连接点将流程图拆分成多个容易描述的模块。根据具体情况，单个节点可以连接到其他一个或多个节点，如图4-9所示。

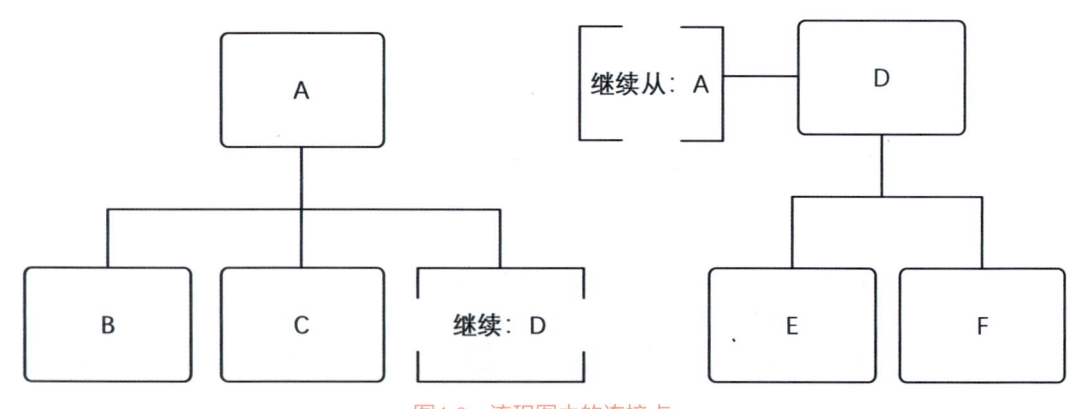

图4-9　流程图中的连接点

7. 可重用模块

在绘制流程图的过程中经常会出现需要反复描述一系列相同步骤的情况，此时可以将可重用模块的步骤单独绘制成独立的流程图模块，在其他流程图内多次引用。如图4-10所示，左侧是一个引用了可重用模块的流程，右侧则是这个可重用模块的具体流程。需要注意的是，在表现可重用模块时，需要标明该模块的起始点和退出点，在嵌入其他流程时，只能从起点和终点处连接到其他流程的节点。

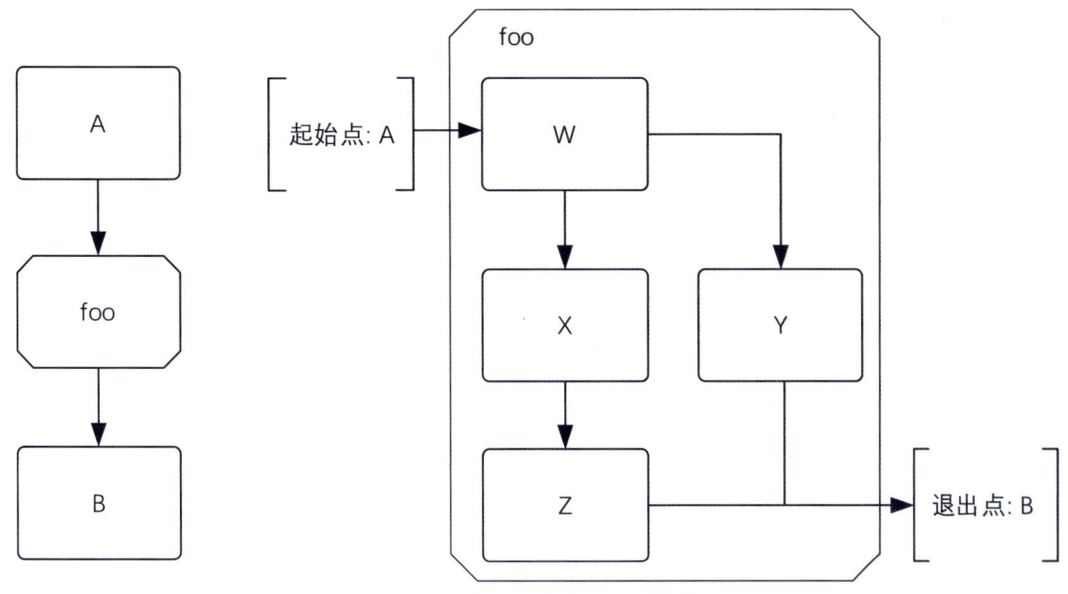

图4-10　流程图中的可重用模块

8. 决策点

当一个用户的行为可能产生多种结果时，需要在流程图中提供决策点（用菱形表示），以表明遇到不同的结果时整个任务流程的走向（如图4-11所示）。在交互设计中最常见的决策点是判断前一阶段操作的结果是否符合某种情况，例如密码是否正确，登录是否成功，用户是否输入了内容等，在绘制流程图时，需要针对正确和错误、成功和失败、输入和未输入之类对立的情况给出相应的后续的任务流程。

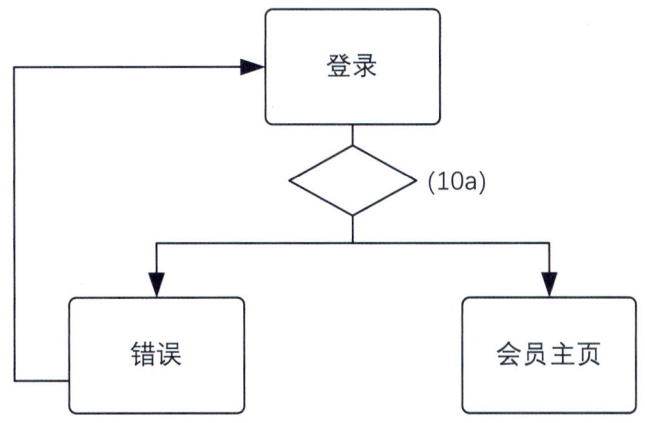

图4-11　流程图中的决策点

9. 条件分支

当系统从多个选择中选择一个提供给用户时，使用条件分支（三角形）来表示（如图4-12所示），这种条件分支与决策点的情况不同。在决策点中，系统根据特定条件（即对前一操作进行判定得到的不同结果）向用户呈现不同的内容，进而形成不同的任务流程。而在条件分支的情况下，系统在用户执行操作之前就已存在多种可以呈现给用户的内容，系统依据特定条件从中选择一项内容呈现给用户，大部分情况下，这种不同的内容呈现不会影响用户后续的主要操作。如图4-12所示的流程中，如果系统选择向用户呈现B页，则到C页和D页的路径就不成立。

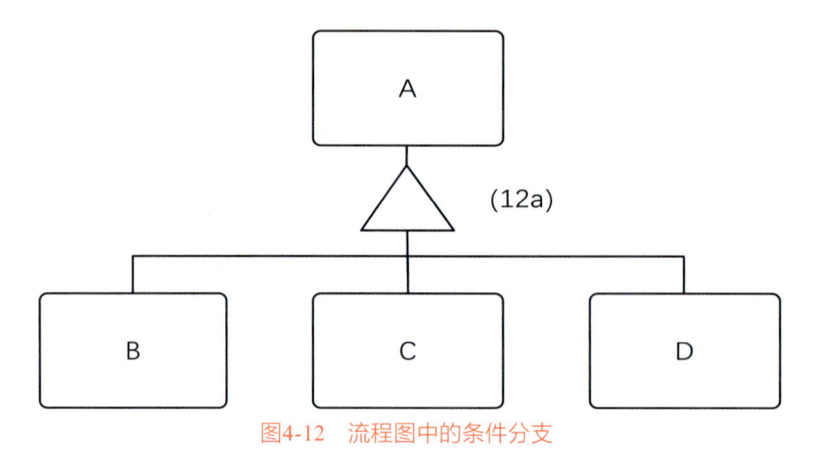

图4-12 流程图中的条件分支

10. 多项选择

在满足特定条件情况下，系统可以为用户同时提供多个选项，根据用户的选择执行相应的后续流程，如图4-13所示。

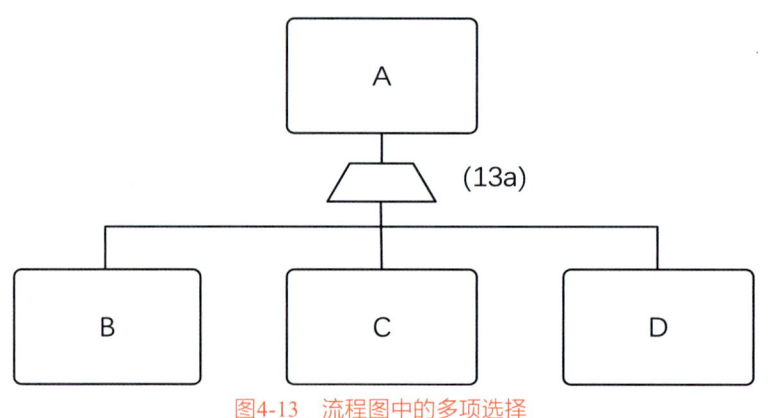

图4-13 流程图中的多项选择

下面举例说明这些要素符号在实际情况中的综合应用。

如图4-14所示是一个简单登录流程。在绘制流程图过程中要注意，交互流程图执行逻辑的路径，在具体情况中需要考虑用户的非正确路径（如密码输入错误路径等）。

除具体操作流程外，设计师还可以利用流程图创建产品的理想使用流程，规划产品的核心功能页面。基于用户角色绘制用户流程的方法如下。

Jucy是一位住在纽约的25岁女孩，性格开朗，喜欢烹饪，她对某烹饪软件的使用情况为：Jucy登录产品，在推荐界面看到Anna发布的贝果三明治菜谱制作过程，非常喜欢，并跟着步骤做完该菜谱后在该菜谱下留下自己的作品照片和评论，然后通过该菜谱她又找到Anna的所有菜谱，了解之后关注了Anna，希望可以及时、快速看到她新发布的菜谱作品。

那么可以根据Jucy这位用户角色的软件使用行为绘制她的整体流程图，如图4-15所示。

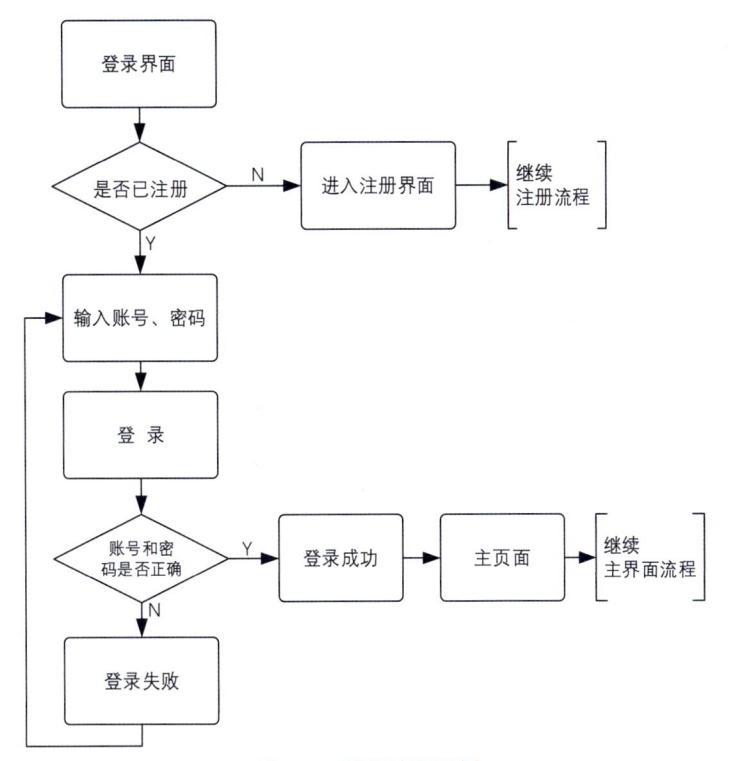

图4-14　登录流程示例

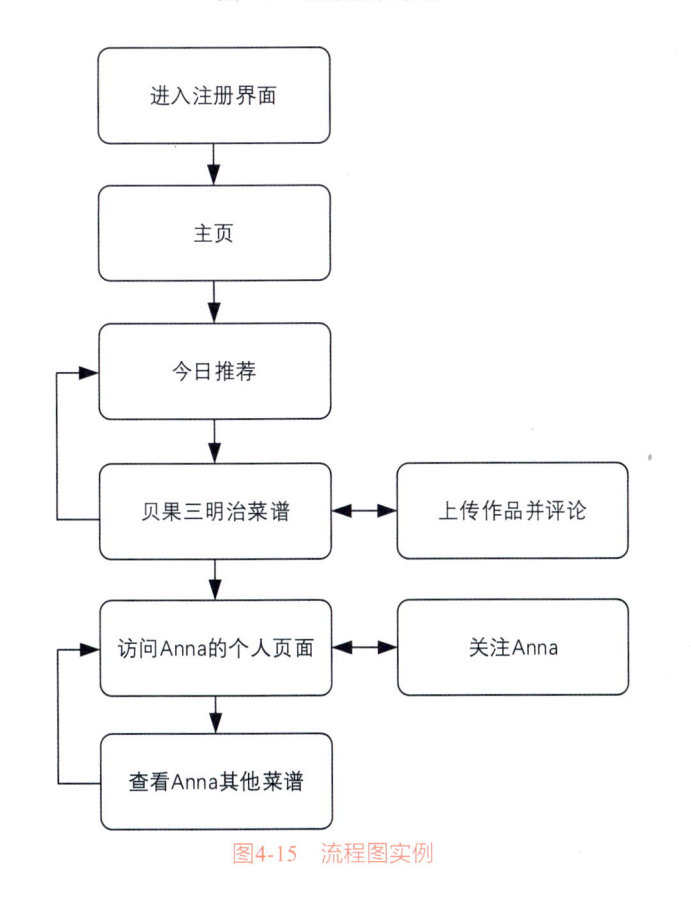

图4-15　流程图实例

如上所述，完整的流程图需要囊括所有可能的情况，以生成交互界面元素。而简单的流程图可以只包括理想交互步骤，以规划产品的核心页面。设计师可以根据具体项目需要绘制不同详细程度的流程图。同时在流程图制作过程中应时刻保持与团队其他人员的沟通，确保充分考虑到任务流程中所有的不确定因素。

4.3.2 流程图分类

根据所表达内容的不同，软件产品的设计和开发中常见的流程图包括业务流程图、页面流程图、功能流程图、数据流程图等。

1. 业务流程图

业务流程图也称为任务流程图，是描述系统或流程中事务的顺序和流程的可视化表示。它提供了一个清晰简洁的概述，说明数据或信息是如何在事务系统中通过各种步骤或组件移动和处理的。

业务流程图通常用于业务分析和系统设计，以理解和记录事务中涉及的不同实体（如用户、数据库、外部系统和流程）之间的交互。它们说明了事务的逻辑流程，包括输入、输出、决策点和数据转换。

典型的业务流程图由表示流程或活动的矩形框、指示流程之间的事务或数据流的箭头以及描述事务目的或性质的相关注释组成。它帮助利益相关者可视化端到端的业务流，识别潜在的瓶颈或效率低下的问题，并相应地设计或优化系统。如图4-16所示是商场购物业务流程。

图4-16　商场购物的业务流程图

2. 页面流程图

页面流程图是一种可视化表示，用于产品页面或屏幕的导航和使用流程。它描述了不同页面之间的交互和转换顺序，对应用户经过不同页面完成任务的路径。

在页面流程图中，每个页面或屏幕内容都表示为一个节点或框，它们之间的连接表示可能发生的页面转换或链接。这些连接通常包括按钮、超链接或其他交互元素，使用户可以从一个页面转换到另一个页面，也有助于设计者、开发人员和利益相关者了解网站或应用程序中的整体结构和用户旅程。它有助于识别潜在的可用性问题，优化用户体验，并确保界面直观且易于导航。

图4-17的示例给出了用户从打开购物软件首页开始，到最后完成购物和支付的完整任务流程所经过的具体页面，也将这些页面对应到了图4-16所示的业务流程节点。从这个示例可以看出，一个任务流程节点有可能需要多个产品页面的操作才能完成。当然，根据任务流程节点的详细程度不同（对应层次任务分析的不同层级），也存在多个任务流程节点对应一个产品页面的情况。如图4-18所示，登录任务的两个子任务：输入账号/密码和点击"登录"按钮就都在登录页面完成。

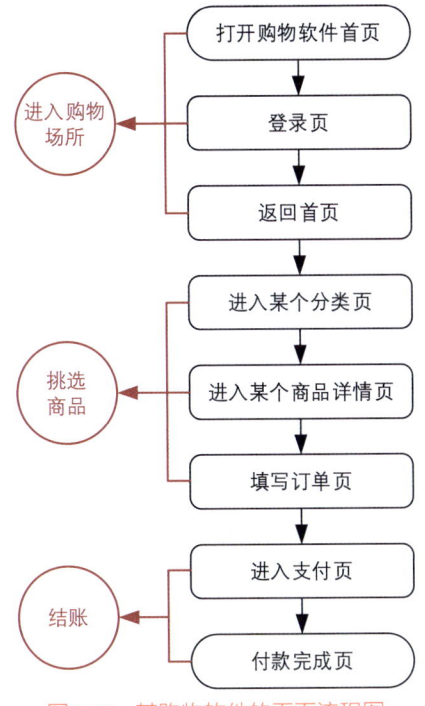

```
打开购物软件首页
      ↓
进入购物  ←  登录页
场所       ↓
          返回首页
          ↓
          进入某个分类页
          ↓
挑选     ←  进入某个商品详情页
商品       ↓
          填写订单页
          ↓
          进入支付页
结账    ←   ↓
          付款完成页
```

图4-17　某购物软件的页面流程图

3. 功能流程图

比页面流程图更为详细的是功能流程图，它描述了用户使用产品的具体功能达成目标的过程，说明了实现目标所涉及的不同产品功能和用户操作之间的顺序关系。

功能流程图的主要目的是提供一个清晰而有组织的视图，说明产品功能或用户操作如何相互关联，以及它们对实现整体目标的贡献。它有助于理解各种用户操作、输入、输出的逻辑流以及各种函数之间的依赖关系。在功能流程图中，产品功能或用户操作由矩形框表示，箭头指示这些功能的流程或先后顺序。与每个功能相关联的输入和输出通常由连接到相应方框的标记线表示。

如图4-18所示的功能流程图详细描述了用户从打开购物软件首页到执行具体的登录操作，搜索和浏览商品详情，挑选商品后填写订单到付款的全流程。图中也标示出了用户操作和产品功能与具体的产品页面的对应关系。

4. 数据流程图

数据流程图是数据如何在系统或用户完成任务的过程中移动的可视化表示。它说明了数据从来源，通过各种用户操作和处理到达目的地或输出的过程。数据流程图通常用于系统分析和设计，有助于产品设计和开发团队对系统内的数据需求和数据转换进行建模和理解。

在数据流程图中，系统或过程被表示为一组互联的组件，包括外部实体（数据源或目的地）、过程（转换数据的活动）、数据存储（用于数据存储的存储库）和数据流（组件之间的数据移动）。箭头用于表示数据流，指示数据移动的方向和性质。

数据流程图的主要目的是以视觉化的方式清晰简洁地表达系统内处理数据的过程。它有助于识别任务流程的输入条件和输出结果，能帮助设计开发人员理解实现各项产品功能所需要的各种数据依赖性以及数据间的交换关系。数据流程图通常与其他分析和设计技术结合使用，通过清晰表现系统内的数据流向促进利益相关者之间关于产品设计概念的有效沟通。如图4-19所示是购物软件的数据流程图。

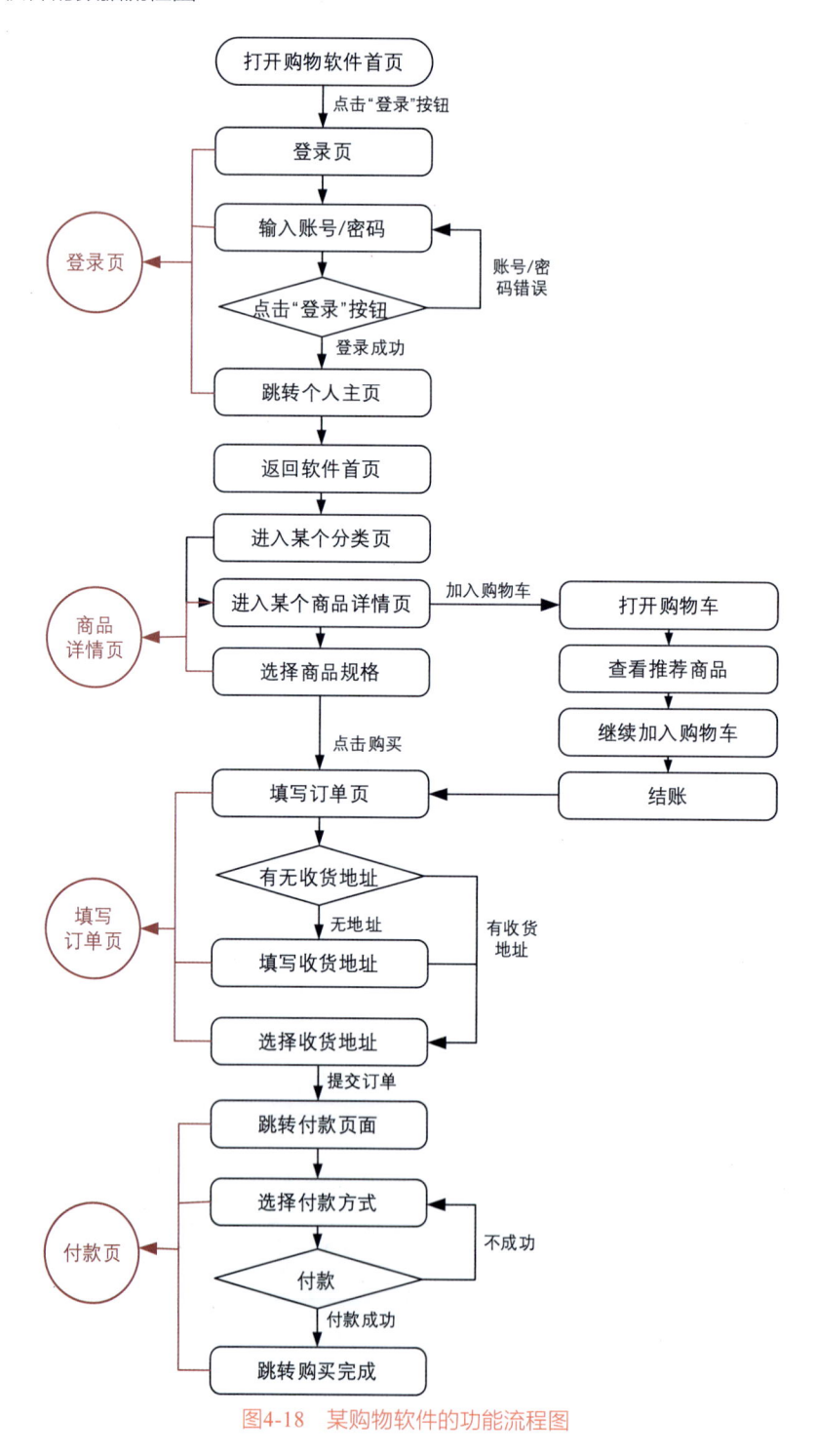

图4-18 某购物软件的功能流程图

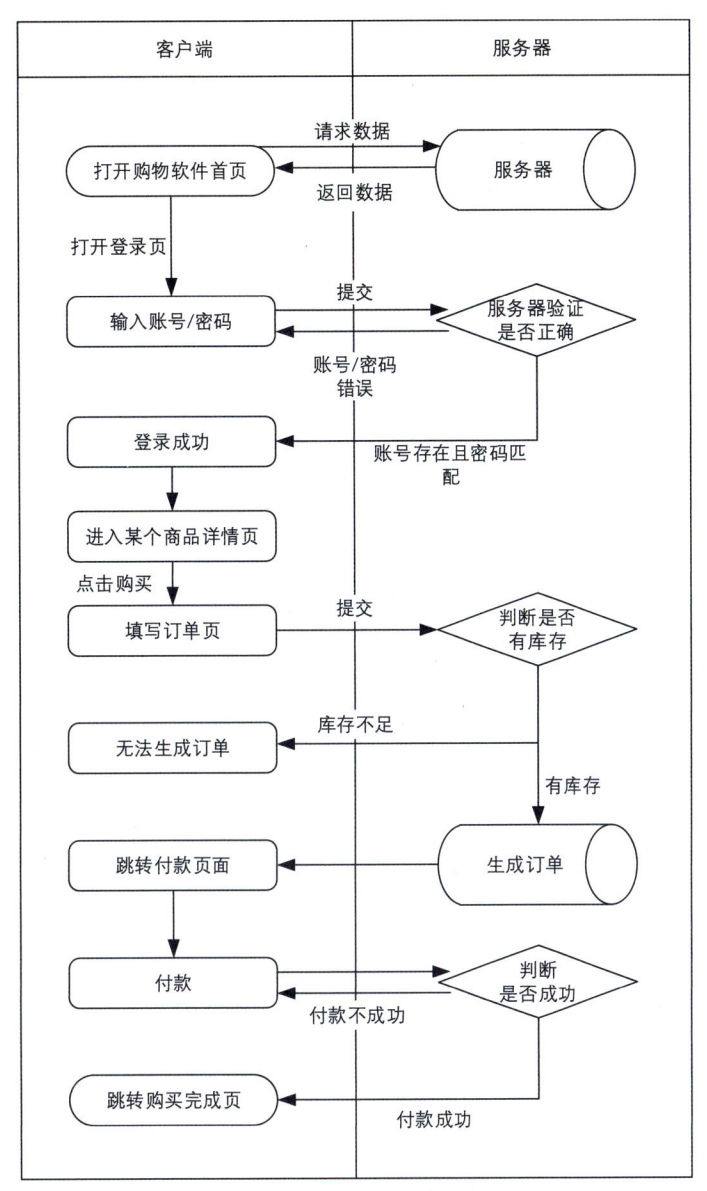

图4-19　某购物软件的数据流程图

4.4　任务流程设计原则

对于软件产品设计来说，任务流程的设计就是规划用户使用产品达成目标的过程中应具体做什么样的操作（例如，浏览、搜索、比较、选择、输入等），以及在哪些具体页面上做这些操作。因此，任务流程设计的原则可以描述为三个方面：尽量使用户以最少的操作次数达成目标，尽量缩短用户完成任务过程中所要走过的路径，明确告知用户当前所在的任务阶段，使用户对整体任务的完成进度有所掌握。

4.4.1 优化交互方式

优化交互方式我们可以从两个方面来入手：减少用户的操作次数和降低操作难度。让用户在更少的点击次数下完成操作，其实就是提升信息的录入效率和用户对产品反馈的识别效率。一些新兴人机交互技术可以帮助我们实现这个目标。

为了方便支付软件绑定银行卡，一些产品给用户提供了拍照识别银行卡号的功能，这样就不需要用户手动输入卡号（如图4-20所示）。这种方式不仅减少了用户的点击次数，还降低了用户手动输入产生错误的风险。此外，指纹支付、刷脸支付之类的生物识别方式也能极大地提升用户的交互效率。所以，设计师应时刻关注人机交互技术的发展动态。

当然，新技术的使用相应地会带来开发成本的上升，好的设计并不意味着一定需要新兴技术的支持。很多时候，用好现有的技术也可以优化产品体验。如图4-21所示，很多带有账号功能的产品都要求用户在个人资料中录入性别信息，图4-21左侧产品采用了下拉列表式的设计，用户首先要点击性别激活下拉列表，然后在其中选择男性选项，共计两个步骤；而图4-21右侧产品则采用单选按钮的方案，同时呈现两个性别选项，用户只需要直接点选其中一个按钮就能完成任务，这样的设计减少了用户点击次数。

图4-20　通过扫描银行卡识别账号

图4-21　性别选择的不同界面设计方案

从这个案例可知，对于输入同样的内容，可以选择不同的界面组件支持用户操作，例如文本输入框、单选按钮、下拉菜单、弹窗式选项菜单等。设计师需要清晰且深入了解不同类型界面组件的优缺点，明确每个组件的最佳适用场景，在产品设计的过程中选择执行效率最高，反馈效果最好的组件。

人类处理视觉信息的过程大致包括三个阶段：首先在一定范围内扫视，并行处理多个视觉对象特征，然后通过形状、颜色、位置、轮廓等视觉刺激筛选自己所需的目标对象，找到对象之后，调取短时记忆或长时记忆，确认操作指令，再执行具体操作。对于删除之类的重要操作，用户还需再次确认操作内容及其与操作对象的对应关系。基于此，在产品界面设计中，应尽量为用户的操作行为和其作用对象建立关联，方便用户的认知，提升操作效率。

如图4-22所示，当用户想删除某条聊天记录时，需要长按想要删除的对象，然后微信会在该对象旁边弹出一个对话框，显示三个选项，用户从中选择"删除该聊天"选项，微信会弹出一个对话框要求用户确认删除操作。此时，用户需确认一次是否要删除内容，删除操作的作用对象是否正确。后一项确认相对更难，因为弹出的确认菜单和用户所要删除的对象之间没有任何视觉上的关联，用户并不能很快确认删除操作的作用对象是否正确。同样的任务目标，在QQ中则是不同的操作流程，用户需要在想要删除的对象处向左滑动调出操作项，然后从中选择"删除"选项，点击后，QQ会直接删除该条记录，不会弹出需要确认的对话框。QQ的设计方案不仅操作次数少，而且具有更强的指向性，在所要删除对象的旁边显示"删除"项，用户在操作的过程中视觉焦点和注意力不会发生转移，更加易用。

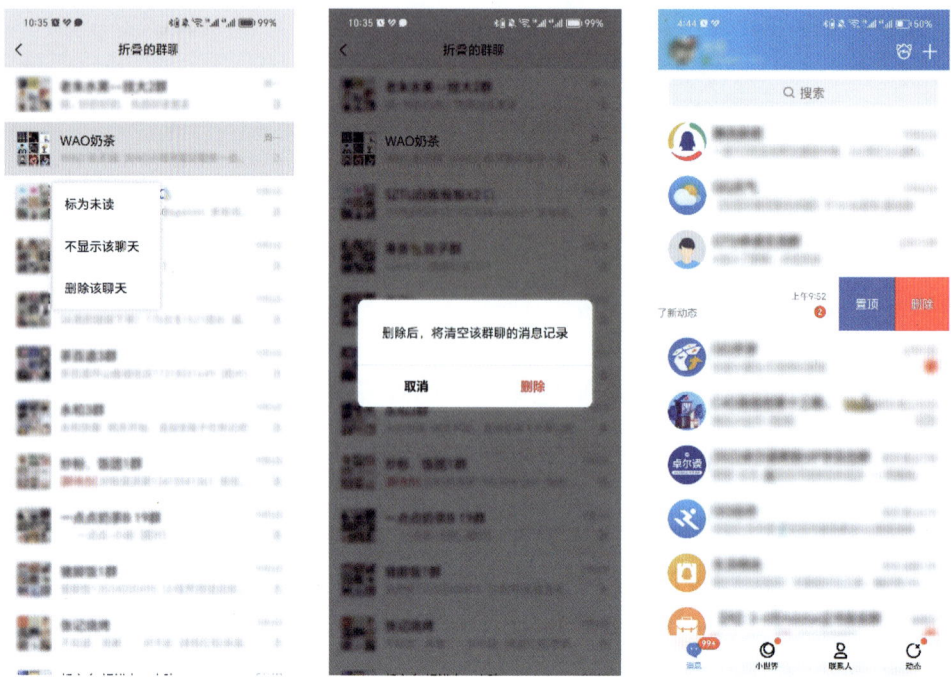

图4-22　微信和QQ的删除记录界面

4.4.2　减少场景转换

设计师在规划产品功能的任务流程的时候，应该尽可能让用户在完成任务的过程中面对更少的页面。如图4-23所示是用户在使用产品的过程中逐渐流失的现象，就像漏斗。第一个步骤有100%的用户留存，随着步骤的增多，用户逐渐流失，到最后可能只剩下不到10%。其原因在于，如果用户每执行一个步骤都要转换一次场景，切换到新的页面，那么每次都要在新页面内寻找自己所需的目标。部分用户可能会因此感到不耐烦，从而选择中止任务或退出产品。

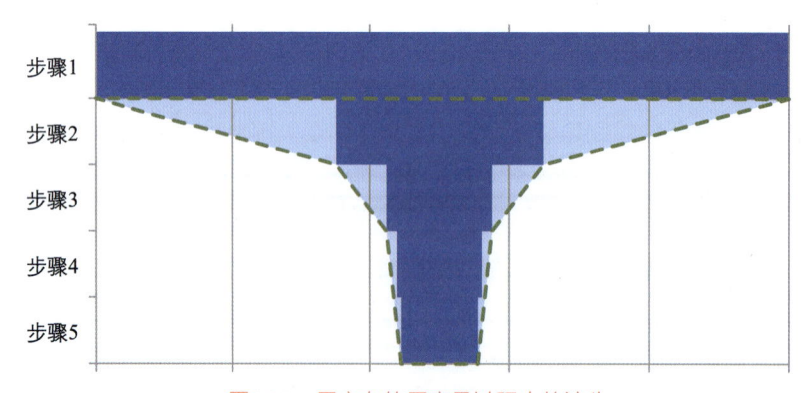

图4-23　用户在使用产品过程中的流失

所有需要用户注册账号的产品都曾面临一个问题：新用户注册完成的时候，是否应该让用户去设置登录密码、支付密码等其他与账号相关的信息。一部分产品在用户成功注册账号之后就要求用户填写这些信息，而另一些产品则同时提供了"跳过"按钮，用户可以选择先不填写这些信息，只有在真正需要用到以上信息的时候，才要求用户补充完整。显然，后一种做法给用户带来的体验更好一些。用户刚注册完成，还没有使用到任何产品的功能相关服务，就要求用户填写这些额外的信息，显得有些"着急"了。用户注册账号的目的是能够使用一些不注册账号无法使用的功能，账号注册完成后，应该立刻将用户导向这些功能对应的页面，而不是继续让用户面对一系列需要填写信息的表单，一些敏感型用户很有可能因为这个原因就直接退出或卸载这款产品了。

通过对上面这个例子的分析可知，在设计产品的操作流程时，非常有必要做任务分析，以明确用户的主要任务和次要任务。主要任务的关键节点可能包含多个子任务需要完成，这些可以放在一个场景或页面内完成，每一个任务映射到产品界面中，可能是一个图标，也可能是一个页面。

如图4-24所示为两款购买电影票产品的选座位界面。按照一般的流程设计，在这一页之前，用户应该已经选择了场次，也就是电影的放映时段，才进入选座位的环节。如果用户在当前场次实在找不到自己想要的座位，会考虑更换其他场次，因此，更换场次属于次要任务。在左图的产品界面中，用户如果需要更换场次，需要退出当前页面，重新更换场次，再进入选座位页面，挑选座位；而右图的产品则在当前页面以文字标签的形式在右下角提供了更换场次的选项，这种设计没有打乱整个界面的布局，也不会过度分散用户的注意力，其设计方案比左图更好。

图4-24　两款购买电影票产品的选座位界面

如果次要任务需要新增一个页面来完成，而新增的页面又存在使用户流失的风险，建议直接舍去这个功能。设计师在产品设计过程中需要做很多决定，其中很多都不是非黑即白的选择。每一个选项都有其存在的意义，做出更符合当前阶段产品利益的选择才是第一目标。

并不是只有通过任务分析才可以减少场景转换，有时候简单的小细节修改也可以达到目的。如图4-25所示是微信发朋友圈的界面和QQ空间发说说的界面。在微信中，当用户编辑了内容准备发朋友圈时，如果点击了界面左上角的"返回"按钮，界面会弹出一个对话框，询问用户是否保留此次编辑的内容。这样的设计方案存在一定的问题，如果用户是误点了"返回"按钮，那么此时他只能选择"保留"，然后产品会退出当前页面，用户需要再次进入编辑状态。而在QQ中，用户点击界面左上角的"取消"按钮后，屏幕底部会弹出一个菜单选项，如果用户是误操作，此时只要点击"取消"按钮就可以回到发布界面。后面这种设计方案可以避免用户返回发布之前的界面，减少了场景的转换。

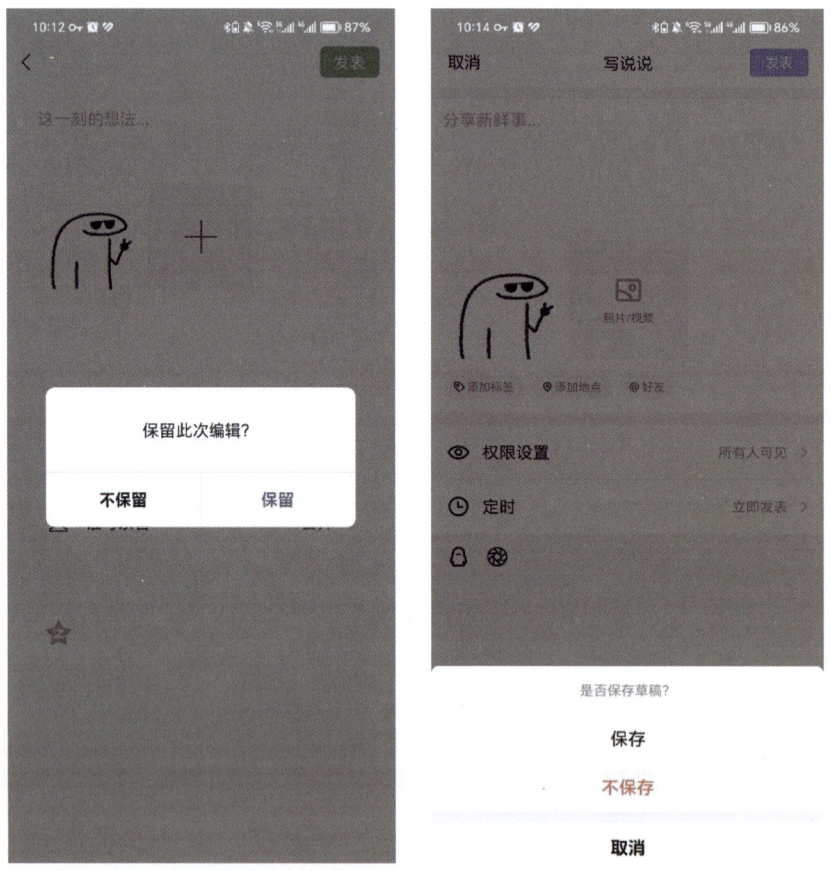

图4-25　微信发朋友圈和QQ空间发说说的界面

使用弹出式窗口来显示相关内容，而不是打开一个新的页面或切换到另一个界面。这样，用户可以在当前界面上继续执行任务，并在需要时查看相关信息。例如，微信消息顶部窗口弹出，点开即为消息对话框，无须退出当前软件，可以直接通过浮窗回复消息，减少场景的转换（如图4-26所示）。

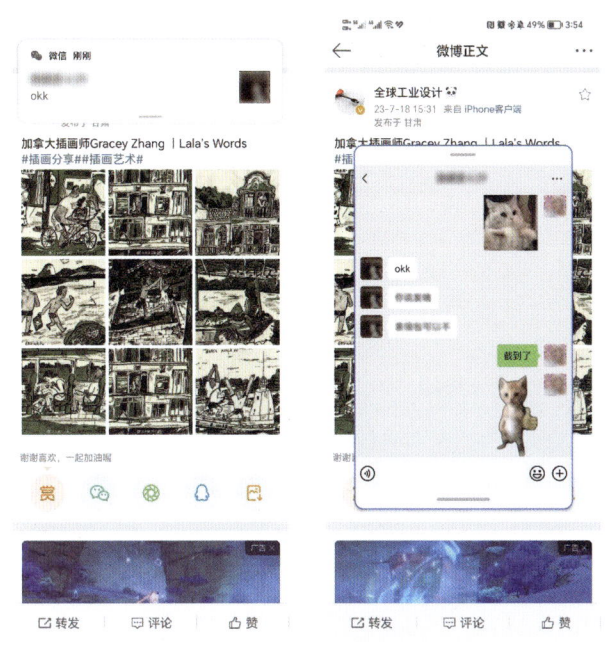

图4-26 局部弹窗式设计

在应用程序中提供上下文导航，使用户可以在同一界面中浏览相关信息。例如，在淘宝，用户可以在产品列表页面上直接查看产品详情、用户评价、用户问答，而无须跳转到另一个页面，如图4-27所示。

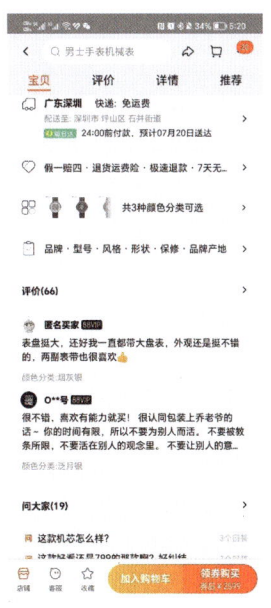

图4-27 淘宝的商品详情页设计

在同一页面内设计切换选项卡能够无缝地集成不同场景所需的功能和信息，而无须用户切换到其他页面。例如，在微博应用中，用户可以通过滑动或点击来切换不同的功能模块，如精选、微博、视频等，而无须打开新的界面，如图4-28所示。

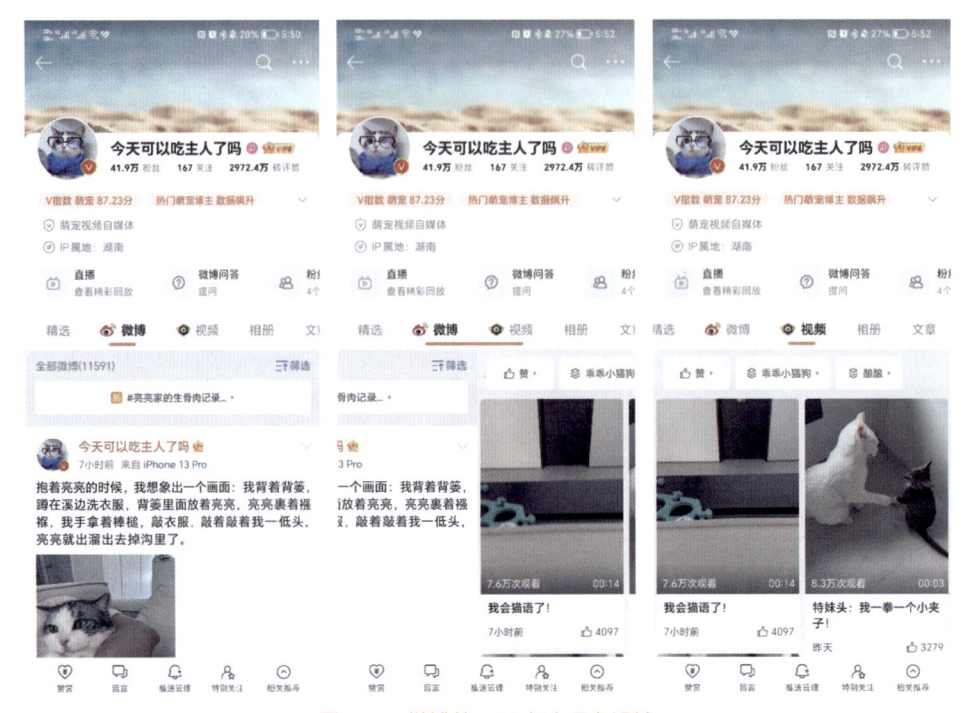

图4-28 微博的页面内选项卡设计

在界面上添加一个快速访问工具栏，使用户可以快速切换到常用功能或相关场景。这个工具栏可以标签、图标或菜单的形式呈现，并且应该易于访问和使用。例如，在一个文档编辑应用中，用户可以使用快速访问工具栏来切换字体样式、段落格式等（如图4-29所示）。

图4-29 快速访问工具栏

4.4.3 明确告知用户所处的位置

大部分软件都属于功能型产品,用户有相关需求的时候才会打开使用。使用产品的目标就是完成自己的任务,当任务流程较长时,产品界面应该明确显示整体流程长度、节点数量、当前所处位置等信息,这样有助于增加任务的透明度,提升用户完成任务的信心。如图4-30所示为购物过程中所处的任务节点。

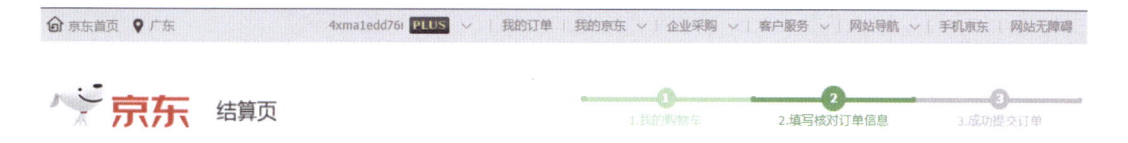

图4-30 任务节点示意图

此外,当产品的内容和数据较多,需要分页/板块展现的时候,也可以把步骤导航条纵向布局,如图4-31所示。纵向布局在页面左侧的步骤导航条能帮助用户对大量数据进行快速筛选和定位。

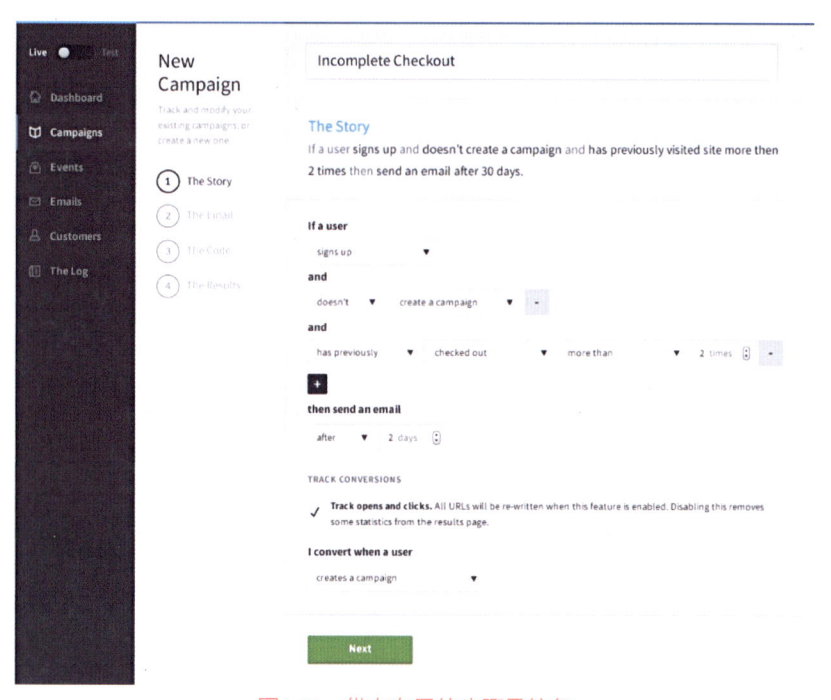

图4-31 纵向布局的步骤导航条

第5章 信息架构设计

5.1	信息架构	127
5.2	卡片分类	128
5.3	亲和图法	132
5.4	层级结构	133
5.5	信息分类	134
5.6	信息的搜索和过滤	139
5.7	标签	145

5.1 信息架构

我们正处于信息大爆炸时代。随着移动互联网和社交媒体的普及，所有人都能利用智能手机产出信息和内容。这些丰富的信息能够为我们带来更为多源和全面的决策数据，但面对如图5-1所示的未经处理、错综复杂的信息内容，如何才能快捷地找到想要的信息仍然是一项挑战。

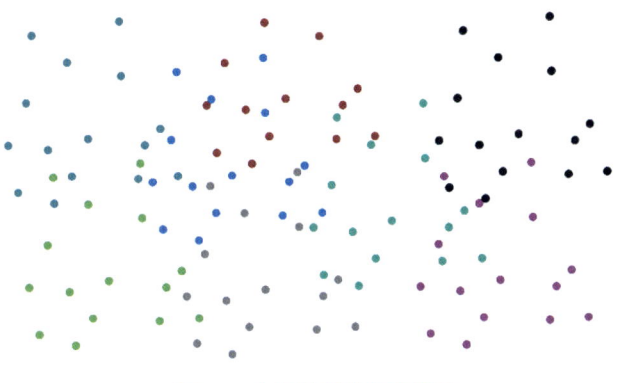

图5-1 未经处理的杂乱信息

而为了解决这一问题，我们需要对这些信息内容进行分类或归类处理，使其形成特定的结构关系，便于用户检索和查找。信息内容之间的结构关系被称为信息架构（Information Architecture，IA），这一概念诞生于数据库设计领域，由理查德·索·乌曼（Richard Saul Wurman）提出，后来被路易斯·罗森菲尔德（Louis Rosenfeld）与彼得·莫维尔（Peter Morville）两位图书馆学者发扬光大。信息架构的主体对象是信息，构建信息架构的过程就是对纷繁杂乱的信息内容进行处理，为其建立某种结构关系的过程。良好的信息架构能够提升用户检索信息的效率，同时帮助其做出更好的决策。如图5-2所示，常见的信息架构类型有层级结构、线性结构、矩阵结构、自然结构。

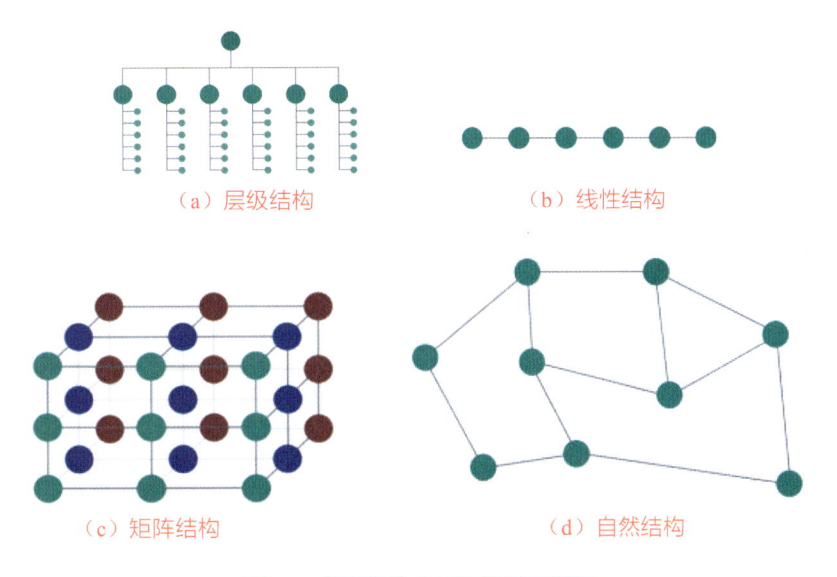

（a）层级结构　　　　　　　　（b）线性结构

（c）矩阵结构　　　　　　　　（d）自然结构

图5-2 常见的信息架构类型示意图

层级结构的节点与其他相关节点之间存在父子关系。每一个节点都有父节点，但不一定有子节点，最顶层的父节点被称为根节点。层级结构的建立依赖对信息单元按照特定的逻辑进行分类，最常见的方式是按照语义相近的原则对各信息单元进行聚类。层级结构能为用户带来清晰的结构关系，各信息单元之间的关系明确，并且有一定的冗余度和扩充性。层级结构的父级对子级有全面的影响，改变父级信息的结构，必然影响其所有子级。层级结构的适用场景非常广泛，是软件产品最通用的一种结构。

线性结构来自人们最熟悉的流媒体，所有信息内容围绕某一主题，随时间的推进，按照特定顺序逐渐呈现。这种结构易于理解，当用户熟悉了线性结构中信息单元的前后关系之后，可以很快地找到自己所需的对象。日常生活中的书籍、文章、音像和录像等媒体内容都被设计成一种线性结构。在软件产品设计中，线性结构经常被用于小规模信息单元数量的呈现，例如完成某个任务的流程节点信息。

一个信息对象可以从不同的维度对其进行分类，将多个信息对象，从多个维度进行分类，把分类结果综合起来之后形成的就是矩阵结构。在这种结构中，用户可以沿着两个或多个维度在信息节点之间移动，最终可以找到想要的信息对象。用户也可以基于同一信息对象了解多个维度的信息结构。当结构中的所有信息对象都可以从三个以上维度进行分类，建立相互之间的关系时，这种结构就变得极为复杂，用户的学习成本增加。矩阵结构适用于高频功能/信息，需全局考虑对其进行分类的维度。

自然结构不遵循任何一致的模式，各信息节点根据特定规则建立连接，没有非常明确的分类和分层概念。自然结构适用于关系不明确或一直变化的信息对象，它无法给用户提供一个清晰的指示，用户无法在信息单元之间建立明确的结构关系模式。如果你想展示自由探险的感觉，比如某些娱乐或教育网站，自然结构是个不错的选择；但对于用户需要多次访问的信息对象，这种结构会让用户难以记住某个信息所在的位置，也无法根据特定逻辑进行推测，进而导致工作效率降低。自然结构特别适合信息单元比较少的产品，如游戏之类的娱乐产品。

对信息内容进行处理，进而构建出信息架构的方法有很多种，我们主要介绍卡片分类和亲和图两种常用方法。

5.2 卡片分类

通常，人们会认为某些概念或信息属于同一类别，应该分在一组，也就是用户关于信息架构的心智模型。卡片分类（Card Sorting）正是一种获取这一心智模型的研究手段。在执行卡片分类时，研究人员先根据用户研究结果或任务流程分析结果设计内容卡片，然后让用户对卡片进行分类，最后整理分析分类结果，进而依据分类结果设计产品的信息架构。

5.2.1 准备工作

在进行卡片分类之前，你需要准备一些带有编号的卡片，然后在上面写下要进行分类的内容。以网站的结构设计为例，你可以在卡片上写下网站各个页面的名称，或是网站包含的板块。如果你正在设计应用程序，那么可以在卡片上写出产品的特征、功能、菜单项、命令、窗口、任务、目标或视觉元素的名称等。有些时候，你要选取产品中位于同一层级的东西作为卡片的内容。不要把相差很远的层级内的东西混在一起，应该为不同层级的信息实施多次卡片分类。

卡片上术语的含义最好是显而易见、易于理解的。如果你实在无法避免使用一些行话，那么在实施卡片分类之前要解释清楚这些词汇的含义，并允许参与者用自己的词汇代替这些词汇。在确定卡片分类中要用到的词汇时，要排除参与者因为词汇的表面相似性而将其分在一组的可能，例如参与者可能会将词形相似或发音相近的词汇分在一组。如果不考虑这一点，参与者很可能会根据自己的理解尽快完成分组，根本不去思考词汇的真正含义。

卡片总数应该控制在20～80张。如果少于20张，那么问题的细分程度可能不足；如果多于80张，可能会吓到参与者。同时你还要准备一些空白卡片（如图5-3所示）。因为参与者可能需要在卡片分类过程中写出已准备卡片中没有的信息。如果要进行多次的卡片分类，提前告知参与者。手工制作卡片非常耗时，你可以把卡片打印出来，然后把它裁剪好。

图5-3　用于卡片分类的内容卡片和空白卡片

5.2.2　参与人员

你可以每次只让一个参与者执行卡片分类，也可以让多个参与者同时进行。这两种方法各有优劣，每次让多个参与者共同执行卡片分类比较难协调进度，如果是一个人的话就不存在这个问题。但是多个参与者可能会相互交流，激发出关于所分类内容有价值的见解。如果同时让多个参与者进行卡片分类，一定要控制人数。每次执行卡片分类的参与者为3～4人。

一共要执行多少次卡片分类呢？雅各布·尼尔森（Jakob Nielsen）给出的建议是每次用户研究最好实施15次卡片分类。卡片分类非常简单，多次实施也没有什么困难可言。不同的人对待事情的态度不同，你执行的卡片分类次数越多，问题的答案就越清晰。

5.2.3 执行过程

当参与者来到执行卡片分类的现场后，先向参与者致欢迎词，然后向他们说明要做什么事情。可以这样介绍：

嗨！大家好，欢迎大家参加此次卡片分类活动，我是产品设计师王帅。我们最近正在设计开发一款新的手机应用程序。

现在，我正在构建该应用的基本架构——也就是决定应该在什么地方呈现什么样的功能和信息。今天的活动能够帮助我了解大家对该应用程序的一些期望。

等一会儿我会发给大家一些带有编号的卡片，上面写了一些词语。这些词正是该应用程序的一些内容或功能描述。希望大家按照自己对这些内容的理解，把你认为应该放在一起的卡片分在一组。说得更加明确一点，我们不是寻找这些卡片的表面相似性，不是把那些字数一样多或是相同词性，比如都是形容词的卡片放在一起，而是假想你自己正在使用这款应用，按照你自己的期望，把你认为应该在一起的内容分成一组。例如，屏幕上显示了一个列表项，你希望在这个列表内看到些什么？把你想看到的内容放在一组就行了。

如果有一些卡片你实在不知道应该放在哪一组，或者你认为它根本不应该属于这款软件，不要太过纠结，把这些卡片单独分成一组就行了。我手头还有一些空白卡片，桌子上也有马克笔，如果你不理解卡片上某个词汇的意思，把它勾出来，然后用一个自己认为更好的词代替。如果你认为某些卡片应该分属多个不同的组，也可以自己复制这些卡片。

在开始之前，让我们先浏览一下这些卡片。

和参与者共同浏览卡片，确保参与者能理解每个卡片的含义。请参与者根据自己对卡片的理解进行分类，并把分在一组的卡片堆叠起来。请参与者大声说出自己的想法，并向他们询问相关细节，此时要记下参与者反馈的信息。如果参与者提出了一些新词汇，你可以为其制作额外的卡片，或者把这些新词汇添加到相关的卡片中。如果参与者分出的组中只有很少的卡片，鼓励他们把相似的组合并在一起；如果他们分出的组内有很多卡片，鼓励他们进行更细的划分。在分组完成后，让参与者为每一个卡片组命名。在每一叠卡片的上方添加一个卡片，写上该组的名称，如图5-4所示。

图5-4 卡片分类执行结果

可能参与者认为有几张卡片放在哪里都不合适，对于这种情况，不要强求参与者再对这些卡片进行分组。被放弃的卡片表示产品的某些功能或网站的某些板块并不十分重要，用户使用产品解决问题时可能不会用到这些东西，或者它们与用户要解决的问题根本没有任何关系。

如果分出的组足够，请参与者对这些组进行布局，把认为有联系的组放在一起。根据执行卡片分类的参与者，还有卡片上词汇的不同，可以让参与者用连线把相关的组连起来（如果有意要这样做，你需要准备一张大纸来实施卡片分类）。最后，收集卡片分类的结果。一个既快又好的方法是用相机拍下整个布局，然后把每个卡片组用橡胶圈固定好。

以上所述方式并不事先限定最终所要得到的分组数量，参与者自行对卡片进行分类，并为分好的组命名，自由度很大，被称为"开放式"卡片分类。其缺陷在于，参与者可能对每个分类的意义和命名有多种理解，最终得到各种各样的分类结果，结果分析人员难以得到一致的分类结果。

根据实际情况，你还可以执行"封闭式"卡片分类，即事先定义组的数量和每个组的具体名称，让参与者把卡片分别放入这些组内。这种方式能降低参与者在分类过程中对于分类理解的难度和相关学习成本，还能了解参与者如何适应已有的分类框架，从而对事先给出的分类框架进行验证。但这种方式无法得到参与者对于所有信息进行分类的观点。

5.2.4　在线卡片分类

虽然举行现场卡片分类实验有其自身的优点，但如果将卡片分类实验搬到网上举行则会有众多其他的好处。比如，允许被试者按照他们的节奏（当然可以规定时间限制），在舒适的家中或办公室参与实验，且研究人员不必亲自筛选所有卡片分类结果进行分析（软件根据实验数据自动分析）。

在线卡片分类工具可以帮助研究人员进行远程的快速的卡片分类实验，其通过模拟传统卡片分类实验，将实验方法通过现代信息化的手段进行运作，参与者只需要拖动信息内容即可自动产生相关数据。借助信息化技术，卡片分类完成后，系统可以直接生成相关数据和可视化的图表结果，从而节约研究人员的数据收集和分析时间。这种方式也便于实验参与者远程参与实验，比现场卡片分类能收集到更多的参与者数据，更加接近预期的用户类型比例。但这种方式也存在一些缺陷。比如，实验参与者在分类过程中产生的疑问较难收集；参与者的质量较难控制，可能会对最终结果产生影响。

常见的在线卡片分类工具有Optimal Workshop、Usability Tools、User Zoom和Xsort等。

5.2.5　评估分类结果

如果你在卡片分类之前已经预先设定了一些分组（也就是执行封闭式卡片分类），对结果进行评估非常简单。计算出某个卡片在各个组内出现的频率，你就能知道大部分人希望这个卡片所表示的内容出现在什么地方。

另外，如果分组数量和组名是由参与者定义的，那么首先要重定义这些分组。因为不同的人可能会用不同的词汇描述同一个组，在这种情况下先要把这些组合并。另外，不同的人可能会以完全不同的方式对卡片进行分类，创建出完全不同的组。如果出现了这种情况，那么就要向用户提供不同的方式来访问产品的这些内容。在确定了分组数量和组名之后，再统计每个卡片在所有组内出现的频率。

基于对卡片分类结果的统计分析，就可以构建出产品界面的层级结构了，然后将这一层级结构应用到产品的视觉布局和信息架构上。没有必要对所收集的数据进行正式的统计性评估，因为很可能收集的信息本就不充分。卡片分类的目的是支持设计决策，而不是证明某个特定解决方案是"正确的"。更有效且高效的做法是创建一个简单的纸质原型，并进行数次简短的可用性测试，以检验自己对卡片分类结果的解析是否正确。

5.3　亲和图法

亲和图法（又称KJ法或Affinity Diagram）是一种将大量收集到的事实、经验或想法等资料，根据其相互间的亲和性（即相近性）进行归纳整理，以达到统一认识和协调的目的，从而有利于问题解决的方法。利用亲和图法对资料进行分类的目的在于发现问题之间的关联性，挖掘设计机会点。在针对普遍项目的亲和图分类过程中，与人物相关的信息可以设定为角色，与产品或服务使用相关的描述可以为场景提供分析依据，与流程相关的信息可以整理后成为任务流程，产品或服务的关键字可以为相关定义提供帮助。这样，我们就能在亲和图上找到任意功能点和流程的相关依据，从而辅助我们做出更好的设计决策。以下为亲和图的普遍处理方法。

如图5-5所示，我们先将收集的无序信息进行标注汇总，其中每个小圆点表示一个收集到的信息点，将它们按照相近性标注不同颜色进行分类，得到初步的亲和图。然后，我们根据初步的亲和图，对其进行进一步的梳理优化和补充，进而得到如图5-6所示的最终亲和图。

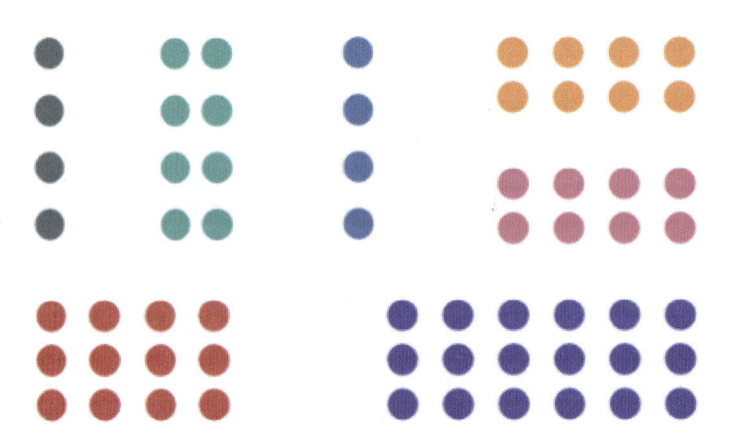

图5-5　初步信息汇总的亲和图

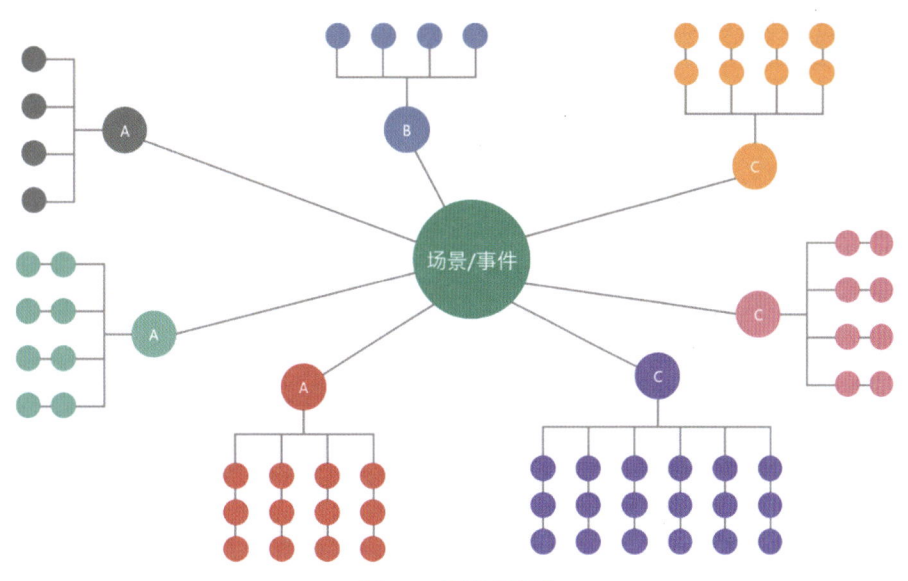

图5-6　最终亲和图

5.4　层级结构

产品的信息和功能间的层级结构设计有一定的准则，遵循这些准则可以设计出更符合用户认知和使用习惯的产品或服务，从而提升用户的工作效率和使用体验。

5.4.1　深度和广度

层级结构的深度是指产品信息架构的层级数量。如果产品的层级过多，用户在检索需要的信息时可能会由于点击次数过多而失去耐心（如图5-7所示）。

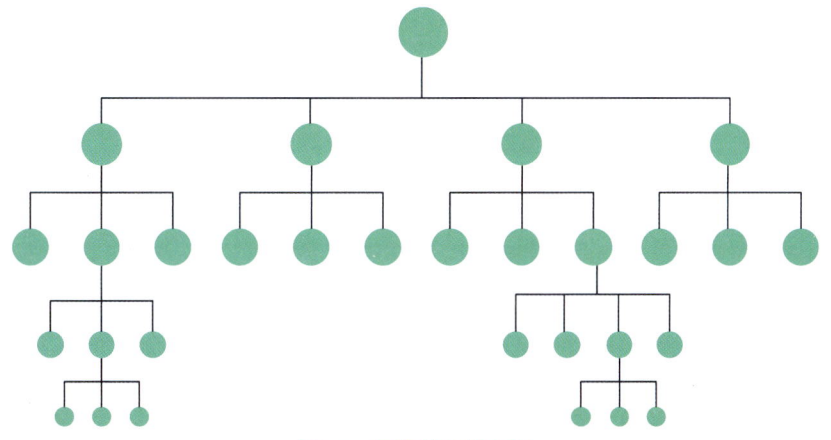

图5-7　层级结构的深度

广度是指等级系统中每一层级的选项数量。需要注意的是如果广度过大，给用户展示过多信息对象，会导致用户在检索目标对象时花费较多时间（如图5-8所示）。

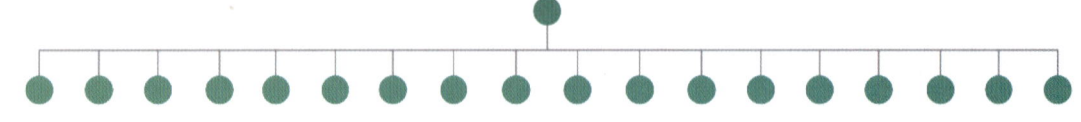

图5-8　层级结构的广度

产品或服务在信息内容量一定的情况下，层级结构的深度与广度基本上是此消彼长的关系。每个层级的信息内容广度扩大后，不需要太多的层级就可以呈现出产品的功能；如果每个层级呈现的信息内容较少，就需要更多层的页面嵌套才能呈现出所有的信息和功能。如何平衡层级结构深度与广度的关系，对于提升用户搜索目标的效率非常重要。相比较而言，用户更习惯较深且窄的层级结构，而非浅且广的层级结构。

5.4.2　视觉化表现手法

层级结构的重要性在如今的软件产品设计中体现得淋漓尽致，它无处不在，影响着用户对产品行为方式的预期。因此在设计软件产品界面布局时，必须要保证界面的视觉层级结构与各个元素的层级结构一致。

大多数用户的屏幕浏览视觉习惯是从左到右、从上到下和由外到内的（如图5-9所示）。因此在设计产品时，遵循用户的使用习惯和层级关系，同时给予用户关于层级结构的提示，将有助于提升产品的用户体验质量。

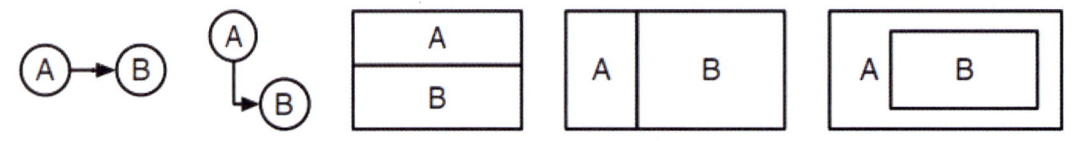

图5-9　层级结构的视觉化表现

5.5　信息分类

当信息内容在产品或服务中占到一定量级时，为了让用户拥有更好的使用体验，需要将其属性通过分类更好地反映出来，从而让用户能够迅速找到目标内容。产品预设的信息分类需要通过卡片分类的方法得到其架构，这样才能符合用户的心智模型，提升信息查找效率。下面介绍一些常见的信息分类方法。

5.5.1　按精准信息分类

按时间顺序分类：按事件发生的时间顺序对信息内容进行分类，如新闻、通知、博客类的信息内容通常采用此类分类方法。如图5-10所示为中国新闻网网站，此类新闻网站用户非常关注信息的时效性，其发布的信息内容和时间也有着极为重要的联系。因此，该网站的新闻事件信息内容采用了时间顺序分类方式。

图5-10 按时间顺序分类

按地理位置分类：将信息按照地理位置的方式进行分类，适用于将地理位置作为首要关键信息等情况。如图5-11所示为去哪儿网旅游目的地页面，其首要关键信息就是全球各地的地理位置，按照地理位置分类的方式来布局可以让用户很方便地找到目标信息。

图5-11 按地理位置分类

按组织结构分类：将信息内容按相关特色进行分类布局，能够极大地遵循设计者的意图，但需要信息获取用户对内容较为熟悉。同时，这样的排布方式还会降低普通访问用户获取目标信息的效率。适用于专题、特色内容宣传网站等情况。如图5-12所示，《极品飞车》游戏的宣传网站就采用了这种分类方式。

图5-12　按组织结构分类

按内容格式分类：将信息过多的内容，让用户在目标搜索前预先对内容格式进行分类，有助于提高用户寻找目标内容的效率。这样的分类模式常用于含有大量内容，用户明确自己的搜索目标，且通过其他分类方式无法快速寻找到目标的情况。图5-13的Google搜索页就是很好的示例，用户通过输入精准搜索目标，再通过搜索显示内容选择目标项即可。

图5-13　按内容格式分类

按首字母顺序分类：将信息内容按照名称首字母的方式来排序，通常作为用户寻找目标的辅助搜索手段，能很好地对其他的内容分类进行补充。如图5-14所示的城市就是按照字母分类的方式供用户选择。

图5-14　按首字母顺序分类

5.5.2 按模糊信息分类

按任务分类：将相同的内容应用在不同的任务中，按照用户不同的操作任务对其进行划分。这样的方式适用于任务量较小，界限清晰且易于划分的情况。如图5-15所示为百度楼内地图功能，它能很好地帮助用户按楼层对楼内地理信息进行分类显示。

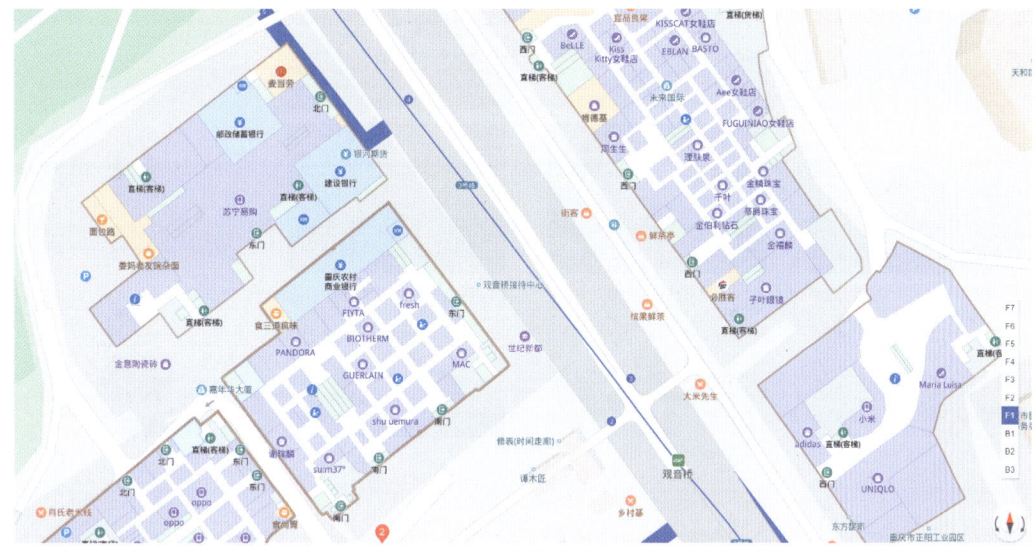

图5-15　按任务分类

按受众分类：按照产品或服务的不同受众群体，在功能上对其做出相应的区分。采用该分类方式通常应该满足以下三个条件：①不同受众群之间的界限清晰可分；②不同受众群之间的内容无过多交叉重叠；③不同受众群用户能自我辨认所属分组。如图5-16所示为深圳技术大学官方网站，其导航菜单内设置了面向不同受众群（学生、教职工、考生）的分类入口，用户根据自己的身份从此入口进入后能看到自己可用的所有服务。

图5-16　按受众分类

按主题分类：把信息内容按照不同的主题或话题进行划分。如图5-17所示为ZEALER测评官网，其视频信息架构按照不同的主题进行分类。

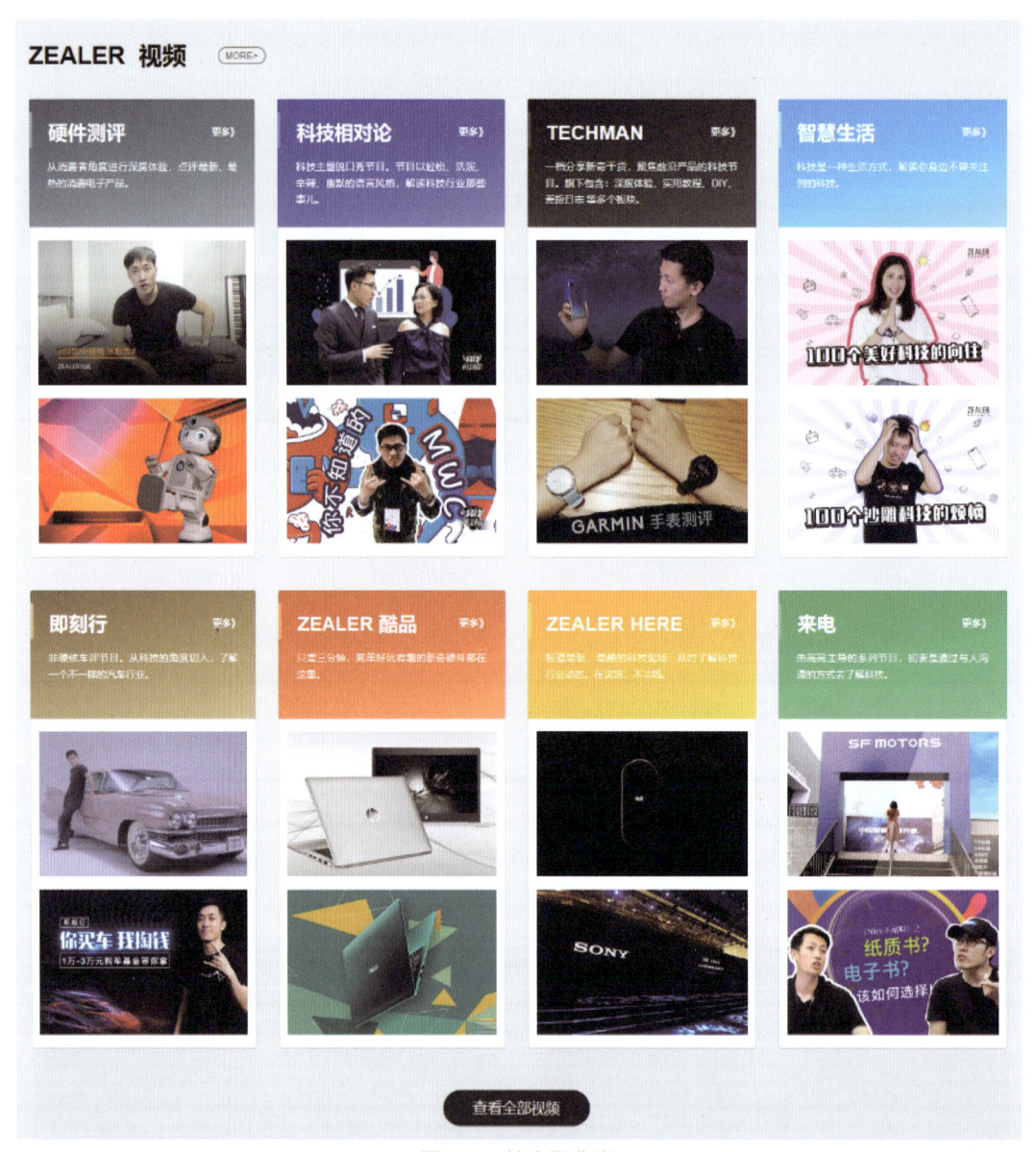

图5-17　按主题分类

综合分类：在复杂的信息分类任务情况下，使用单一的某种分类方案并不能很好地解决分类的应用需求。这个时候可以考虑将精准信息分类和模糊信息分类结合，在某些层级分类中使用精准分类，在某些分类中使用模糊分类。如图5-18所示的澎湃新闻网，为了满足众多信息内容分类的需求，采用了综合分类的方案，得到了较好的分类效果。

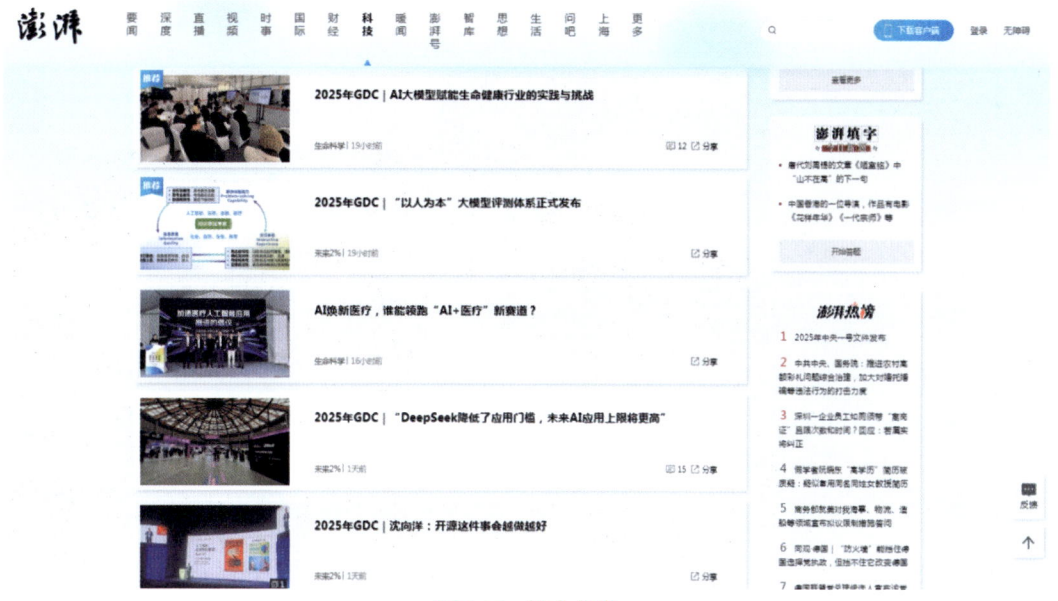

图5-18　综合分类

5.6　信息的搜索和过滤

随着产品内容信息量的增加，用户无法仅通过滚动或翻阅页面浏览的方式快速找到自己所需的内容。此时，计算机高效的检索能力可以有效地解决这一问题。一般的流程是，用户输入或选择关键词，执行搜索功能，系统返回符合搜索条件的内容。当搜索返回的内容比较多时，需要用户设置一定的条件对搜索内容进一步过滤，帮助自己快速找到想要的目标。

5.6.1　搜索

当产品中的信息内容达到一定量时，用户使用常用的分类工具去寻找已知精准目标内容的效率就会较低。在这种情况下，将搜索工具与常用分类工具结合，便能很好地解决上述问题。以下介绍几种常见的搜索模式。

显性搜索：为已经明确搜索目标内容的用户提供位置显著的搜索功能。如图5-19所示，深圳技术大学官网在首页的右上角提供了显著的搜索功能控件。

图5-19　显性搜索（深圳技术大学官网）

自动补全搜索：在用户输入关键字搜索时，即时地对该关键字提供相匹配的搜索结果。在搜索功能中提供自动补全功能，能很好地解决用户对搜索目标内容存在不确定性情况下的精准搜索效率低下问题。如图5-20所示的京东购物网站，当用户不记得具体产品型号的情况下，仅需要输入一部分型号字母，系统即可给出匹配的搜索结果选项，方便用户对其进行快速选择。而不是等用户输入完成点击"搜索"按钮后才反馈是否有此项内容，如图5-21所示。

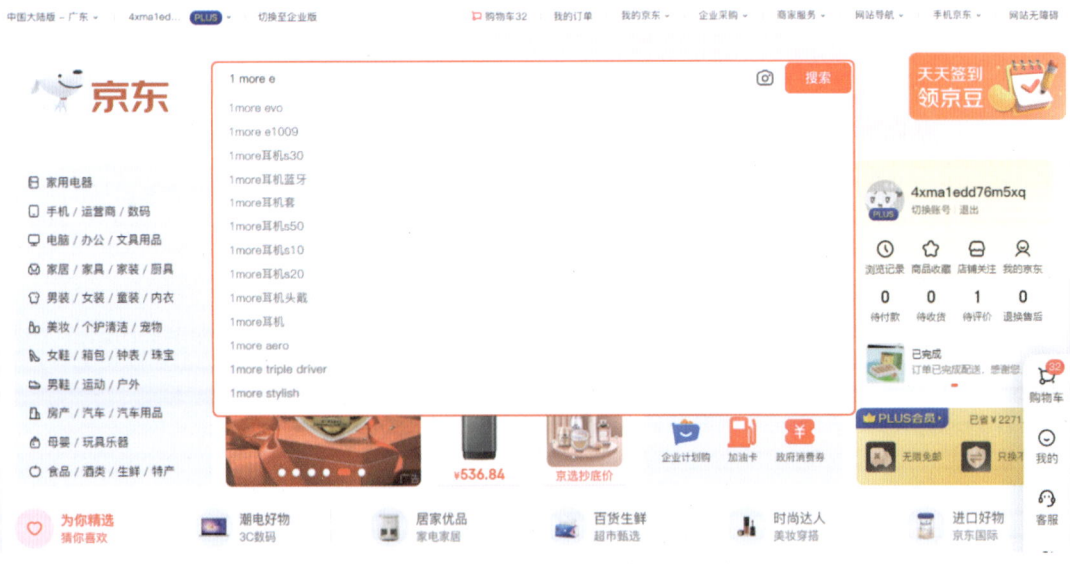

图5-20　自动补全搜索示例（京东购物网站）

范围搜索：在搜索时预先提供一定的范围供用户选择，从而提高搜索结果的精准性；如图5-22所示的当当购物官网搜索栏分类选项，它提供了多项搜索范围分类，从而帮助用户更快更精准地找到目标商品内容，提升用户浏览效率。

图5-21　无自动补全的搜索（深圳科技大学官网搜索页面）

图5-22　范围搜索示例（当当购物官网）

搜索记录：系统自动记录并显示用户历史搜索内容，从而帮助用户在搜索时直接选择项目，而不是多次输入同样的内容。如图5-23所示的淘宝网搜索栏就提供了历史搜索记录功能。需要注意的是，针对高度注重用户隐私的浏览环境，需要谨慎对待搜索历史记录功能，必须提供搜索历史记录删除功能，以供用户必要时删除该记录。

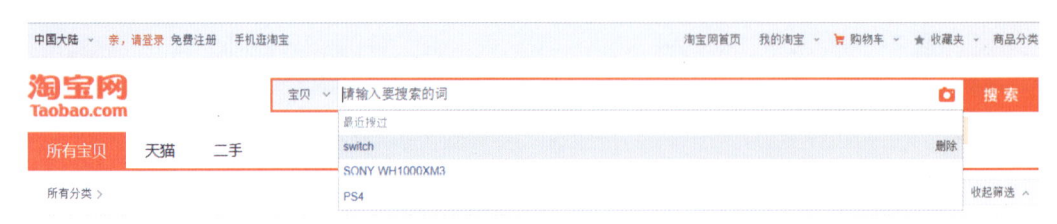

图5-23　搜索记录示例（淘宝网）

搜索表单：在一个表单内通过多个搜索、选择项来对搜索条件进行限定后再进行搜索。如图5-24所示的机票购买表单，用户在填写完各项表单选项后，能够精确地获得所需时间段内的航班信息。

特别提示：在进行表单设计时，应尽量减少用户的手动输入项，这样可以提高用户的表单填写和后期管理员审核效率。

图5-24　搜索表单示例（机票购买表单）

搜索结果：用户搜索特定内容后在同一页面显示该搜索结果，其显示方式可以是列表、表格、缩略图以及地图位置等形式。如图5-25所示的淘宝网商品搜索结果页面，其搜索结果就呈现为缩略图形式。

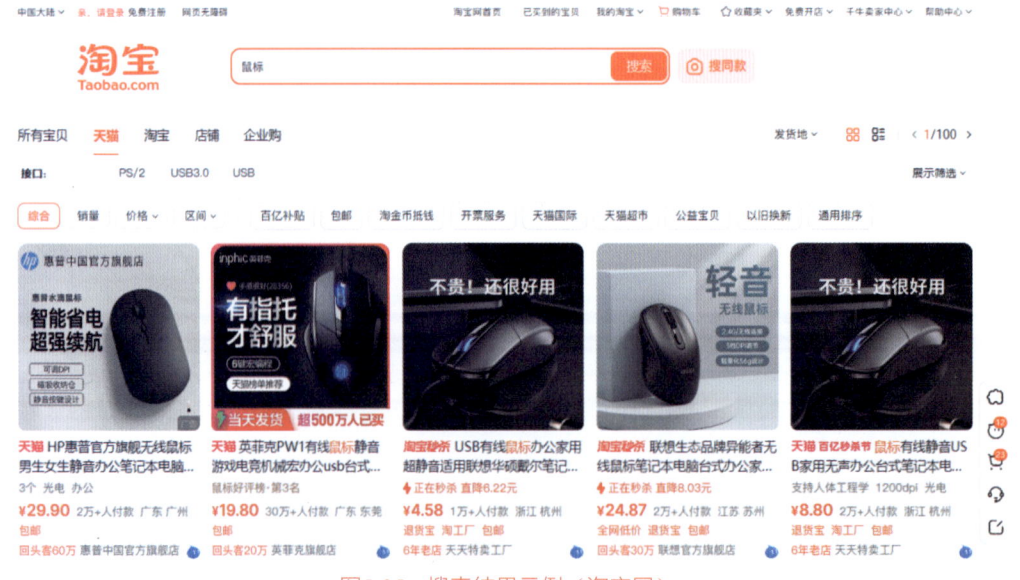

图5-25　搜索结果示例（淘宝网）

5.6.2 过滤

当搜索结果数据达到一定量级时，用户直接翻阅查找目标内容的效率就会变低。这时就需要采用一定的条件过滤手段来帮助用户快速地对搜索内容做出限定，从而提高查找效率。以下是几种常见的搜索结果过滤方式。

屏内直接过滤：在同一屏幕内可通过各类限定选项来对搜索结果进行快速过滤，从而帮助用户更快速地找到目标内容。如图5-26所示的京东购物网站的商品搜索结果界面，用户可以通过页面顶部的品牌、分类、音质认证等选项对结果进行快速过滤。

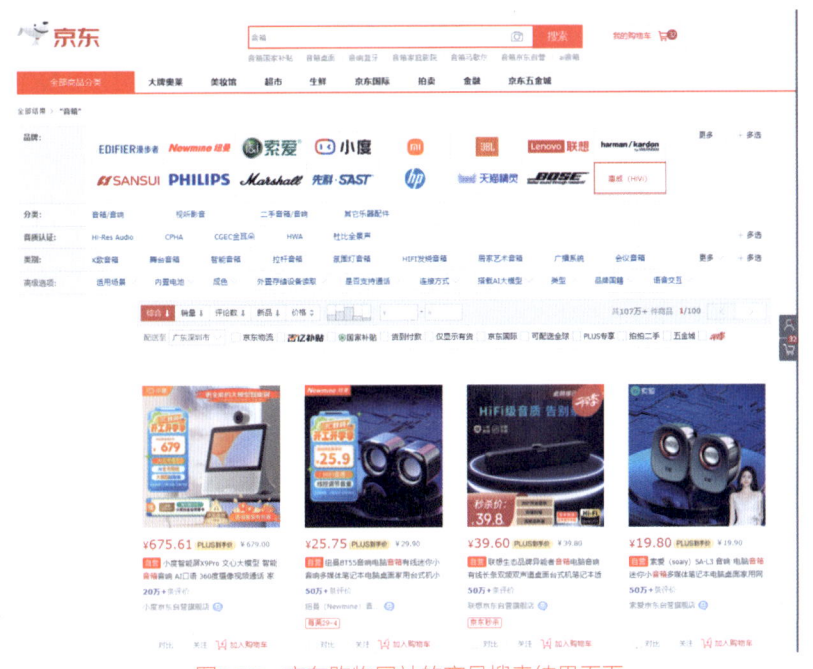

图5-26　京东购物网站的商品搜索结果页面

过滤器过滤：为了显示尽可能多的搜索结果，将部分过滤条件放置在某个菜单界面中。用户通过点击或滑动等方式将隐藏的过滤器打开，利用其中的选项过滤搜索结果。这样做的好处是，可以将某些不常用或不太重要的过滤条件隐藏起来，为显示搜索结果留出更多空间。如图5-27所示的Google图片搜索页面即是很好的例子，用户单击搜索框右下侧的"工具（Tools）"按钮时才会将过滤栏唤出。

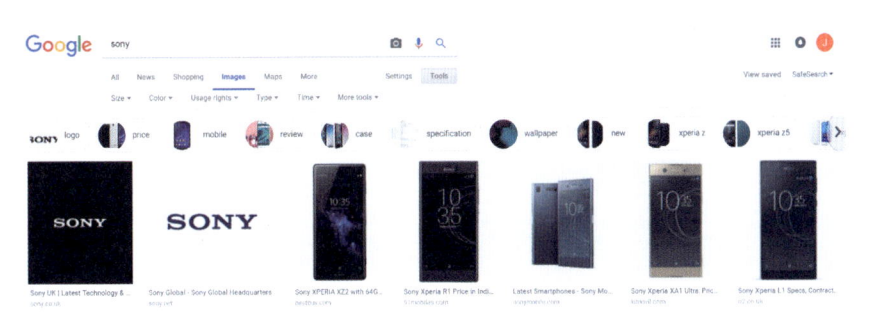

图5-27　Google 图片搜索结果的过滤器

过滤对话框：通过单独的弹窗或对话框让用户选择过滤选项，进而对搜索结果进行筛选。它和过滤器一样，都是为了显示更多搜索结果的一种做法。如图5-28所示的TripAdvisor搜索结果筛选对话框页面就将更多屏幕空间留给了搜索结果显示。这样的方式为智能手机等屏幕较小的移动设备提供了很好的用户体验。

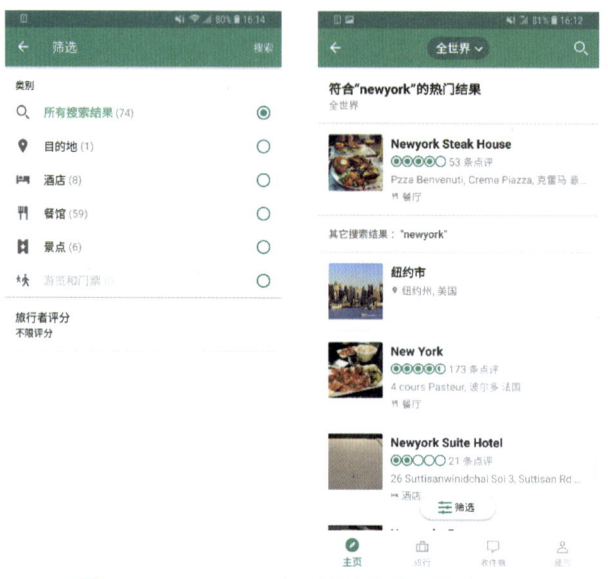

图5-28　TriAdvisor 应用的搜索结果筛选界面

过滤表单：为方便用户对大量搜索结果进行多维度筛选而设计的一种过滤模式。它比常用的过滤工具更为复杂，支持用户对多种筛选选项进行定义，形成复合式的筛选条件对搜索结果进行筛选，常用于购物网站等有海量搜索内容的结果筛选。如图5-29所示，淘宝移动端对搜索商品的过滤就是典型的过滤表单。

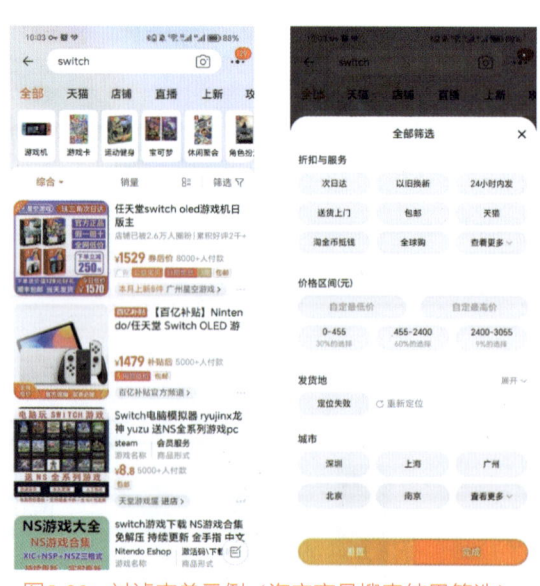

图5-29　过滤表单示例（淘宝商品搜索结果筛选）

过滤表单在形式上与过滤对话框比较类似，都是通过额外的界面提供筛选项。但大多数过滤对话框仅支持对搜索结果进行单一条件或少量条件的筛选，用户选择某一条件后，页面直接刷新显示符合这一条件的结果。而过滤表单则支持更多筛选条件，当用户对多个筛选条件进行定义后，需要执行"提交"操作，产品会基于用户选择的多种筛选条件对信息内容进行过滤，之后刷新页面，呈现符合所有用户已选择条件的结果。

5.7 标签

标签是用来标识目标内容、产品属性或分类的工具。标签可以帮助用户快速查找和定位想要搜索的目标位置。早在18世纪，欧洲就利用标签对药品和布匹进行商品识别。而后，标签作为目标分类和产品详情标识工具更是在印刷业得到了充分的发展和利用。随着标签工具的不断发展，其在信息架构设计领域同样有着不可或缺的作用。

在软件信息架构中，标签是一个以关键字形式存在的重要元素，它能够帮助用户便捷地对内容进行分类，便于快速检索。在定义标签时，需要基于用户研究结果，通过卡片分类确定具体的文字内容，这样才能设计出符合用户认知和使用习惯的标签系统，提升检索效率。当用户通过输入关键字进行检索，系统呈现出的检索结果应高亮显示用户输入的关键字或标签文字。如图5-30所示的Pinterest是一个图片分享网站，其内容检索标签就设计在搜索栏下方，用户选择某一标签后，系统给出了所有匹配的图片内容，这类标签可以看作一种内容分类方式。微信应用为了帮助用户管理好友也设计了标签系统（如图5-31所示），当用户添加新的好友时，可以在已有的标签内选择其中几项，作为新增好友的信息备注，也可以自行填写新的标签。

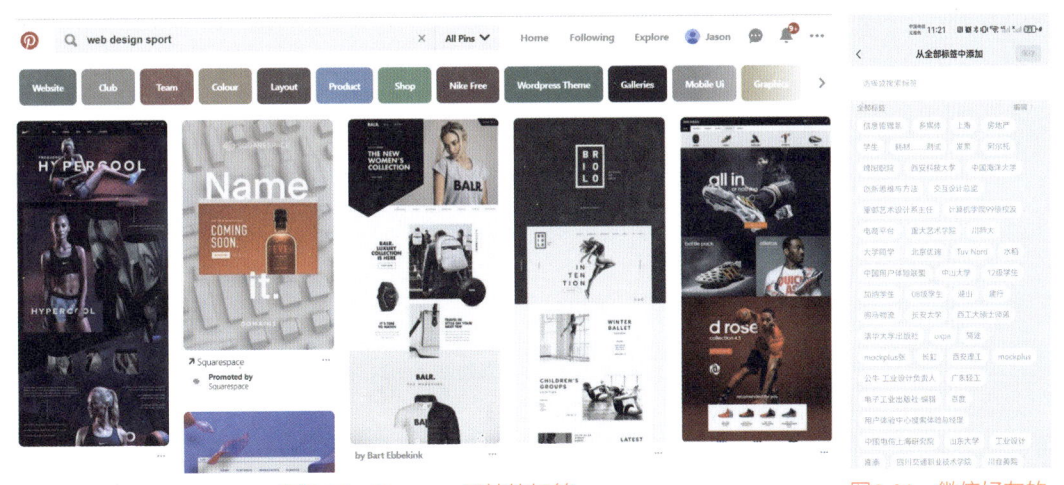

图5-30　Pinterest 网站的标签　　　　　　　图5-31　微信好友的标签系统

第6章　界面布局设计

6.1	布局设计原则	147
6.2	网格系统	163
6.3	界面设计模式	165
6.4	界面布局的推理过程	178
6.5	信息图设计	182
6.6	文本设计	194

6.1 布局设计原则

界面布局设计的目标是对同一页面内的图标、图片、文字标签、文字段落、输入框、选择框、按钮等视觉元素进行排列，使其形成一定的组织结构。这样做有利于用户在页面内搜索目标并执行相应的操作。当然，布局设计的视觉美感也是重要目标之一。已有的一些平面设计排版原则和交互设计原则能有效指导界面布局设计。

6.1.1 格式塔心理学

20世纪初，德国的三位心理学家韦特海墨、考夫卡和苛勒创立了格式塔理论（Gestalt），这些心理学家试图解释人类视觉的工作原理。"形状"和"图形"在德语中是Gestalt，因此这些理论也称作视觉感知的格式塔原理。格式塔理论强调经验和行为的整体性，整体不等于部分之和，意识不等于感觉元素的集合，行为不等于反射弧的循环。格式塔理论认为视觉系统自动对视觉输入构建结构，并在神经系统层面感知形状、图形和物体，而不是只看到互不相连的边、线和区域。

格式塔原则的原理主要有八种：接近性原理、相似性原理、连续性原理、封闭性原理、对称性原理、主题/背景原理、共同命运原理、过去经验原理。

1. 接近性原则

物体之间的相对距离会影响人的感知，人们会把距离较近的物体视为一组，而那些距离较远的视为组外，同时也会感知这些物体的排列方式。

如图6-1左侧，由于相邻五角星之间的左右间距小于上下间距，所以我们会认为五角星是横向排列，即这些五角星可分为3行，每行4个。图6-1右侧中相邻五角星之间的左右间距大于上下间距，所以我们会认为五角星是纵向排列，即这些五角星可分为3列，每列4个。

图6-1 横向与纵向排列方式的五角星

在交互设计中如果一个"提交"按钮紧挨着一个文本框，那么这个"提交"按钮与这个文本框应该是有关联的，如果这个"提交"按钮与文本框不相关但又被放在了一起，则说明交互设计可能是有问题的。如果需要设计一个单元的信息，则需要把几个信息"聚"在一起形成一个单元，这样可以体现信息的相关性。如果相关信息离得比较开，则"单元"的概念可能就会比较模糊。

如图6-2所示是间距不同的信息单元的对比，左边A、B两个信息单元上下之间有50的间距，明显大于左右之间30的间距，使用接近性原则，在视觉上归为上下两组。右边A、B中的每个信息元素之间的间距都是50，组的概念比较模糊。

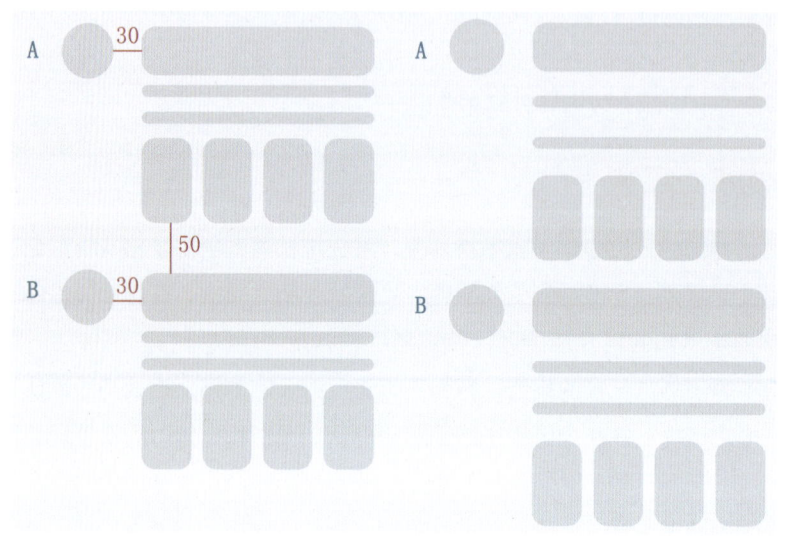

图6-2　间距不同的信息单元

如图6-3所示，Pinterest里面没有任何分割线，但是运用了接近性原则——组和组之间的距离比较大，所以不会觉得没有层级。

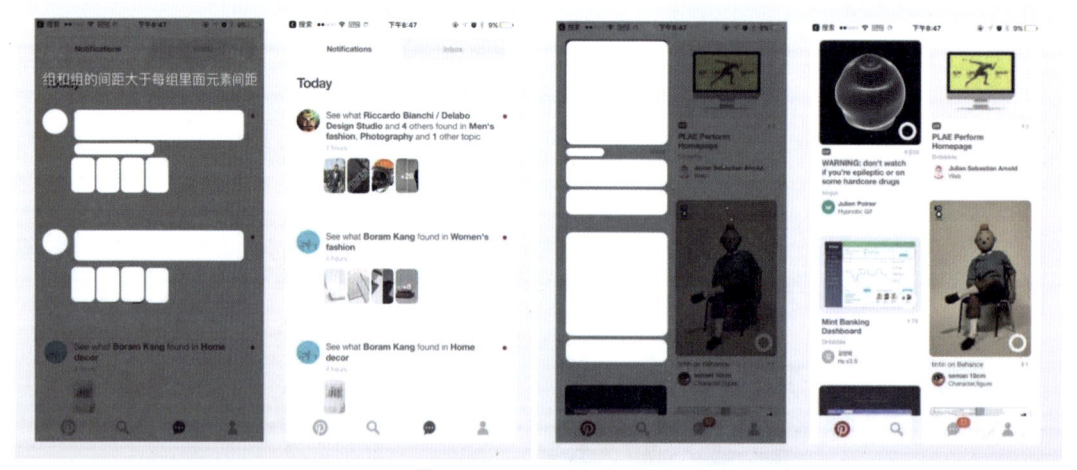

图6-3　Pinterest 部分界面

2. 相似性原理

在对多个物体的辨识过程中，人们会把相似的物体归属于一类，这可以用在交互控件的设计上。如果多个控件的状态属性是相同的，则可以设计为相同形状，这样用户可以更好地辨识。如果控件的状态属性不同，则应设计为不同形状。

如图6-4所示有两种类型的五角星，一种是实心的五角星，另一种是镂空的五角星，虽然都是五角星，但可以根据实心与镂空两种状态来分类，即实心五角星是一类，镂空五角星是一类。

图6-4　实心与镂空的五角星

如图6-5所示，根据相似性原理，地址列表左侧的图标相同的项会被认为是同一类对象。股票信息页面内具有相同底色的条目会被认为是同一类对象。

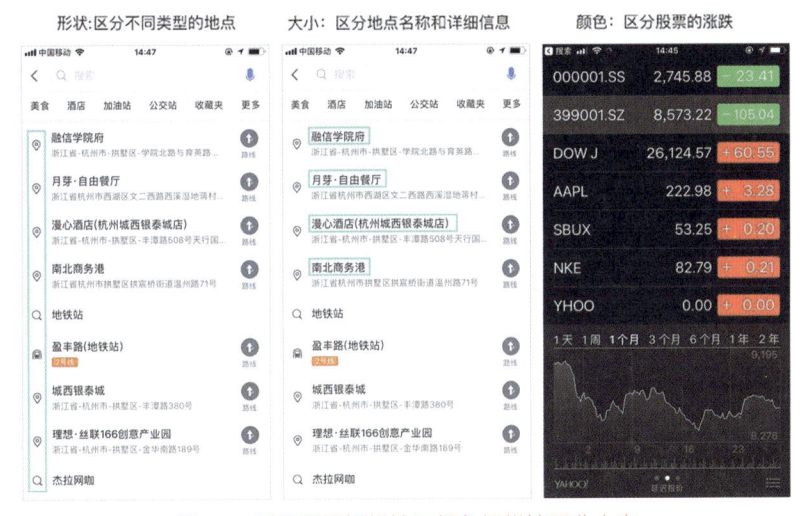

图6-5　利用图标相似性和颜色相似性区分内容

3. 连续性原理

视觉倾向于感知连续的形式而不是离散的碎片。相对于断离状态的视觉表现，用户更倾向于连续类型的视觉表现。我们认为图6-6左侧是由左上到右下、左下到右上走向的两条曲线交叉而成的图形，因为这种理解得到的两条曲线都比较连贯、柔和。大部分不会将其看成图6-6右侧所示的由两部分曲线组合在一起的图形，因为这种理解得到的曲线是不连续、僵硬的。

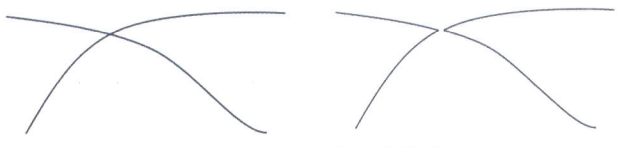

图6-6　连续线条与断离线条

设计界面时，我们需要引导用户的眼睛遵循一定的路径，通过视觉手段突出我们想表达的内容和界面元素，来制造一条视觉轨迹线，帮助用户完成任务。如图6-7所示，在天猫的商品导航栏中，选中任意一个子类都会在右边相应出现更详细的分类，这样就非常连贯，具有连续性。

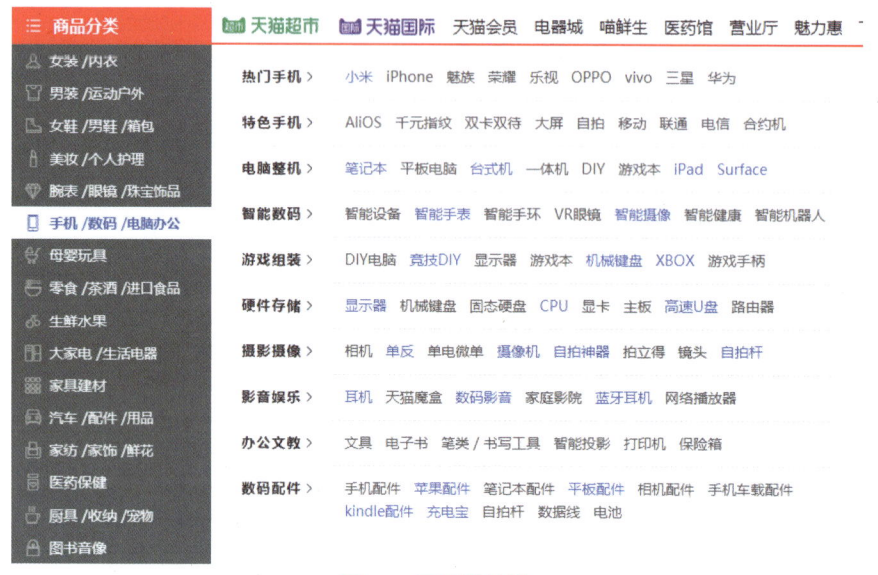

图6-7　天猫导航栏

4. 封闭性原理

视觉系统自动尝试将敞开的图形关闭起来，从而将其感知为完整的物体而不是分散的碎片。如图6-8所示，在看到不完整的几何图形时，我们会潜意识地对不完整的几何图形进行补充，前提是补充的几何图形是我们认识的，在经验中是存在的。对于左边的图形会潜意识地补充为圆形，对于右边的图形会潜意识地补充为三角形。然而圆形与三角形都是我们熟知的几何图形，在认知负荷上并没有障碍，如果需要补充的图形是陌生的图形，则补充完成的难度将会提高。

图6-8　间断图形

我们会自动地把这些不完整图形在脑海中封闭起来形成一个整体图形。需要注意的是，进行视觉补充的资源来自我们的认知模型，只有当视觉补充的元素在之前就存在于大脑中，才有可能进行脑补。如图6-9所示，微博直播推荐区域最右边的图标只显示了一半，酷狗音乐推荐区的卡片也只显示了一半，这些线索都利用了封闭性原理提示用户，右侧还有更多内容，滑动屏幕可以查看。

图6-9　微博直播和酷狗音乐的推荐区

5. 对称性原理

我们的思维倾向于把复杂的整体分解为简单的元素，并且会寻找这些元素的中心点或对称点。基于对称性原理，在进行界面设计的时候应该考虑对称性设计，制造中心对称性。如果界面出现不对称设计，用户会感到混乱或者不平衡。

如图6-10所示的上传内容界面，"取消"按钮与"下一步"按钮分别放置在对话框底部的两侧，这样两个按钮就形成了对称关系，在使用时用户会有较好的平衡感。但是，这也要考虑对话框的大小，如果对话框过大，两个按钮距离过大，同样会影响用户使用，所以在设计时对于对称性之外的因素也需要注意。

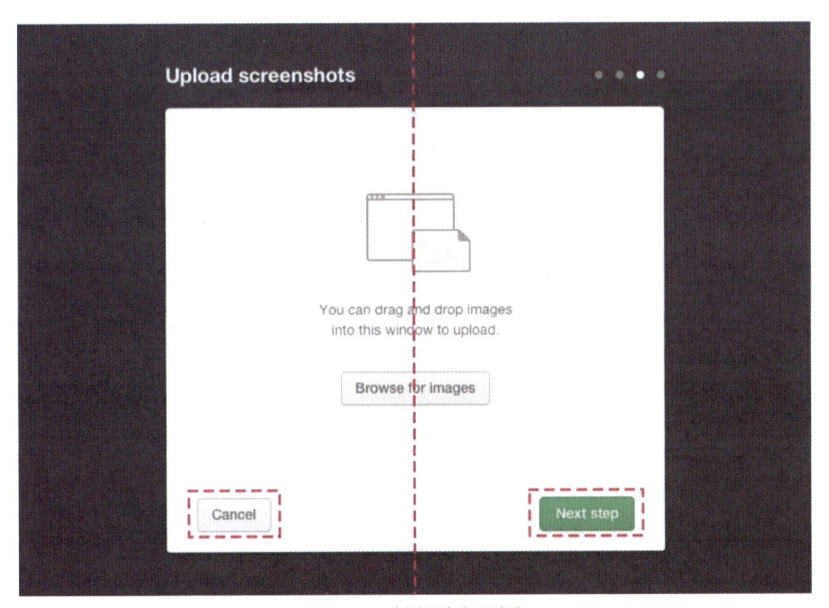

图6-10　按钮中间对称

6. 主体/背景原理

我们的大脑会潜意识地将视觉区域分为主体部分和背景部分。主体是一个场景中占据主要注意力的部分，其余的则会被当作背景。根据此原理，对于界面中那些希望用户识别为主体的元素，应该在视觉设计上重点突出，通过颜色对比、阴影、立体化等方式与背景区别开。

如图6-11所示，两个界面中的卡片是设计师希望用户重点关注的对象，其视觉设计利用较大面积色块叠加阴影效果营造立体感，形成卡片浮在整个页面上的效果，使其在视觉感知上略高于页面其他元素，这样，用户就会认为卡片是主体，更容易把注意力聚焦于此。

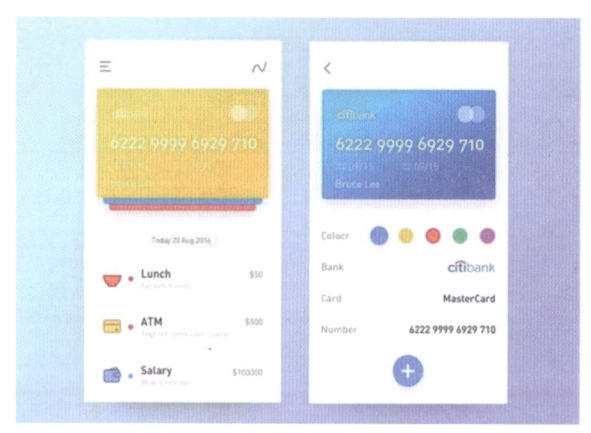

图6-11　略高于背景的卡片设计

7. 共同命运原理

一起运动的物体被感知为一组或彼此相关。此原理可以运用在交互动效设计。在交互动效设计的时候如果设计对象是同一组或者具有非常紧密的联系，则交互动效的频率及动作应该一致。如图6-12所示，如果其中的7个五边形同步运动，并且方向和频率一致，那么虽然它们的距离较远，但还是会被认为是一组。

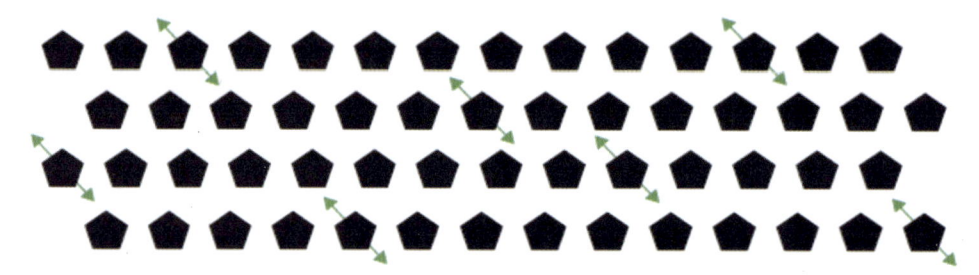

图6-12　共同运动的五边形

如图6-13所示，当多个物体在移动时，移动期间的间距保持不变，那么视觉上会把这些一起移动的物体视为一组。Mac系统文件夹拖动时同时选中的文件夹出现的阴影状态及运动轨迹就是共同命运原理的具体应用。

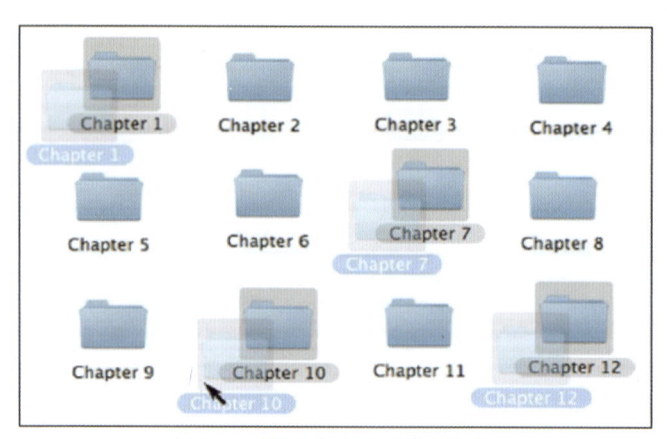

图6-13　同时拖动不同的文件夹

8. 过去经验原理

用户会把以往形成的习惯当作经验。根据这条原理，我们在设计时应该注重用户在早期形成的使用习惯及心智模型。许多商品在改版升级时往往不会大改，一般情况都是在某些小的细节上做微创新，不去挑战用户的使用习惯。假如把图6-14所示的Instagram的"发布照片"按钮从中间挪动到最右侧，把淘宝"立即购买"和"加入购物车"按钮换一个位置，用户一定会出现误操作，因为这种做法与用户过去的经验不一致，与用户的习惯发生了冲突。

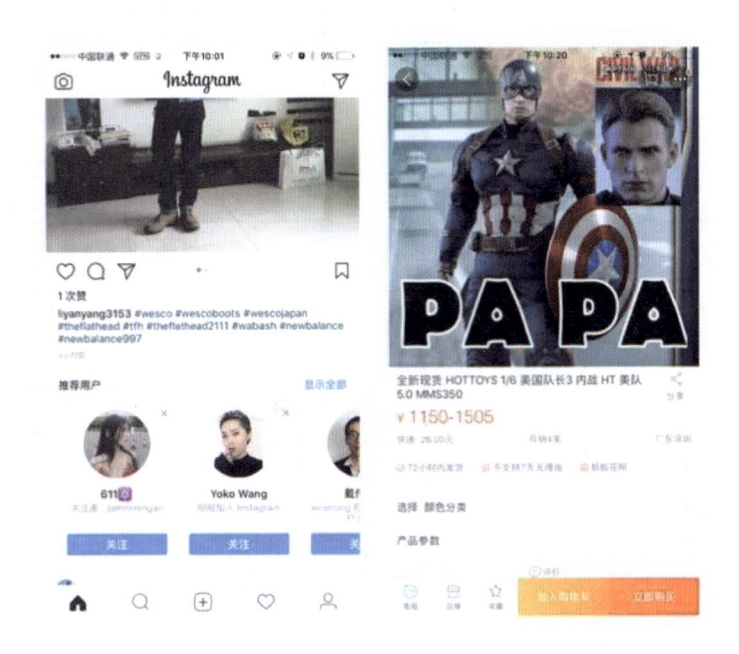

图6-14　Instagram 与淘宝的用户界面

如图6-15所示，设计师深泽直人在设计无印良品的这款CD播放器时，很巧妙地把通风扇的使用方式"移植"到了CD播放器上。深泽直人设计的CD播放器的开关方式符合过去经验原理，通过利用用户使用排风扇时需要拉绳子所形成用户习惯及心智模型来设计CD播放器开关的使用方式，所以用户在使用时不会感到陌生，也不会对用户造成认知上的困难，这样就使交互形式非常自然。

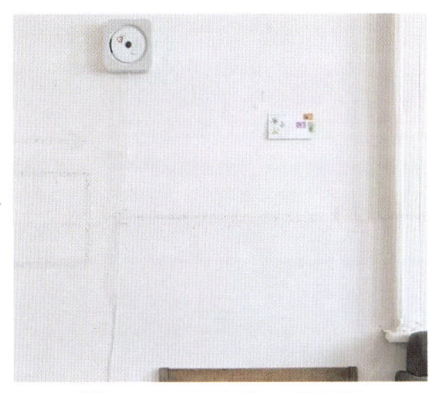

图6-15　无印良品CD播放器

6.1.2 菲茨定律

菲茨定律（Fitts' Law）由心理学家 Paul Fitts 于1954年提出，它是一种主要用于人机交互的人类运动的预测模型。根据该定律，用户能快速单击到那些较大或距离鼠标指针（在桌面系统中）较近的目标，即屏幕上显示的图标。如图6-16所示，对于移动鼠标指针单击"确定"按钮这一任务，左图设计方案的耗时会高于右图。如图6-17所示，也存在同样的现象。

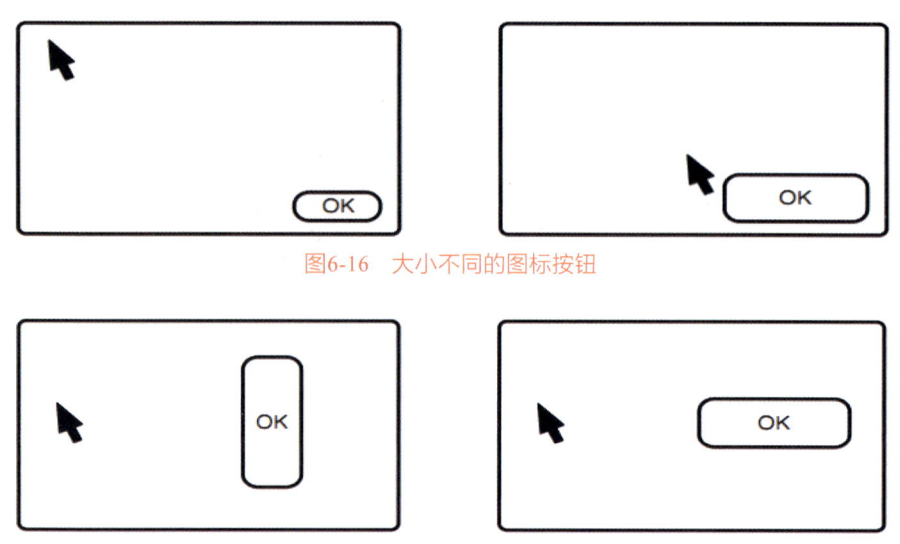

图6-16　大小不同的图标按钮

图6-17　横向尺寸不同的图标按钮

菲茨定律还提出了一个计算方法，用于预测在人机界面中用户快速移动目标到指定区域所需的时间：

$$T = a + b\log_2\left(1 + \frac{D}{W}\right)$$

T指完成操作所花费的时间，a和b取决于输入设备计算能力的常数；a代表系统一定会花费的时间（理想耗时），b是系统速率。如图6-18所示，D指目标与指示器（如鼠标指针）之间的距离，W代表目标在鼠标运动方向上的宽度。就某特定设备而言，a与b可以认为是固定值，T值的计算涉及对数，因此，如果目标初始尺寸较小，很小的变化就能引起任务耗时的巨大变化；但对于较大的目标而言，细微的变化产生的影响则很小。

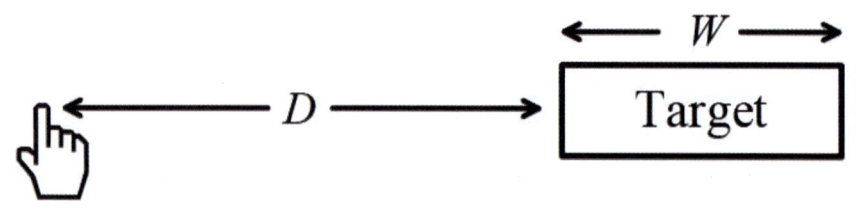

图6-18　菲茨定律示意图

如图6-19所示，在Windows10操作系统的开始任务栏中，常用应用程序的单击热区比其他程序的单击热区更大，这样的设计不仅能吸引用户注意力，使其更快地注意到这些程序的图标，也能有效降低用户移动鼠标指针到这些应用程序图标位置所需的时间。

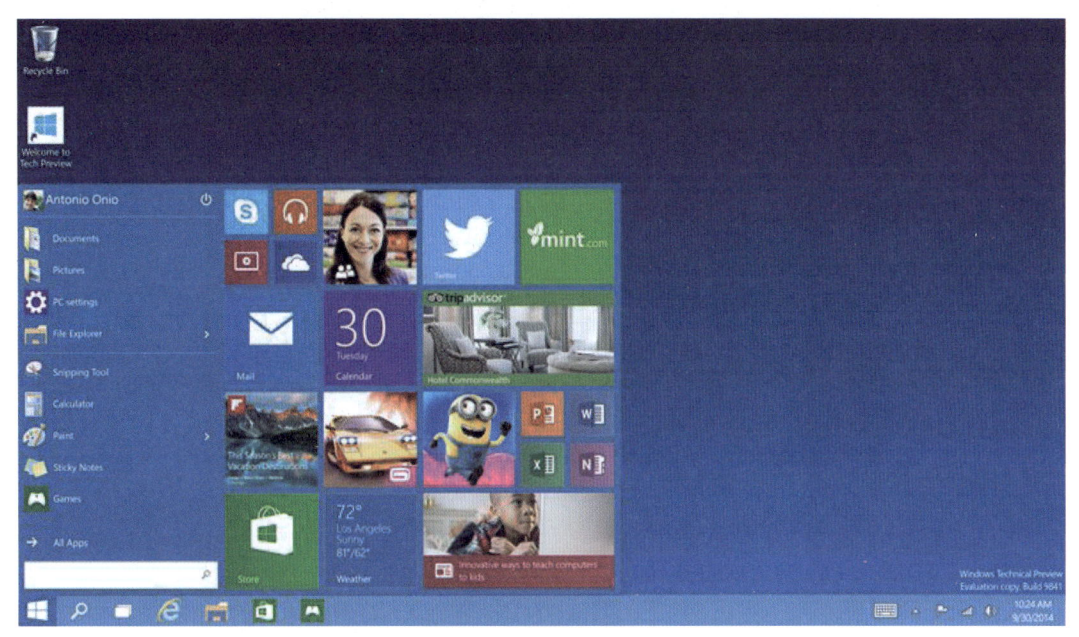

图6-19　Windows 10操作系统的"开始"屏幕

1. 屏幕上的特殊位置

试想一下，你正尝试用鼠标单击屏幕边缘处的界面元素，实际上这些元素是无限大的。无论你在屏幕边缘方向上把鼠标指针移动到多远的地方，它永远不会超出屏幕边界，总能停留在此处的单击目标上。因此，把重要的界面元素放在屏幕的边缘处具有一定的意义（如图6-20所示）。单击这些元素更加容易，因为人们只要把鼠标指针移到屏幕的边缘，它就会自己停在要单击的目标上。

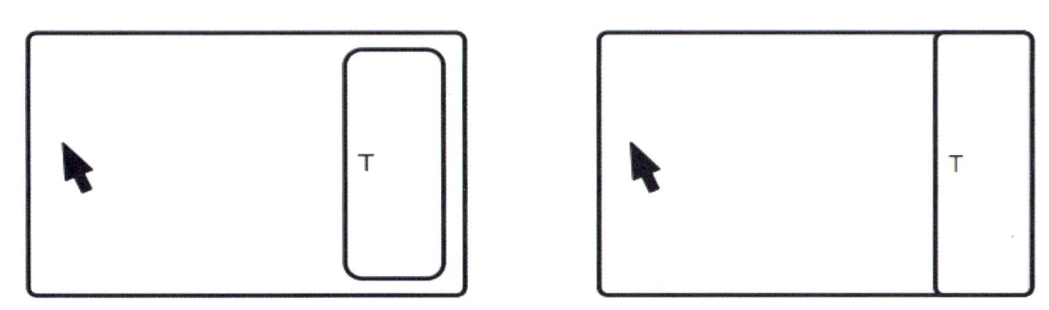

图6-20　屏幕边缘处的界面元素

屏幕的边缘特别适合放置菜单栏之类的界面元素。如图6-21所示，Adobe Illustrator CC的常用操作命令的按钮菜单就布局在整个窗口的左侧，当应用程序窗口全屏显示时（大部分情况下都处于这种状态），按钮菜单就处于整个屏幕的左侧，用户在绘图的过程中，只要快速向左移动鼠标指针，就能定位到这个区域，然后上下微调鼠标指针的位置，就能定位到自己想要单击的图标。

图6-21　Adobe Illustrator CC 部分操作命令分布

屏幕的角落是鼠标指针在纵向和横向两个方向的移动边缘的交叉位置，特别适合用来放置重要的操作按钮。如图6-22所示，Word把屏幕上方左右角落的位置分别放置了最常用的"保存"和"退出"按钮。

图6-22　Word 的左上角和右上角的按钮

2. 菜单布局的优化设计

比屏幕的角落位置更容易单击到的位置是鼠标指针所处的位置。你完全不必移动鼠标指针就可以单中，环境菜单（Context Menu）就是这样的设计。如果鼠标指针所在位置处有菜单弹出，在指针周围布局各个菜单可以有效减小到达每个选项的距离。实现这种效果的做法之一是使用放射式环境菜单（Radial Context Menu），如图6-23所示，Firefox浏览器的扩展程序easyGestures使用了放射式环境菜单。很多游戏也使用了放射式环境菜单（如图6-24所示）。

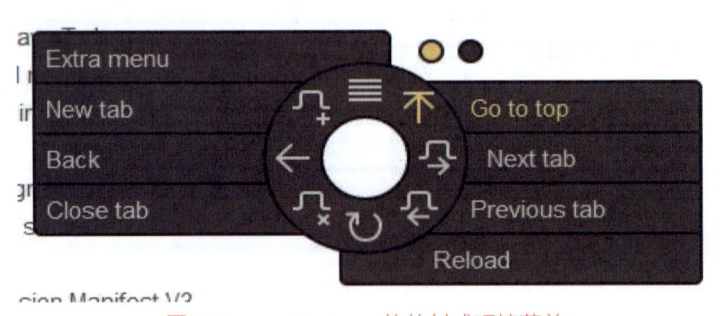

图6-23　easyGestures 的放射式环境菜单

图6-24 游戏中的放射式环境菜单

既然放射式环境菜单如此有效，为什么它没有普及开来呢？原因之一在于，我们很难将大量菜单选项集中到一个小圆圈之内。Maya克服了这一缺陷，它把常规的菜单标签环绕在鼠标指针的周围（如图6-25所示）。

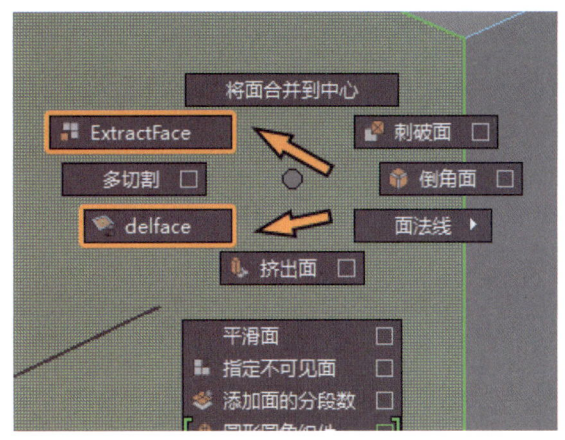

图6-25 Maya 的放射式环境菜单

有一种解决方案既保留了传统环境菜单的外观，也利用了放射式菜单的优点，即拥有多个水平层级的常规菜单。我们只要把传统的环境菜单分解成数个更小的命令组，然后利用水平空间把它们布局在鼠标指针周围就可以了（如图6-26所示）。这类菜单带来的另一个好处在于，它高效地利用了水平空间，你可以同时显示更多的菜单项。这样做以后，你就不必把任何菜单项隐藏在很难用的子菜单中。

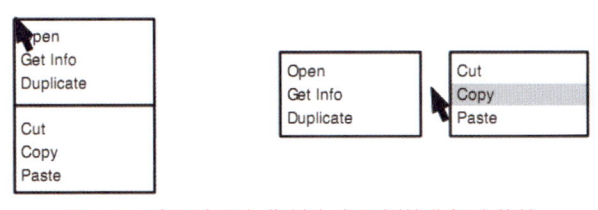

图6-26 布局在鼠标指针左右两侧的分组式菜单

把菜单元素水平布局在鼠标指针的左右两侧不仅能减小鼠标指针需要移动的距离，还能让用户更容易地单击菜单元素。因为鼠标指针左右移动比上下移动出现的频率更高，所以较大尺寸的单击目标应该放置在鼠标指针左右移动的方向上。

如图6-27所示，Office办公软件自2007版以后，界面风格从菜单、工具栏转为功能区、选项卡风格。转变后的鼠标右键菜单中融合了更多便捷选项，方便用户进行操作。

图6-27　Word 2015 的鼠标右击快捷选项

3. 较小的单击目标

较小的目标难以单击，因此在较小的目标之间设置边界就显得非常重要。否则，用户很可能会错过正确的目标，从而引发错误操作。如图6-28所示，在"删除"和"发送"两个小尺寸按钮之间增加空白区域，能有效地降低用户误操作的概率。这样的设计同样适用于键盘快捷键。如果把破坏性操作的快捷键和非破坏性操作的快捷键分配给距离很近的字母，那么用户很可能会偶然性地启动破坏性操作的命令。

图6-28　利用间隔降低相邻较小单击目标的误操作率

把屏幕显示元素设计得更大一些方便用户单击，把破坏性操作的界面元素设计得更小一些能有效降低用户在无意之中单击到的概率。例如，在Windows 7的开始菜单中，"关机"（shut down）按钮就比其他按钮的响应热区小，如图6-29所示。

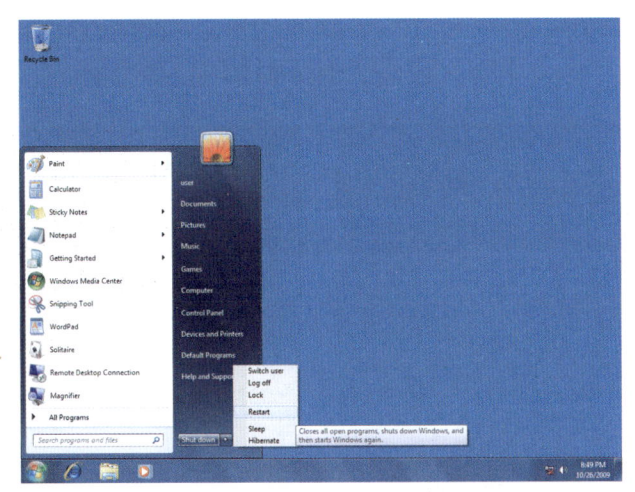

图6-29　Windows 7系统的"关机"按钮

6.1.3　希克定律

希克定律（Hick's Law）又称希克海曼定律，是以英国心理学家威廉·埃德蒙·希克（William Edmund Hick）和美国心理学家雷伊·海曼（Ray Hyman）命名的。希克定律是指当一个人面临的选择（n）越多，所需要做出决定的时间（T）就越长（如图6-30所示）。在人机交互中界面的选项越多，意味着用户做出决定的时间越长。

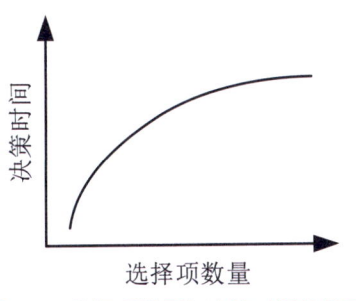

图6-30　选择项数量与决策时间的关系

如图6-31所示为两种不同的信息架构设计方案，左图为两层结构，用户单击一次后，需要从9个选项中找到自己的操作目标；右图为三层结构，用户单击一次后，从3个选项中找到离操作目标近的选项，单击后再从三个选项中寻找操作目标。虽然右图的方案需要两次操作，但每次操作前的搜索和决策时间更短，相比之下，任务执行效率可能比左图还要高。

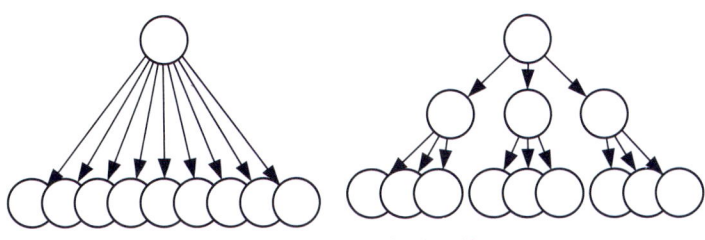

图6-31　界面层级与选项数量

如图6-32所示，用户在第一次进入钉钉与微信应用时，页面上只有两个按钮，一个是"登录"按钮，另一个是"注册"按钮，用户能很快从中做出选择。

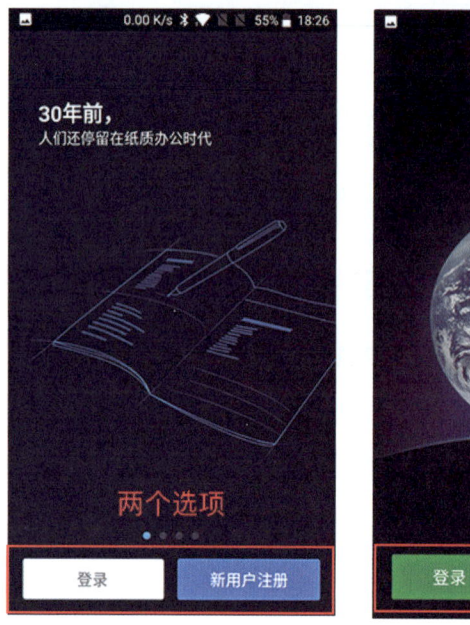

钉钉登录／注册页面　　　　**微信登录／注册页面**

图6-32　钉钉和微信的登录/注册界面

6.1.4　7±2法则

1956年，乔治米勒对短时记忆能力进行了定量研究，他发现人类最佳的记忆信息块数量为7（±2）项，记忆对象超过9项信息后人类容易出现记忆出错（如图6-33所示）。与希克定律类似，神奇数字 7±2 法则也经常被应用在移动应用交互设计上，如图6-34所示，苹果官方网站（上）、人人都是产品经理官方网站（中）、UI中国官方网站（下）的导航栏模块都没有超过9个。导航栏模块如果少于9个，用户能较为快速地了解网站内容，如果导航栏模块多于9个，用户了解网站内容则较为吃力。

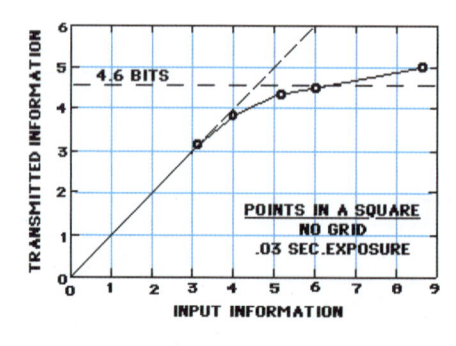

图6-33　7±2记忆曲线

图6-34 网站导航栏选项的数量

大部分移动应用程序的底部导航都不会超过5个。如图6-35所示，微信应用的底部导航有4个选项，而支付宝是5个。

安卓版微信　　　　　　安卓版支付宝

图6-35 微信和支付宝的底部导航选项数量

6.1.5 尼尔森F形视觉模型

尼尔森F形视觉模型是由雅各布·尼尔森（Jakob Nielsen）提出的一种用户视觉浏览模型。尼尔森研究了用户浏览页面时眼动轨迹，通过眼动仪对用户视线进行捕捉，并根据注视时长和注视位置生成了视点热力图，该图形呈现出一个清晰的F形图案（如图6-36所示为尼尔森F形视觉模型）。根据F形视觉模型，人们浏览内容时首先从屏幕左上角开始，视觉注意焦点从左到右水平移动，再下移，开始从左到右观察，但是长度会相对短些，最后以较短的长度向下扫视，最终形成类似字母F的形状。

图6-36 尼尔森F形视觉模型

对于这一现象形成的原因，Kara Pernice（尼尔森·诺曼集团的高级副总裁）在《文本扫描模式：眼动证据》中提道：在浏览网页时，人们并不会阅读每个单词，而是通过扫视的方式在页面内搜索自己需要的内容。尤其当网页显示的内容没有明显的主次标题，或者没有有效的视觉引导设计时，用户便会遵循自己最省力的路径来浏览内容；他们访问网页仅仅只是找到想要的答案，而并不是研究内容，所以轻扫自然而然便取代了逐字阅读，前几行左侧内容看得多，而右侧内容和页面靠后部分便看得少，在这种情况下就形成了类似字母F的扫视轨迹。这种习惯性模式会导致用户只关注左侧偏上方内容，页面内其他区域许多重要内容会被忽视。

通过分析这样的视点移动方式可以为界面布局的设计提供很多的参考。F形的视点轨迹说明用户并不会非常仔细地阅读界面中的所有文字，那么在设计时就应该尽量避免出现内容过于冗杂的界面。界面内最开头的两行信息是最为重要的，它们对用户感受的影响最大，应该将重要的内容和导航放在这两行内。页面呈现内容时应该多使用词语和短句，靠页面左侧对齐，这样能使大部分重要内容位于F形视觉模型的竖列内，能引起读者的注意。

6.2 网格系统

1692年，新登基的法国国王路易十四感到法国的印刷水平太差，因此命令成立一个管理印刷的皇家特别委员会。他们的首要任务是设计出科学的、合理的，重视功能性的新字体。委员会由数学家尼古拉斯·加宗（Nicolas Jaugeon）担任领导。他们以罗马体为基础，采用方格为设计依据，每个字体方格分为64个基本方格单位，每个方格单位再分成36个小格，这样，一个印刷版面就由2304个小格组成，在这个严谨的几何网格网络中设计字体的形状、版面的编排、试验传达功能的效能，这是世界上最早对字体和版面进行科学实验的活动，也是网格系统最早的雏形。

当信息的传递媒介从传统的纸质载体转变为屏幕之后，网格设计方法也被引入网页的布局设计中，即以规则的网格阵列来指导和规范网页中的版面布局以及内容分布。网格系统的应用不仅使网页的信息呈现更加美观易读，也提升了其可用性。

网格系统已成为最常用的网页布局方法之一。最基本的网格系统由一系列水平的和垂直的、彼此交叉的参考线构成，这些格线让内容布局变得简单起来，让内容更具可读性。网格系统在纸质媒体中应用广泛，有着悠长的历史，引入网页设计后，出现了很多CSS（Cascading Style Sheets，层叠样式表）网格框架，几乎成了网页设计的标准。利用网格系统可以更好地驾驭网页上要显示的内容，实现均匀、一致的布局。

网格系统将整个界面分割成很多个小的网格，并通过一些固定的规则完成界面的布局（如图6-37所示）。那么如何设计一个网格系统？接下来我们将通过实例详细介绍网格系统的原理与应用。

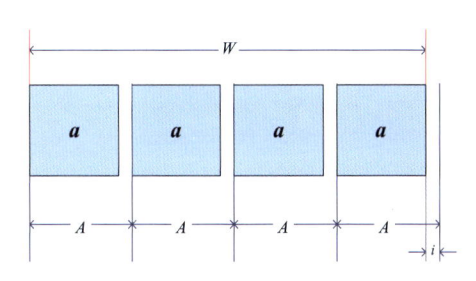

$(A \times n) - i = W$

A：一个网格单元的宽度
a：一个网格的宽度
$A = a + i$
n：网格数量
i：相邻两网格之间的距离
W：页面/区块的宽度

图6-37　网格系统

图6-37解释了网格系统的组成原理，下面以微博网站的主页为例，来看一下网格系统的应用（如图6-38所示）。

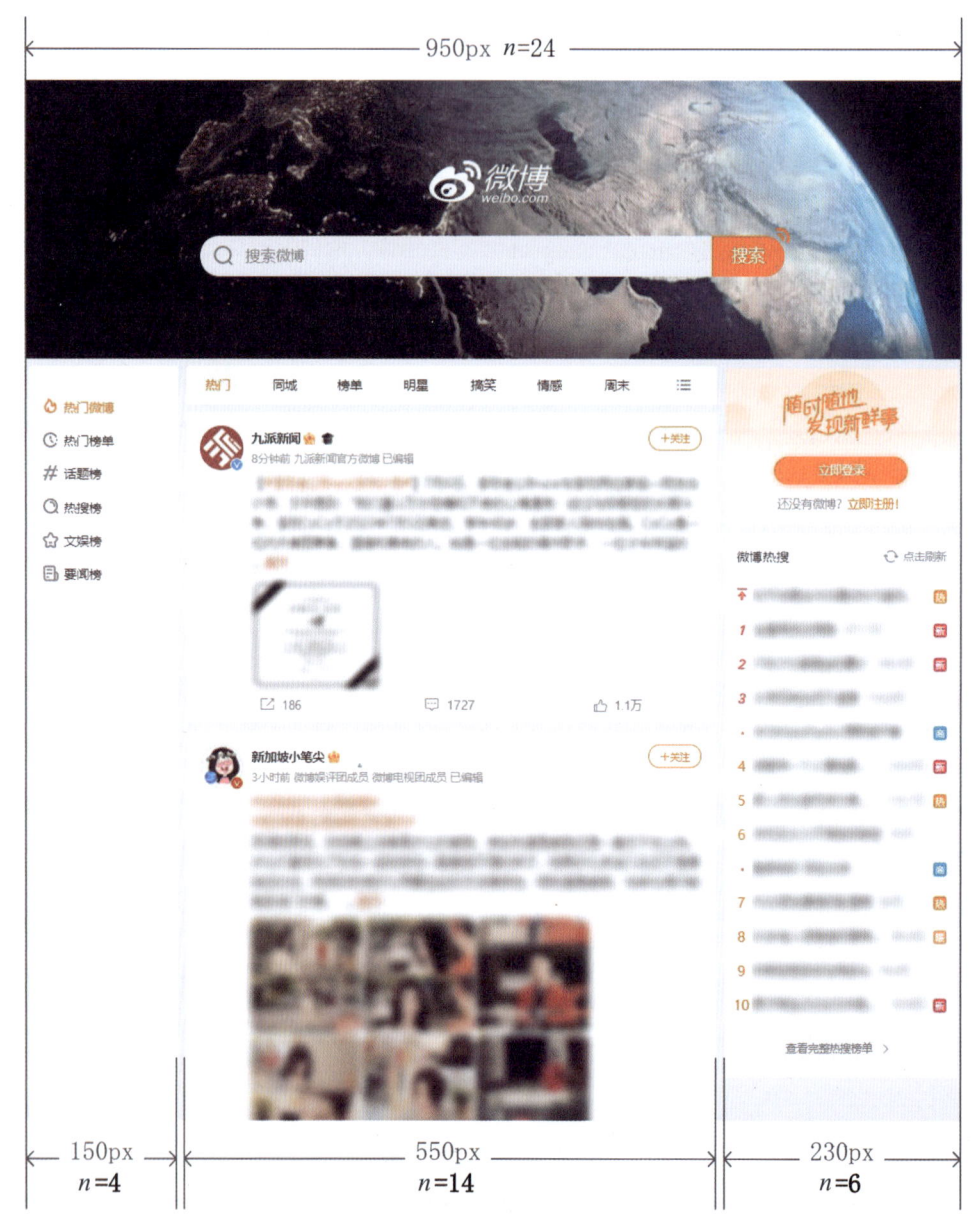

图6-38　新浪微博主页的网格系统

微博网站主页宽度为$W=950px$，横向共划分为24个网格单元，每个网格单元宽40px。这24个网格单元呈左、中、右三列式布局，左列$n=4$，即有4个网格单元，中间区域$n=14$，即有14个网格单元，右侧$n=6$，即有6个网格单元。区块与区块的间隔为$i=10px$。

根据图6-37中的公式，如果规划每个网格单元宽为40px，只要保证横向网格单元总数为24，即可保证页面的宽度一定是950px。在此前提下，我们可以根据设计需要，将整个页面分为左右两列，或者左中右三列，如图6-39对此给出了布局建议。

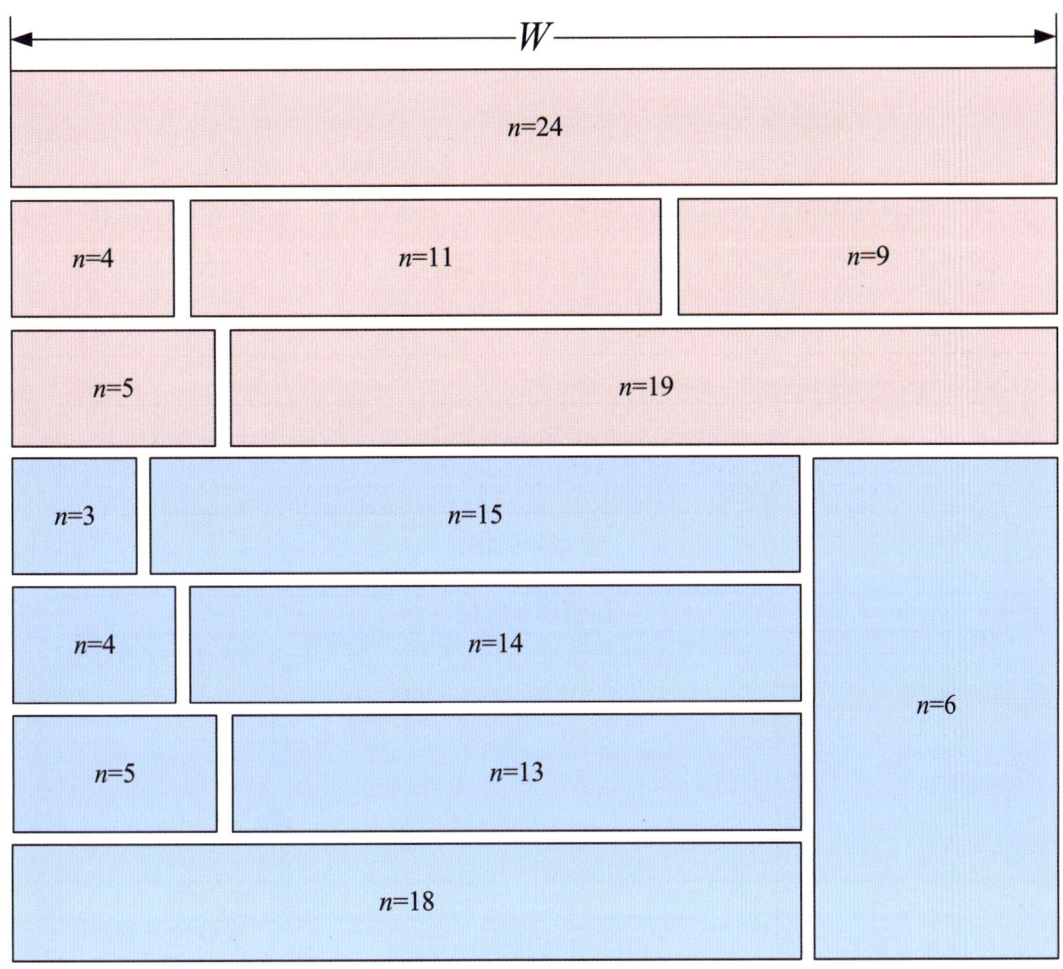

图6-39　24列网格布局建议

在实际设计中，确定了网页的总宽度值之后，通过改变A和i的值可以衍生出任何一种网格系统。一些在线工具可以用来快捷地生成网页布局的网格系统，例如https://grid.layoutit.com/，https://cssgrid-generator.netlify.app/，以及https://4x.ant.design/components/grid-cn/。

6.3　界面设计模式

无论是在台式电脑、笔记本电脑上运行的网站和应用程序，还是在手机、平板电脑之类移动端运行的各种移动应用，经过长期的发展，其用户界面设计已经形成了一些固定且经验证是行之有效的布局模式。基于这些设计模式可以更好、更快速地完成产品页面的初步布局。

6.3.1　网站界面设计模式

网站设计的模式很多，不同的设计模式应用于不同的场景之中，以达到不同的网页展示效果。越是结构复杂的网页，就越需要采用相同的设计模式。对于设计师而言，设计一个复杂的网页的工作量异常庞大，而在采用了相同的设计模式后，不再需要设计师从头到尾设计一个全新的网页模式，只需要选择现有的模式并稍加修改来满足需求，解决问题，这样的设计方式会大大减少设计工作量，提高设计效率，节约设计时间。

在当前的网页设计中，一个网页通常包含页首、全域导航栏、面包屑导航栏、区域导航栏、主要内容、关联性导航栏和页尾（如图6-40所示）。通常来说，区域导航栏、主要内容和关联性导航栏合称为"内容区域"。根据内容区域的分栏，现在基本的网页模式主要为"一栏""二栏""三栏"三种，如图6-41、图6-42、图6-43所示。

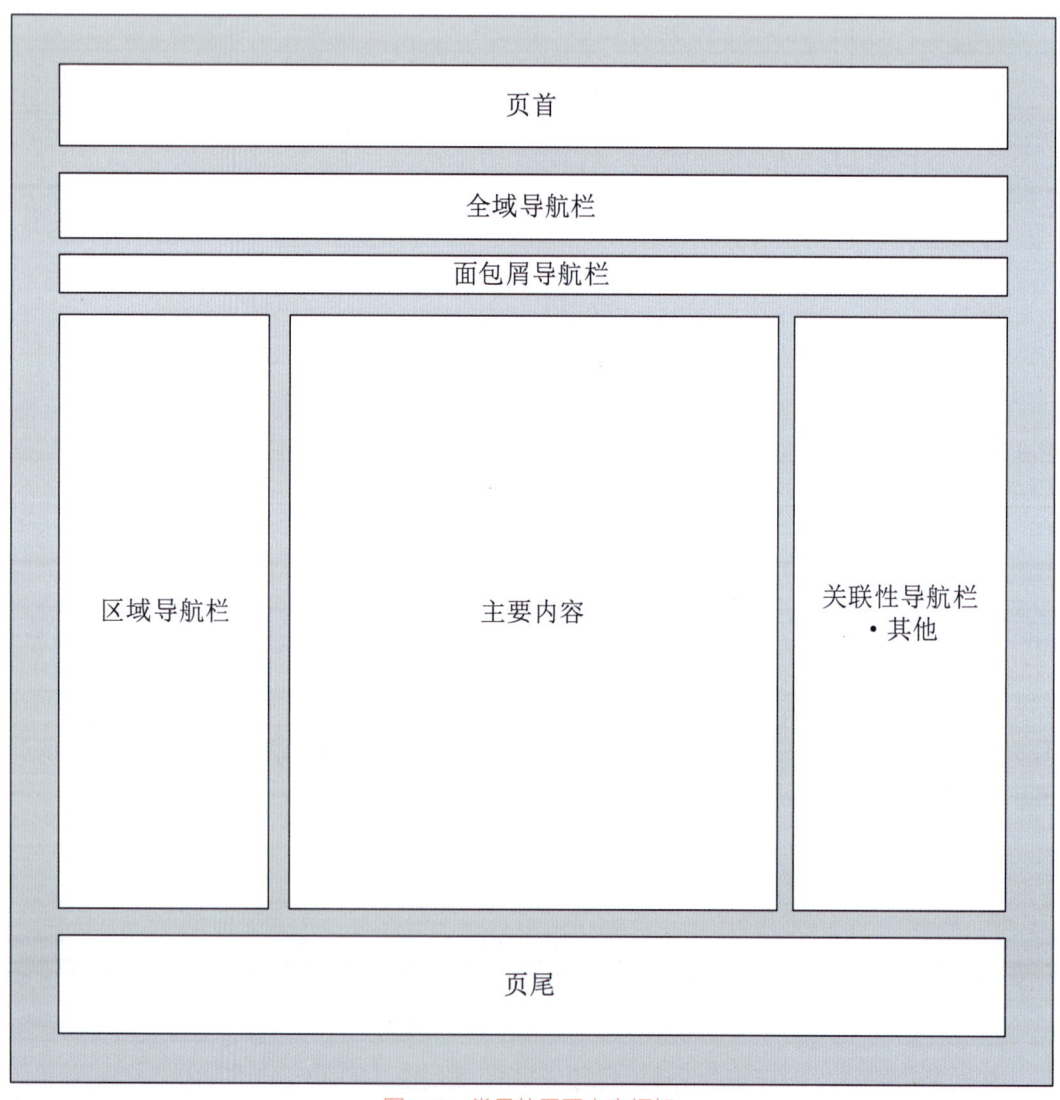

图6-40　常见的网页内容框架

第 6 章　界面布局设计

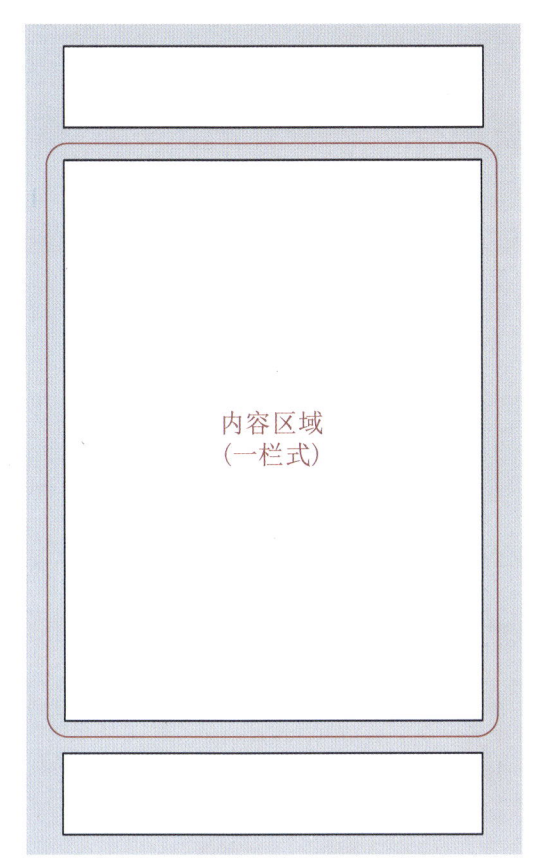

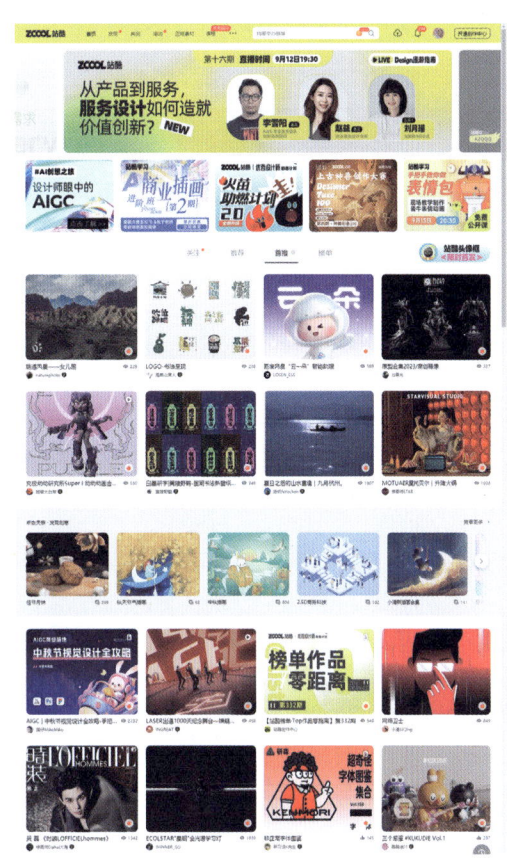

图6-41　一栏式布局及示例

图6-42　两栏式布局及示例

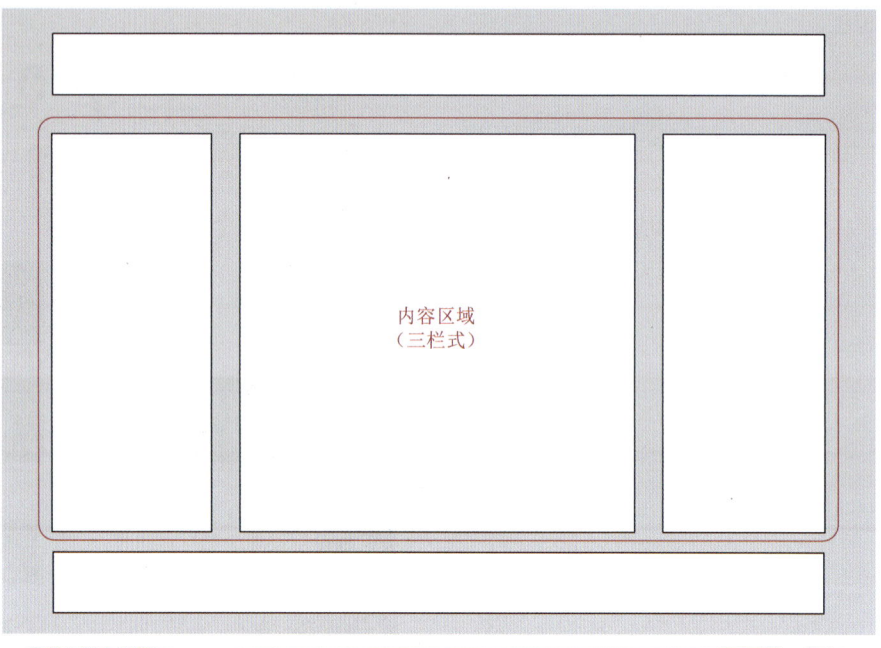

图6-43 三栏式布局及示例

网页模式的选择主要基于设备的情况、网络服务的特性。而页首和页尾页根据设备和网站的不同而拥有不同的功能。

一栏式模式又称为单栏式版式。这一类型的版面没有进行任何分割，主要内容可占据整个页面。因此，版面不会受到任何限制，可以随心所欲地设计，任何形式的终端都可以浏览这种版式的页面。尤其智能手机或者平板电脑等宽度较窄的设备，更适合使用这类模式。这种一栏式模式虽然没有分割出其他栏位，但是版面的编排与设计可并不那么简单。比如，Apple的网站几乎都是一栏式的版式，它能够更具魅力地呈现和传递各类丰富的信息。这种一栏式模式的设计能够充分测试出设计师的功力，是最适合表现视觉效果和创意的版式。当然不一定非得设计成一栏式版式，但是这种版式的变化更丰富。

受到智能手机、平板电脑等移动设备屏幕尺寸的限制，设计师通常将一栏式布局用于在此类设备上运行的网页设计中。对于同时需要在多个不同尺寸的设备上运行的产品，特别是各大视频播放平台，可以通过CSS的自适应编码实现同样的内容在不同尺寸屏幕上实现不同的布局设计。图6-44是优酷网主页在PC端显示的效果，内容显示区采用了一栏式设计，通过CSS编码，最大限度地利用PC的屏幕宽度，在横向显示了8个视频卡片。当屏幕尺寸变小，如用平板电脑打开，则显示5个视频卡片（图6-45）；如果打开网站的设备屏幕继续变小，如用手机打开，则一行只显示2个视频卡片（图6-46）。虽然这种同一个页面根据硬件屏幕大小自适应地调整内容显示布局的效果主要通过前端程序员编写CSS代码实现，但设计师要提前根据常见屏幕尺寸大小定义每个卡片的具体尺寸和一行要显示的卡片数量。

图6-44　优酷网主页的PC端布局设计

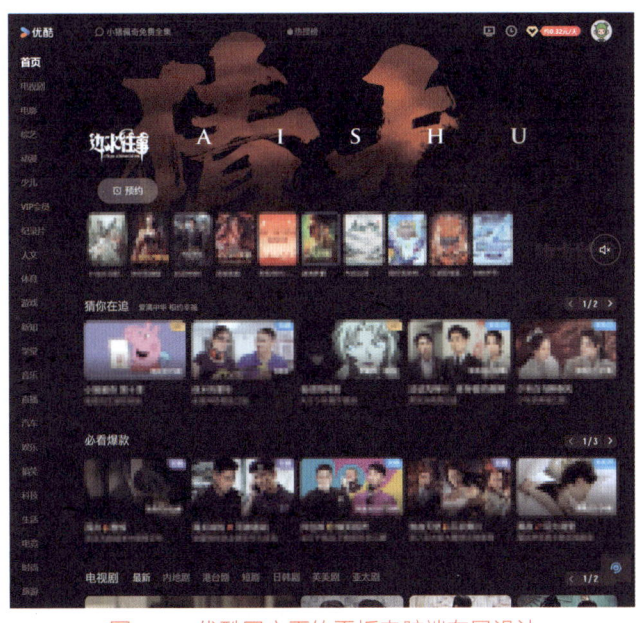

图6-45　优酷网主页的平板电脑端布局设计

图6-46 优酷网主页的手机端布局设计

6.3.2 移动应用界面设计模式

移动应用根据内容和功能的不同有各种界面设计模式，恰当的设计模式可以使移动应用帮助用户更流畅地完成各项任务。常见的移动应用界面设计模式有以下几种。

1. 跳板式

跳板式又称为"快速启动板"，界面中的各个选项按钮就像各项任务的起跳板一样。一般情况下，采用这种模式的界面会提供自定义功能，允许用户改变各选项按钮的布局。佳能打印应用的4宫格布局就是传统的跳板式设计（图6-47左）。微软的磁贴式按钮将跳板式设计发挥到了极致，允许用户对其进行自定义排列（图6-47右）。

图6-47 佳能打印应用与微软磁贴模式

2. 选项卡式

选项卡导航广泛应用于移动应用首页的界面设计，通常布局在屏幕的底端，便于用户操作，如微信和微博一级导航按钮的设计（图6-48）。一些移动应用，如小红书和知乎，为了鼓励用户发表内容（如发布提问或帖子），会把行为召唤按钮（Call to Action）也布局在选项卡区域处（图6-49）。

图6-48　微信应用与微博应用的导航设计

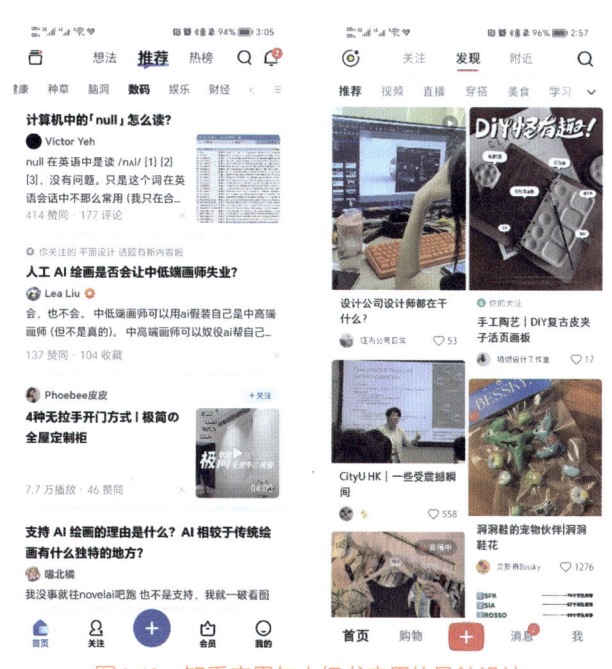

图6-49　知乎应用与小红书应用的导航设计

3. 抽屉式

抽屉式模式比选项卡模式能容纳更多的界面元素，而且可以对其所包含的选项进行逻辑分组，以此强调某些元素的重要性或优先级。抽屉式界面可分为侧边抽屉和顶端下拉式抽屉。侧边抽屉有两种布局方式。第一种是浮层（overlay），通过轻滑或点击的手势打开抽屉，打开后的抽屉会遮挡或覆盖原来页面的内容，例如德语助手应用（图6-50左）。第二种风格是嵌入层（Inlay），通过轻滑、平移或点击打开抽屉，这样会把原有的页面内容部分推出屏幕外，例如微信（图6-50 右）。顶端下拉式则是通过下拉主页面打开抽屉，抽屉覆盖原来页面的内容，例如淘宝的移动应用（图6-51）。

图6-50　德语助手应用和微信应用的抽屉式设计

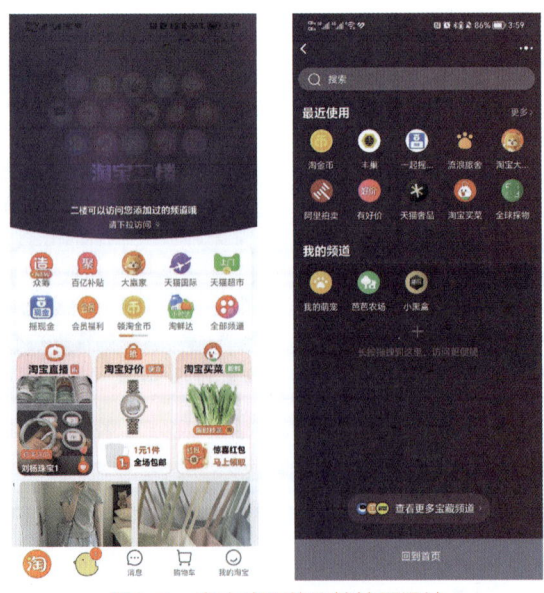

图6-51　淘宝应用的下拉抽屉设计

4. 卡片式

卡片式导航的原型是扑克牌，它模仿了扑克牌中常见的切牌、洗牌、弃牌、翻牌等动作。现在常应用于手机桌面导航、后台呈现以及清理后台。清理后台动画还模拟了翻牌的交互效果（图6-52）。

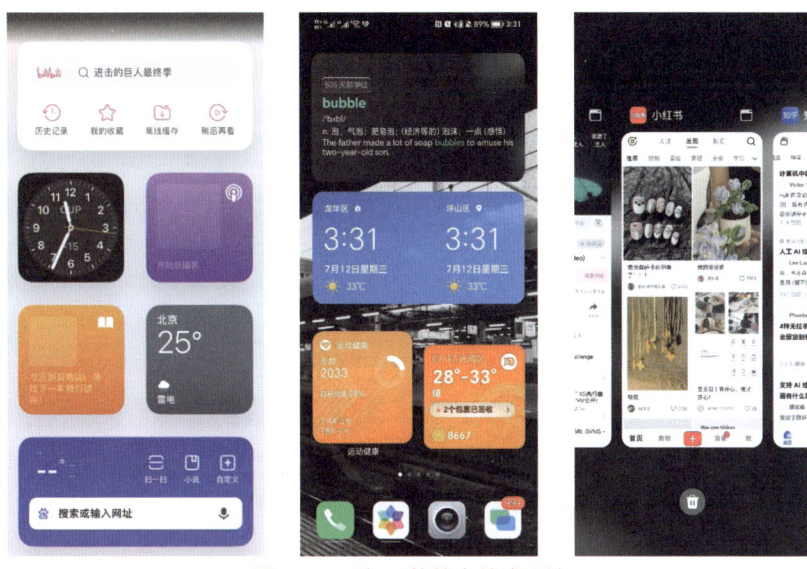

图6-52　手机系统的卡片式设计

5. 列表菜单式

列表菜单式与跳板式类似，各个菜单选项就是各项任务的起点。通过个性化定制和分组将简单的列表菜单变得更为清晰，以提升操作效率。如图6-53所示，QQ邮箱、微信、支付宝等应用都对列表选项进行了分组，点击单个选项后会进入该选项对应的详情页面。可以认为这种模式是跳板式的变形。

图6-53　移动应用中的列表式菜单界面

6. 陈列馆式

陈列馆式布局将各个选项的内容直接显示在界面上，该模式主要用来展示彼此独立、无层级关系的内容项，最常见的是图片和视频。图6-54中左图的美团应用在主页中下部以陈列馆式的布局显示系统提供的各种服务，右图的哔哩哔哩应用以陈列馆式的布局显示视频的封面卡片。

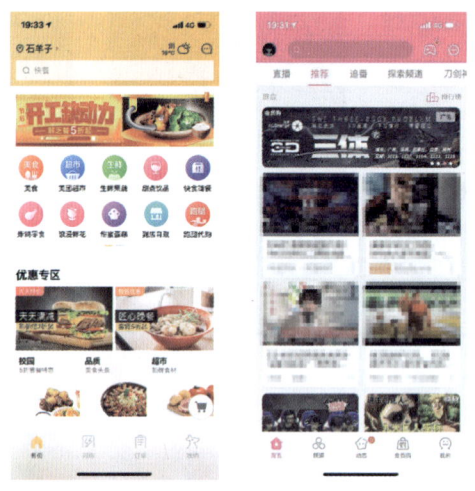

图6-54　陈列馆式界面布局

7. 隐喻式

隐喻式的特点是通过界面元素模仿隐喻对象，这样做能支持用户基于以往关于隐喻对象的知识理解界面元素的功能，进而提升用户对界面元素的认知效率。尽管现在视觉设计的审美倾向于扁平化设计，但一些应用仍然能够通过模仿真实世界的物体和工具提升其可用性。如图6-55所示，左图的迪士尼乐园应用模拟了真实场景中游乐设施的形象和相对位置，用户可以将应用中的形象与现实世界中的设施相对应，查看其所在位置和需要等待的时间；右图的指南针应用在屏幕内模拟了一个指南针的形象，暗示该程序的使用方法和实体指南针的使用方法是一样的。

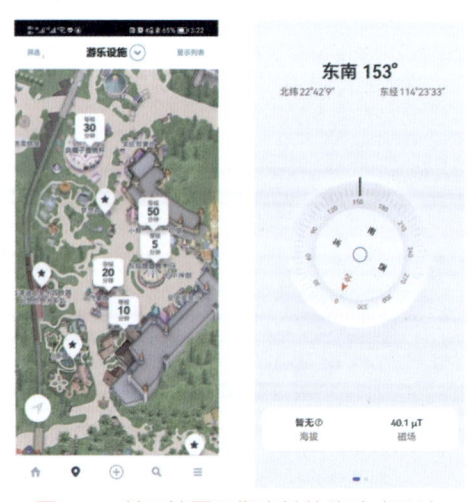

图6-55　基于地图和指南针的隐喻式设计

8. 仪表式

仪表式界面提供了一种查看关键绩效指标（KPI）是否达到要求的方法。优秀的仪表式界面支持用户在一个页面内检查最关键信息的总体范围以及当前的数值。这种界面模式非常适合商业应用、分析工具以及销售和市场类应用。如图6-56所示的网络测速应用就采用了仪表式设计，用户可以很快速地了解到网络速度的总体范围和当前的速度，这种指针式仪表能很好地显示出数据的变化。

图6-56　网络测速应用的仪表式界面

9. 轮盘式

轮盘式布局将图片或页面并列展示。第一种是横向轮盘，用户通过左右滑动来切换或选择内容，这种方式已广泛应用于网站和移动应用页面顶部的图片展示区域。移动应用也用这种模式来展示应用的主要内容，如tinder交友应用用图片轮盘展示用户图片，左右滑动可以切换到其他用户（图6-57左）。苹果音乐应用利用图片轮盘展示音乐专辑，用户可以通过左右滑动选择不同的专辑（图6-57右）。第二种是纵向轮盘，用户通过上下滑动来切换内容，常用于购物商品切换、短视频切换等，如淘宝应用的商品切换与抖音应用的视频切换（图6-58）。

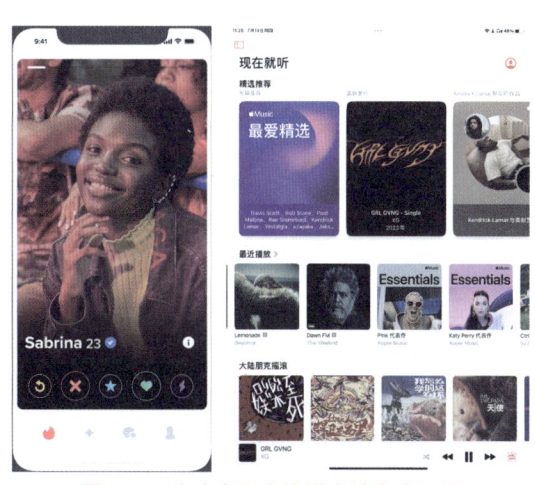

图6-57　移动应用中的横向轮盘式设计

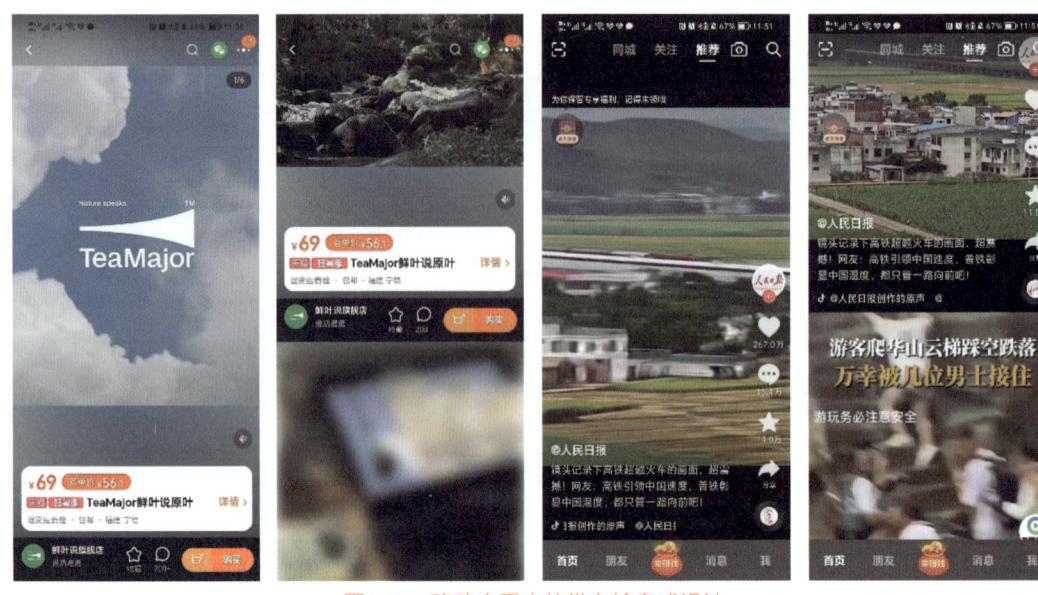

图6-58　移动应用中的纵向轮盘式设计

10. 折叠菜单式

折叠菜单式又称手风琴式，其选项菜单处于折叠状态时与列表菜单式看上去是一样的。两者的差异在于，点击列表式菜单中的某一项后，会进入一个全新的页面显示所点击选项的详细内容，而折叠菜单则是扩展所点击选项位置的空间，将其旁边的菜单选项推开，留出空白区域显示所点击选项的详细内容。这种菜单支持用户在同一页面上查看列表菜单选项的详细内容，而不用切换页面，在一定程度上能提高页面空间的利用率和交互效率。如图6-59所示是京东和淘宝中的折叠式菜单设计。

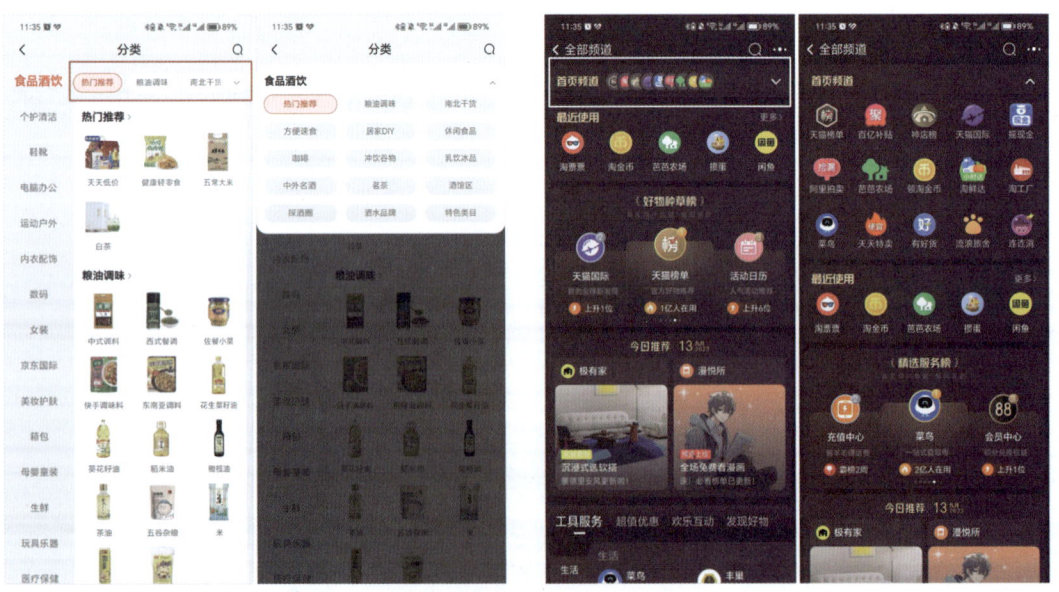

图6-59　移动应用中的折叠式菜单设计

11. 超级菜单式

超级菜单式导航与网站系统常用的导航类似，它在一个较大的覆盖面板上分组显示已定义好格式的众多菜单选项。如图6-60所示是孔夫子旧书网和京东的超级菜单设计。超级菜单也可以是浮层式的，菜单层浮在内容页上，如图6-61所示是大众点评和美团中与抽屉式菜单结合的超级菜单设计。

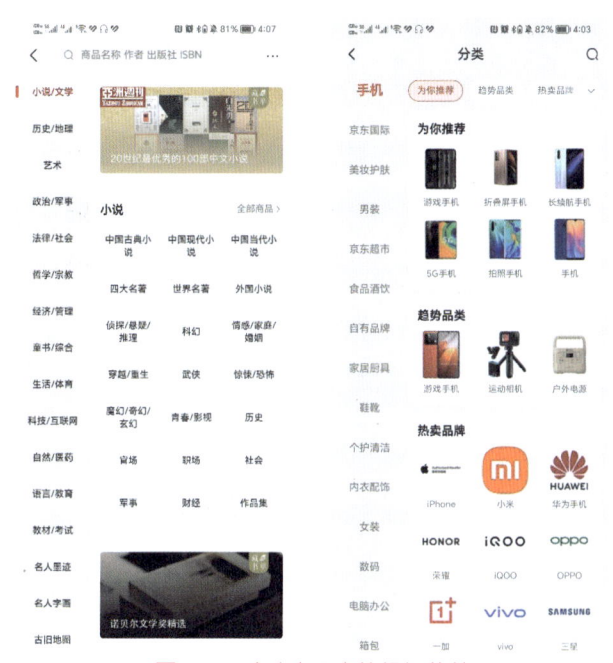

图6-60　移动应用中的超级菜单

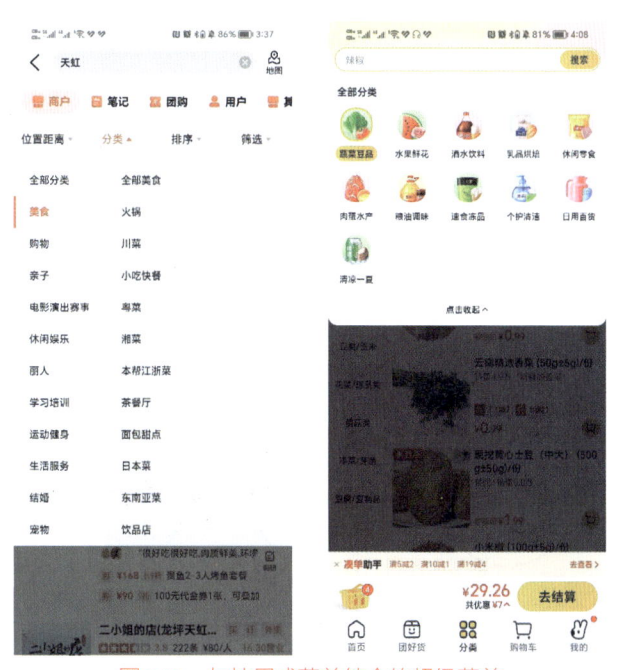

图6-61　与抽屉式菜单结合的超级菜单

12. 翻页式

翻页式可以通过滑动手势快速切换所要浏览的内容。这种导航最常见的应用方式是将页面指示与顶端的文字标签相结合，引导用户滑动屏幕。如图6-62所示的微博应用就采用了翻页式设计，用户滑动页面切换内容的同时，顶端的页面指示器会滑动到相应的文字标签下。

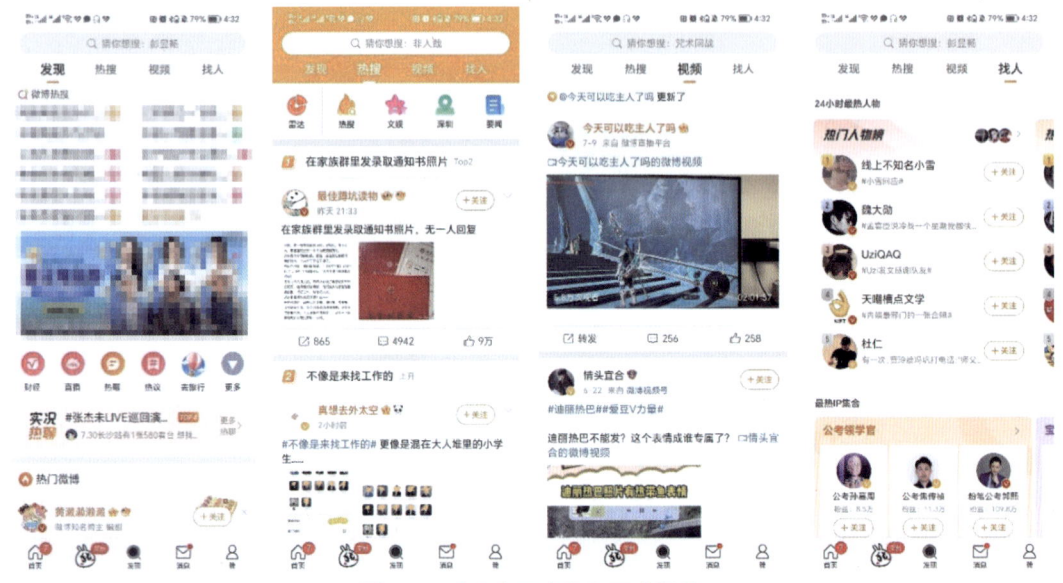

图6-62　移动应用中的翻页式导航

6.4　界面布局的推理过程

当完成用户任务分析，确定用户完成任务的操作流程、关键决策节点和在此过程中需要的所有信息之后，就可以开始设计相关页面的信息布局了。界面布局设计的整体思维框架如图6-63所示。在定义单个产品页面的信息布局时，首先应该考虑用户在当前页面的目标，进而根据产品特征和业务特征定义用户的决策模型，再基于用户的决策模型定义信息呈现的逻辑顺序，根据信息内容确定各项信息的相对关系，在此基础上确定各项信息的上下、左右、内外等相对位置关系，最后确定各项信息呈现的优先次序，为后续的视觉设计提供指导。待后续确定界面布局和视觉设计方案后可以通过眼动分析等方式检验设计方案是否符合用户目标。

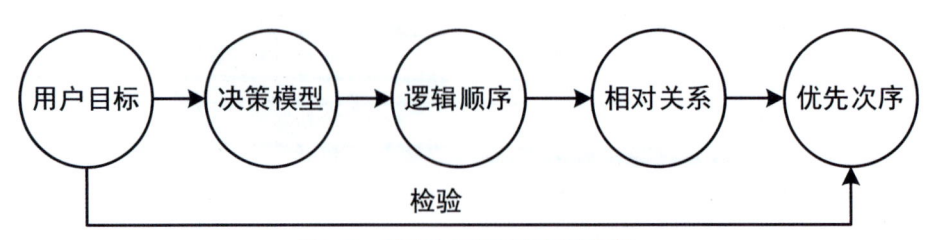

图6-63　界面布局设计的思维框架

6.4.1 用户目标

软件产品的功能根据用户需求确定，用户使用产品功能的过程就是通过浏览产品所呈现的信息，找到与目标相关的信息对象，通过用户界面对这些信息执行特定操作，最终达成目标，满足自身需求的过程。以网络购物为例，用户的总体目标是通过某电商平台购买自己所需的商品。经过层次化分析后，完成这一总目标的任务可以划分为打开选定的电商平台App，通过输入关键词搜索或浏览的方式找到要购买的商品，浏览并选择具体要购买的商品，选定产品款型、数量等信息，提交订单，填入或选择收货人信息，再次确认所要购买商品相关信息，付款，完成订单。这些子任务都需要有相对应的页面来支持用户完成相关操作。当然，子任务数量和页面数量并不一定是一对一的关系，例如浏览商品信息这一子任务可能对应着商品总览页和详情页两个页面，而填入或选择收货人信息，再次确认商品购买信息和付款三个子任务可能在同一页面内完成，这些需要具体情况具体分析。在每个子任务处，用户都有对应的目标，当用户确认目标达成后才会进入下一子任务。例如，在挑选商品环节时，用户通过对比价格、款式、商品具体信息、购买者评论之后才能最终决定究竟买哪个商家的哪款商品。这个决定没有做好（用户目标）之前，用户并不会进入提交订单、付款环节。由此，在设计展示商品信息的页面时，就要根据用户对比商品，形成购买决策的心智模型来设计页面的信息呈现和具体的用户界面。

另外一种情况是，用户并没有明确的目标，打开软件只是随便浏览，期待一些能引起自己兴趣的内容。对应到电商购物，某些用户会经常在没事的时候打开购物软件，随便浏览，看看是否有感兴趣、要买的东西，这一行为类似现实生活中没有明确购物目标的逛街。

6.4.2 用户决策模型

用户在浏览信息，制定决策时都有对应的心智模型。大部分情况下，用户需要参考多方面信息才能选定某个对象，这种过程称为多目标决策，即希望选中的对象能同时达成多个目标。例如，挑选商品时，希望能买到质量好、价格便宜且又有"高颜值"的商品。这些信息就是用户制定挑选决策的心智模型，在设计相应页面时，就要考虑如何呈现产品的高质量、价格的优惠、商品的"颜值"等信息。根据用户浏览信息制定决策的内容不同，可以将相关信息划分为首要决策信息和辅助决策信息。例如，对于大部分低消费能力的网购用户来说，价格可能是首要决策信息，其次才是商品质量、颜值。在设计展示商品信息的页面时，要根据用户的决策模型，影响决策的信息的重要程度来设计信息呈现的顺序和视觉效果。例如，在醒目的位置放置首要决策信息，并赋予其醒目的颜色。

对于用户无明确目标、随意浏览页面的情况，更需要通过仔细研究决策模型，制定相应的页面布局规划。在这种情况下，首先要吸引用户的注意力，让用户在浏览众多信息对象的过程中能够注意到某个信息对象，然后通过突出显示的主要信息让用户初步认知这个对象，再根据视觉规律，引导用户关注其他次要信息，必要的时候提供其他可以影响用户决策的信息，以帮助用户制定最终决策。

6.4.3 界面元素的逻辑关系

在确定了用户决策模型，梳理出影响用户决策的相关信息之后，进一步分析这些信息之间的关联关系。通常来讲，信息对象之间的相对关系有包含—从属和并列两种，即根据具体表达的含义和所指代的对象，两个信息之间的关系要么是包含和从属关系，要么是并列关系。确定好各信息的相对关系之后，再结合视觉浏览规律，对各信息进行布局。

以用户想要找一家餐厅吃饭为例，商家展示页面的设计思路应该是，通过商家形象展示图片和显眼的店名吸引用户的注意力，让用户获得初步认知，之后通过评分进一步吸引、引导用户的注意力，并给出首要决策信息，再吸引用户关注次要决策信息，除此之外，还可以考虑通过意见领袖的观点或其他手段进一步强化信息，辅助用户下定决心，选择该餐厅。在这个示例中，餐厅名称和图片代表了餐厅本体，属于父层信息；对餐厅的评价、在餐厅内消费的平均客单价、餐厅所提供食物的类型、餐厅所处的位置、餐厅的推荐菜和营业时间等信息都从属于这个餐厅，属于子层信息。而期待能影响用户决策的额外推荐信息属于和餐厅本体并列的信息。

6.4.4 界面布局框架

对于6.4.3节用户寻找餐厅的示例，系统推荐的商家信息最终呈现出来的结果就是一个商家列表，列表的每一行显示一个商家的信息，都以相同的内容模型进行展示。因此只要设计出这个内容展示模型就可以了。根据上一步分析出的各项信息的相对关系，参考层级结构的视觉化表现手法，在界面上，按照由上到下、由左到右、由外到内的位置关系进行布局设计，形成一张内容卡片，如图6-64所示。

图6-64 显示商家信息的内容卡片

在图6-64（a）所示的设计方案中，通过左侧的商家图片和大号、加粗的店名吸引用户的注意力，让用户获得初步认知——这是一家意大利餐厅，之后通过评分的星级图标进一步吸引、引导用户的注意力，并给出相关决策信息——评分不错，价格还可以，在嘉定新城，顺着视觉浏览规律，在下方继续显示推荐的理由和营业时间，除此之外，在商家图片上面还放置了有可能影响用户决策的信息——你的好友Mary 1天前来过。界面布局确定之后，需要结合产品的设计规范，为需要突出的界面元素进行色彩和材质设计，形成界面的高保真原型，如图6-64（b）所示。将多个商家的信息卡片排列在同一页面的视觉效果如图6-65所示。

图6-65　商家推荐页面

为界面元素赋予不同的颜色和阴影效果，通过色彩亮度、纯度的差异和界面元素阴影大小的变化能够在屏幕上营造出界面元素距离用户远近不同的视觉效果。Google的Material Design设计语言很好地诠释了这一设计手法。如图6-66所示，通过按钮卡片的阴影大小在手机屏幕上形成了Z轴海拔高度不同的视觉假象，卡片的阴影越大，好像离用户越近。色彩的亮度和纯度差异也能营造出类似的效果。如图6-67所示，紫色的亮度值高于黑色，再配合阴影的大小，就能营造出紫色界面元素比黑色按钮离用户更近的视觉效果。这一设计手法也可以应用到标题文字、段落文字视觉元素对象的效果设计。

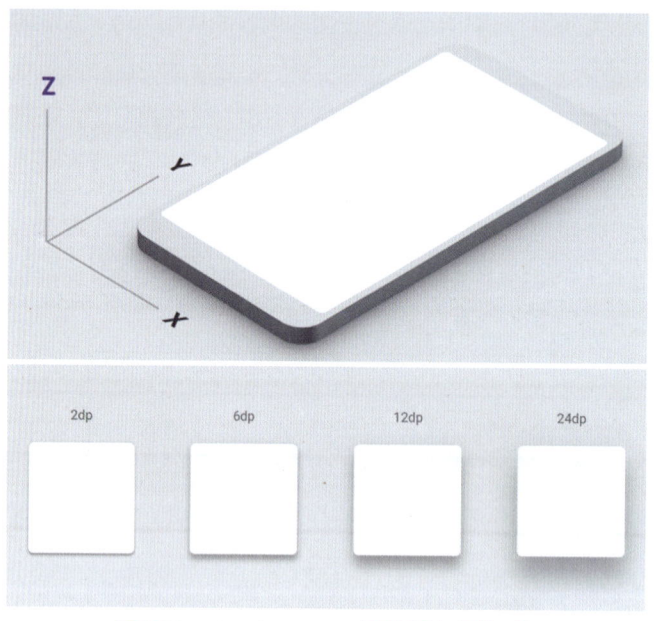

图6-66　Material Design 设计语言中的Z轴

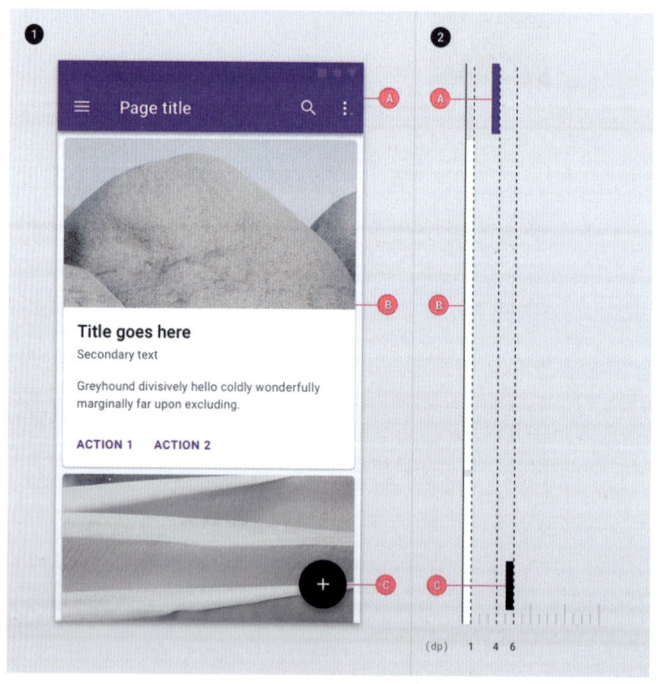

图6-67　界面元素的Z轴定义示例

6.5　信息图设计

　　据相关研究，图片对于人的吸引力大于文字，人对于图片的记忆力也高于文字。用图片传播信息的形式在获取用户注意力以及用户记住信息这两方面都要优于纯文字。

6.5.1 什么是信息图

针对内容复杂、难以用简短的语句描述清楚的信息，进行充分的整理与归纳，以图形化、视觉化的方式将信息进行展示，这种图形就叫信息图（Infographics或Information Graphics）。

信息图最初是在报纸、杂志、新闻等媒体上刊登的一般图解，已在国内外媒体和出版领域使用了多年。信息图的使用能提升信息被用户接收、理解的效率，也能为用户带来惊喜感，其视觉冲击力大于文字，更容易吸引用户的注意。信息图不仅有助于人们直观、快速地了解信息，同时也能带来更丰富的视觉享受。

当前在互联网以及视觉显示终端的使用过程中，用户阅读文字的成本较高。一方面，用户阅读屏幕上显示的文字比阅读纸质媒介上的文字更容易产生视觉疲劳。另一方面，生活节奏越来越快，用户的阅读时间被压缩、分解为碎片化的时间段，需要更高的信息接收效率。信息图在一定程度上可以解决这两个问题，它比文字更好理解，阅读时花费的精力更少，可以缓解用户的视觉疲劳，同时也能提升阅读效率。另外，设计精良的信息图通过各种图形和色彩的搭配传递信息，比单纯的文字更能丰富用户的视觉感受，提高阅读体验。

6.5.2 信息图的优势

1. 简化复杂的概念

信息图以图形化的方式展示复杂的信息，它将段落文字所描述的信息转化为各种图形符号，结合色彩、位置、尺寸等设计要素向用户传递信息。这使用户可以从多种视觉元素中获取信息，比阅读纯文字的效率高很多。如图6-68所示为利用地图上的路径线条表现用户已经走过的路线，非常直观。如果用纯文字描述用户从起点经过哪些具体的街道、路口，如何拐弯，最终到达目的地，读者理解起来要花很多时间。

图6-68 用地图和路径线条表达用户的行程信息

2. 更易理解，利于记忆

信息图中的内容能够让用户更快理解信息，也更容易记住信息。对比图6-69中分别用图标和单纯的两行文字表达"禁止游泳"这一信息的两个方案。很明显，观察图形获取信息的速度快于文字。另外，对于不识字或不能认识标识上所有文字的人来说，图标的方案也更为有效。

图6-69　禁止游泳图形表现与文字表现

3. 易传播

信息图具有广泛的适用性，既可以作为海报展示，也可以嵌入互联网产品中的图片，轻松适应公共场合、计算机以及移动终端等多种场景。如图6-70所示，对喝完一罐可乐1小时内身体发生的变化这一内容做了分解，然后用图形化的方式呈现了出来，这种方式远比用段落文字直接写出来的效果好。图中的序号、时间以及修饰线条等元素能有效引导用户的视线，帮助其快速浏览一段内容。

图6-70　可乐对身体的影响

4. 易于对比

在对比数据的时候，用图形化的方式表达数据所代表的含义更为形象，有利于读者快速理解内容，得到对比结果。如图6-71所示为用图形化的方式呈现了各种不同饮料内所含糖分的量，将具体的数字转化为糖块的数量进行呈现，读者能很快对比出糖块数量的多少。这种呈现方式比数字更为直接，用户能快速做出对比。

图6-71 各种常见饮料的含糖量

6.5.3 信息图的分类

根据木村博之的定义,从视觉表现形式的角度,将"信息图"的呈现方式分为如图6-72所示的六大类:图解(Diagram)、图表(Chart)、表格(Table)、统计图(Graph)、地图(Map)、图形符号(Pictogram)。

在开展具体的信息图设计时,基本是利用这六类中的几类相互组合来表达所要传递的信息。判断信息图设计方案的优劣,视觉上的美观度并不是最主要的因素,信息图所使用的图形元素和视觉化处理手法是否能很好地表达需要传递的信息才是最重要的判定标准。

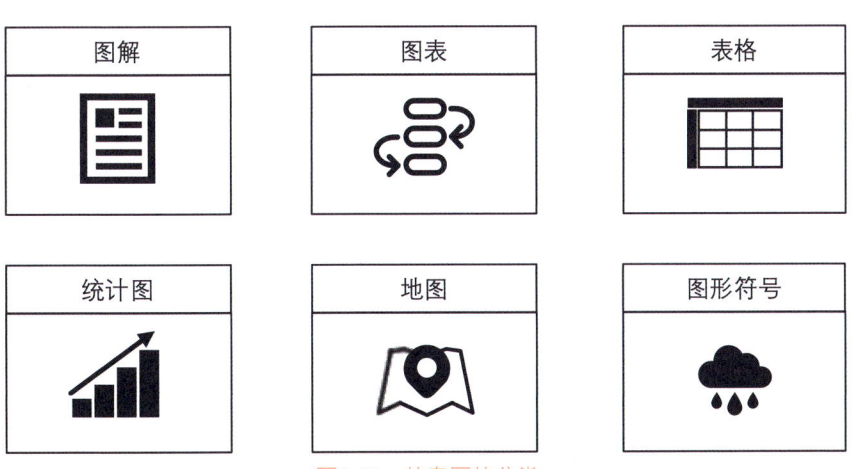

图6-72 信息图的分类

1. 图解

用于说明事物的绘制图形称为图解（Diagrams）。有些难以用语言清晰描述的事物，通过图解却能轻易地表达其含义。如图6-73所示是北京奥运会各个比赛项目的图解，每个图标都通过简单的线条，非常形象地绘制出该运动中运动员的身体姿态和相关运动设施、设备，非常易于理解。

图6-73 奥运会运动项目的图解

2. 图表

图表（Charts）运用基本图形符号、各种线条和绘制的各种图形阐述事物的概念和相互关系，它可用于描绘事物的发展规律，并使用户对规律性的事务一目了然。图表可以运用箭头指示方向，将事物的发展描述清楚，流程图就是一种典型的图表。如图6-74所示是一张钢材制造流程图，巧妙地运用了图形变化和线条的顺时针转动向我们展示了整个过程。

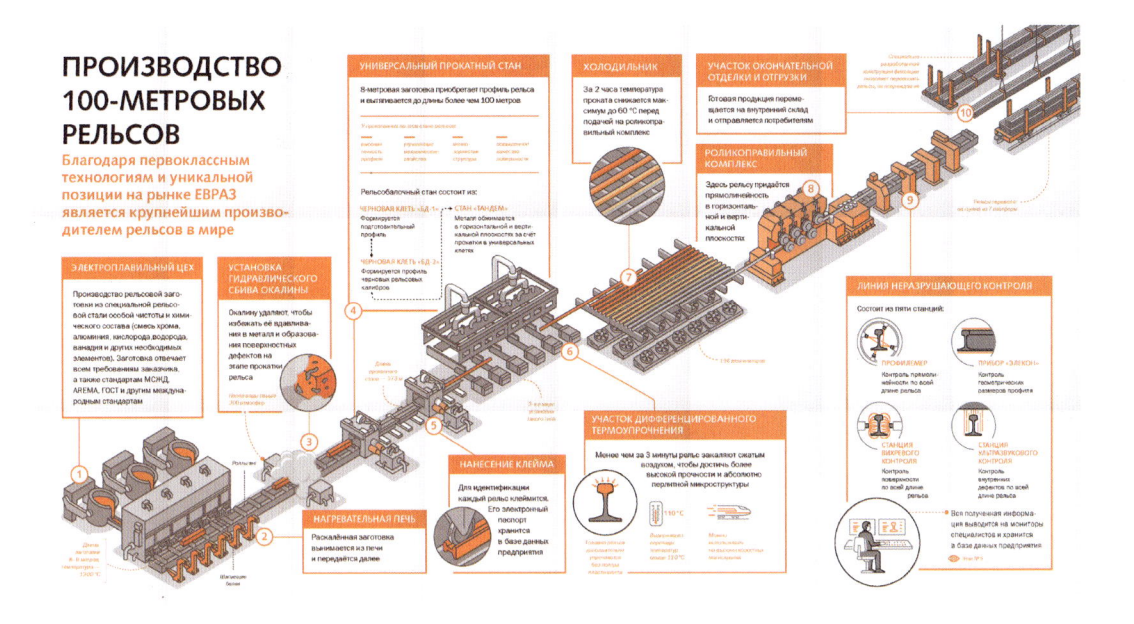

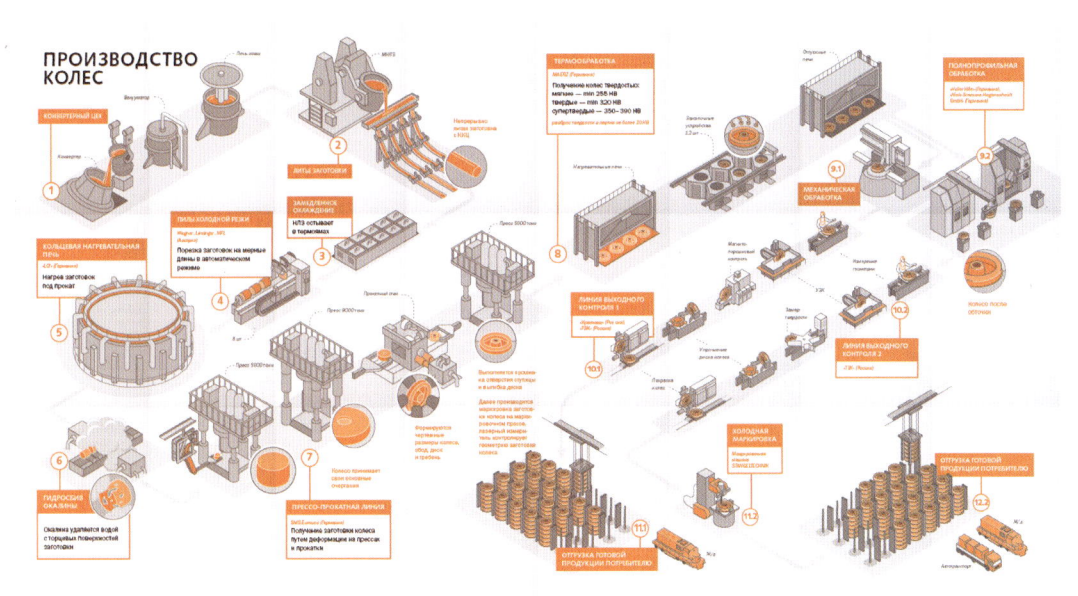

图6-74 钢材制造流程图

3. 表格

表格（Table）利用横线和竖线构成网格，添加表头信息，将所有信息条目填入行和列形成的表格单元之后，非常方便读者根据行和列对特定数据进行对比。如图6-75所示是某电商平台的商品对比详情页，它利用表格的方式详细列出了每个商品的所有参数，表头行是所要对比的各个商品，最左侧列是所要对比各项参数的名称，行列相交的表格单元内就是具体的某个产品对应参数的具体数值或内容。在滚动页面时，保持表头固定不动，用户可以通过观察某一行的具体内容对比五个商品的具体参数。

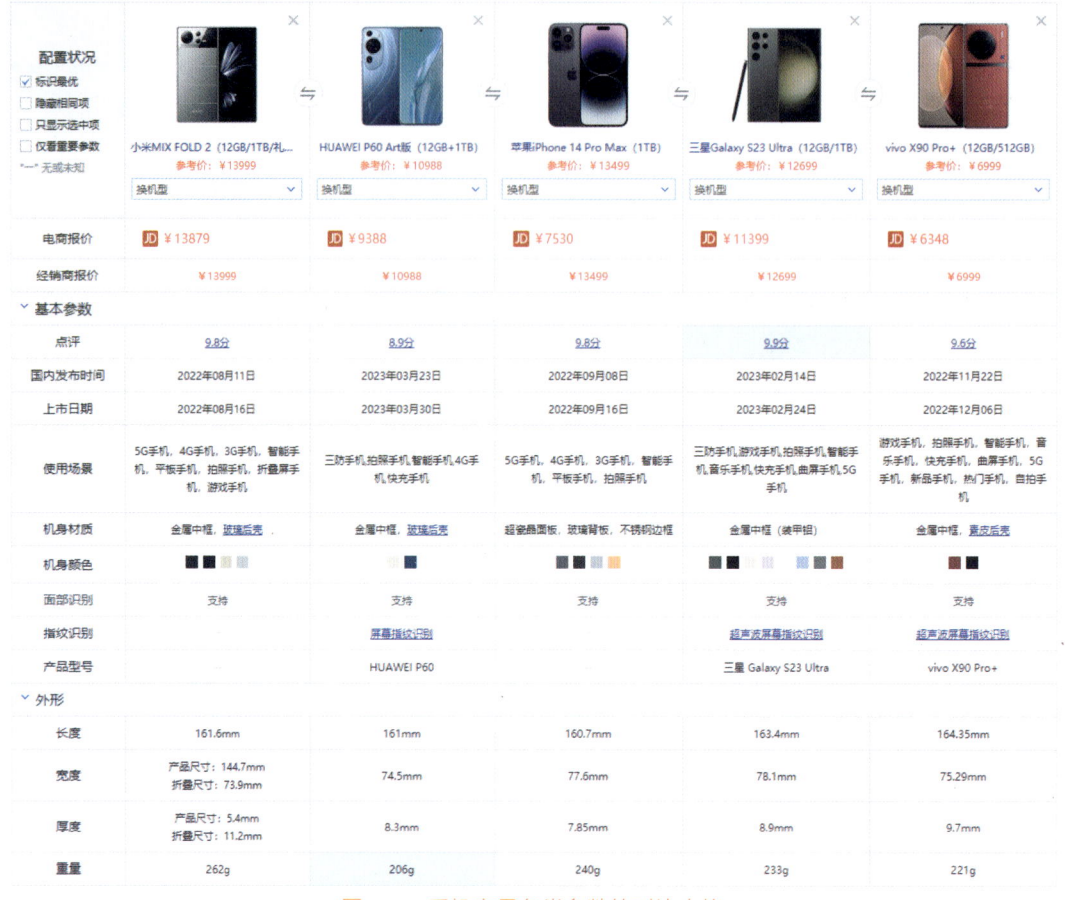

图6-75　手机商品各类参数的对比表格

4. 统计图

统计图（Graph）是对所统计数据进行图形化表达，它能很好地表现数据的变化趋势或数据间的对比关系。常用的统计图有三种：柱状图、折线图、饼图。其中，柱状图、折线图可用来描述数据变化与比较关系，饼图可用来描述某种要素在整体中所占比例。如图6-76所示是某睡眠和活动记录软件的数据统计界面。左图用柱形图表示一周内每天的睡眠总时长，用环状图表示总睡眠时长中三种睡眠状态的具体时长，从环状图三种颜色色带的长度能很快判断出哪种状态持续时间最长、哪种状态持续时间最短。右图用三种不同颜色的同心环状色带表示三种不同的数据，即活动热量、锻炼时长、活动小时数，用柱状图表示一周内每天的能量消耗。

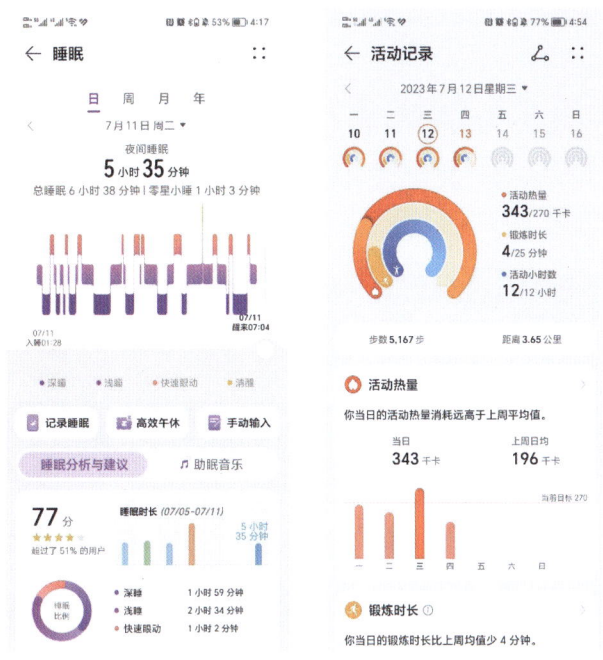

图6-76　睡眠与活动记录统计图

5. 地图

地图（Map）用以描述在特定区域和空间内各种对象的位置关系。许多与地理位置有关的数据都选择以地图的形式进行呈现，这样能够使读者根据已掌握的地图知识更快地获取不同地理位置处的相关信息。如图6-77所示为基于地图呈现的用户旅行足迹，通过切换城市、轨迹、地点三个视图，可以看到不同详细程度的旅行足迹信息。

图6-77　旅行足迹图

6. 图形符号

图形符号（Pictogram）是利用简单的线条勾画出的视觉形象，它简单易懂，能直接传递信息。图形符号在商场、医院、机场用得特别多，我们经常在这些公共场所看到指路牌、安全出口之类的标志（如图6-78所示）。图形符号不包括文字，因此不存在语言障碍，所有人都能理解其表达的含义。

图6-78 常见的公共场合导引图形符号

6.5.4 信息图设计原则

国际新闻媒体视觉设计协会图文设计组的专家们对历届新闻视觉设计大赛的优秀作品进行了总结分析，提出了设计制作理想的信息图应遵循的原则，主要包括：引人注目、准确清晰、简单易懂、符合人的视觉习惯、多图少字。

1. 引人注目

现在每天都有庞大的信息量充斥着我们的生活，如果信息图没有特色，很快就会被海量的信息淹没。所以，无论是信息图的构图，还是色彩冲击力，都一定要有足够的吸引力，应首先确保用户对信息图产生兴趣，这样才能进一步达成传递信息的目的。图6-79是一张用于宣传寨卡和登革热病毒相关知识的信息图，图片通过卡通人物表现感染寨卡和登革热病毒后的症状，以及对这两种病毒的预防措施和感染后的治疗措施。人体感染这两种病毒的照片会引发人们的反感和厌恶情绪，以卡通风格绘制的信息图便可以很好地起到传递信息的作用。

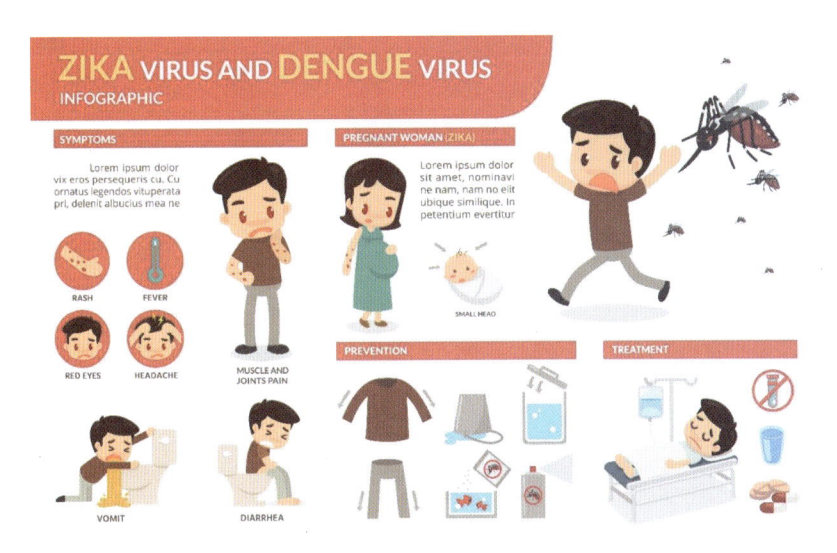

图6-79 宣传寨卡和登革热病毒的信息图

2. 准确清晰

信息图在设计的时候需要注意图中所要表达的主题明确、设计中心稳定。在信息图中需要进行取舍,对重要的信息进行突出。如图6-80所示,Kantar Media CIC在上海发布了"中国社会化媒体生态概览"的信息图。该图直观全面地呈现了中国社会化媒体的生态系统,帮助读者更好地了解中国社会化媒体在各个细分领域内的覆盖。

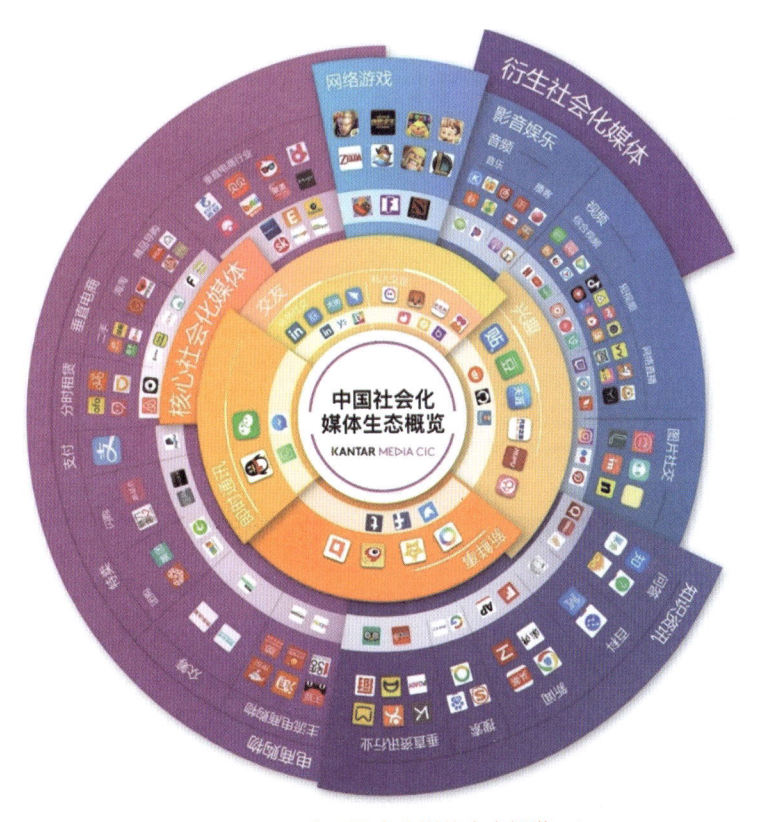

图6-80 中国社会化媒体生态概览

3. 简单易懂

在对信息图的内容进行筛选时，重点在于要从庞大的信息量中将真正必要的信息甄选出来，并判断哪些信息是真正有用的。所谓"真正必要的信息"指的是那些能使用最少的信息使效果最大化的内容。好的设计，读者只需扫一眼就能知道其主旨是什么。因此，设计师应该具备快速从信息中抓取最有价值的元素，并以视觉友好的方式呈现这些信息的能力。如图6-81所示为关于咖啡种类的说明，咖啡杯与代表不同类型咖啡所包含成分的色块组合在一起，形成一杯咖啡的视觉形象，在色块上用文字标出具体的成分名称。这种设计方案能让读者很快了解各种不同类型咖啡所包含的成分以及各成分的相对比例。

图6-81　不同种类咖啡的信息图

4. 符合人的视觉习惯

在设计某些信息图时，需要考虑人的视觉习惯。人们通常会从左上角开始观察，所以许多标题一般出现在左上角。人的视线遵循从左到右、从上到下的规律。在排版布局的时候应该遵循视线的运动规律。图6-82是关于设计艺术家赫伯特·拜耶（Herbert Bayer）的信息图设计，其视觉元素构成从左上角开始，在右下角结束，这种布局符合人的视觉规律。

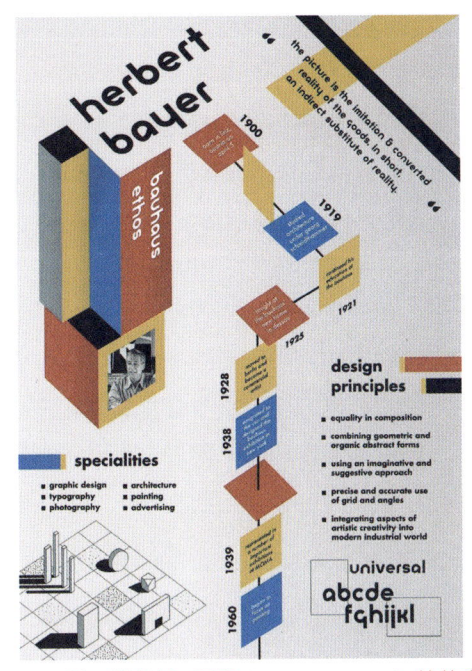

图6-82　关于赫伯特·拜耶（Herbert Bayer）的信息图

5. 多图少字

在设计信息图时，应尽可能多地使用图形符号传递信息，尽量少用文字。文字本身带有文化区隔属性，不认识某个国家文字就无法获得文字所表达的信息，而用图形符号传递信息则可以跨越文化和文字，受众人群更广泛。图6-83以图形配合少量文字，介绍了9种旅行过程中降低塑料污染的方法。

图6-83　降低旅行过程中塑料污染的方法

6.6 文本设计

你是否曾尝试网购一台计算机？你所浏览的网站是否并没有用简明易懂的文字描述计算机的性能如何，而是给出了一大堆营销口号？该买带"MagSafe"接口的、有"一键影音"功能的、有"ThinkVantage"键的还是有"面向企业设计的多功能汇聚可扩充UltraTouch面板"的？最后可能选出了一台，但其实另外的型号才是你真正想要的产品。

在人机交互的表达模型中，用户依据看到的界面反馈制定后续操作决策，文字是用户与产品交流的主要信息通道，应该被当作用户界面的一部分精心设计。如果用户无法理解产品所呈现的意思，那么他们也就无法使用产品。文字会出现在和产品相关的所有方面，如产品宣传网站、具体的用户界面、用户使用手册等。用户与你私下交流时，也会提及这些词汇；即便是你所编写代码中类的名称和备注，也会用到文字。因此，需要尽早确定产品界面中的文字内容。

6.6.1 文本的重要性

在设计系统或产品时，文本或文案也是重要的构成部分。当前，大部分企业的交互设计或界面设计业务部门对文本的设计并不重视，但如果产品界面中的文字描述或内容的行文措辞设计得不好，可能会导致用户使用产品时产生困惑。例如，用户无法理解某个按钮的文字标签的含义，对某些链接的文字标签产生误解，进而执行了错误操作，这些现象最终都会造成不好的使用体验。

一些企业把文本设计与图形用户界面设计相剥离，由设计团队外的人员独立完成，但这样做并不利于产品的整体设计。文本的设计应该作为产品交互设计和界面设计工作的一部分，在规划产品的操作流程、信息架构以及初步界面布局时就予以充分考虑。

6.6.2 文本编写原则

1. 简洁

文本应在确保用户理解的基础上力求简洁。浓缩就是精华，文本需要保留最优价值，一些无关紧要的就应该去除。产品界面中每一寸空间都是特别珍贵的，特别是手机以及智能手表、手环等小尺寸设备的显示界面。为这些设备设计界面时应充分利用屏幕上的每一个像素点，文本的表述应尽量简洁易懂。

示例：✗ 在写评论前，你必须先登录。

　　　✓ 登录去发表评论。

2. 避免长文本块

用户在阅读较长的文本时容易感到疲劳。相较于左右移动视线，用户更倾向于上下移动视线进行阅读。另外，用户在阅读大面积文字时通常会以扫视的方法进行阅读，这样可能会遗漏一些细节。因此，将文本分成短句或多个较小的段落会比长文本段落更好。

示例：

X 利用京东App对比商品，首先在搜索栏输入要购买的商品名称，查看搜索结果，然后点击所要对比的多个商品下方的"对比"复选框，再点击页面底部对比栏里的"对比"按钮，在新的页面中查看详细的对比信息。

√利用京东App对比商品：

1.在搜索栏输入要购买的商品名称；

2.查看搜索结果；

3.点击所要对比品下方的"对比"复选框；

4.点击页面底部对比栏里的"对比"按钮；

5.在新的页面中查看详细的对比信息。

3. 避免双重否定

双重否定的描述方式会增加认知负荷，用户需要花费更多的注意力思考、理解文本的含义，这会降低用户的工作效率。

示例：X 我不想不订阅。

√我想订阅。

4. 不使用断句

通过文本表述某种操作动作及其能达到的效果，根据中文习惯，应该先描述动作，再描述动作能够实现的结果。

示例：X 查看项目的属性，请单击它。

√单击项目查看它的属性。

5. 文本一致

表示同样意思或目的的文本不一致会造成用户的困扰，而文本一致则可以提升信息传递效率，降低用户误解的概率。例如，对于一个需要用户确认信息的按钮文本，如果用"确定"，则其他类似的按钮就都使用"确定"，不要使用其他文字标签，即便是同义词，如"确认"。

另外，同一款产品面对用户描述信息时，对用户的称呼应使用前后一致的人称。不应该某些地方使用第一人称，某些地方又使用第二人称。

示例：X 在我的账户中更改你的偏好设置。

√更改你的账户的偏好设置。

6. 避免专业术语

专业术语对于普通用户是难以理解的，这样容易对用户造成困惑。在使用专业术语的地方需要将专业术语转化成通俗易懂的简单语言，这样有利于提升用户体验，使交互过程更加友好。

示例：X 系统错误（代码#2234）：发生认证错误。

√登录错误：你输入了错误的密码。

7. 避免使用被动语气

如果使用被动语气则会让用户进行多余的思考，增加认知负荷，增加反应时间。

  示例：X 视频已被下载。

    √ 视频已下载。

8. 使用数字

在表示数字时，用阿拉伯数字表示，避免用汉字的形式。

  示例：X 你有两个未接电话。

    √ 你有2个未接电话。

9. 不要显示所有细节

  在一些需要展示较多信息的界面或卡片式瀑布流时，不必显示所有的信息。应该按照信息重要程度的优先级进行排序，先显示重要信息，把次要信息隐藏起来，当用户需要深入了解时，再通过点击或滑动之类的操作查看更为全面的信息与细节。如图6-84所示，在左图中，每一个信息单元被设计为卡片式的形式，并以瀑布流的形式进行展示，这样用户可以快速地获取多个卡片的信息。在右图中，当用户需要对其中一个卡片的信息进行详细查看时只需要点击卡片，就会展开显示更多的信息。

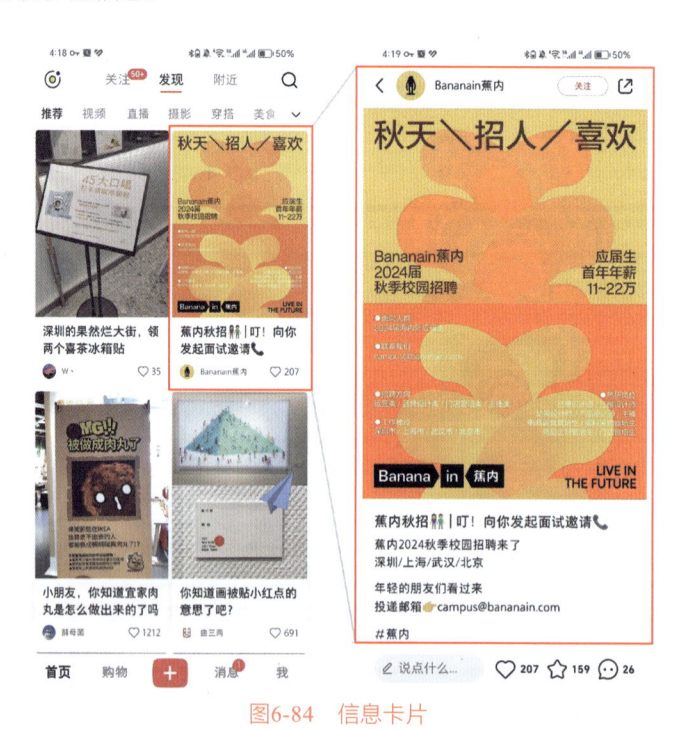

图6-84 信息卡片

10. 不要让用户猜

  文本的表述应清晰准确，避免歧义。对于模棱两可的描述，如果用户的理解出现了偏差，可能会导致决策错误，后续产生错误操作。如果产品使用过程中会用到一些专业术语，应该以用户能理解的语言文字进行解释，而不是直接呈现这些专业术语。

如图6-85所示,许多登录错误的提示会出现"用户名或密码无效"的文案,但到底是用户名无效还是密码无效并没有说清楚,用户看到这样的文案就会感到困惑,不知究竟该纠正用户名还是密码。对于这种情况,系统应对用户输入的用户名和密码单独判断,分别给出反馈。这样用户才能清晰地知道究竟什么信息输入错了,后续进行修改。

图6-85　模糊的提示文案

11. 避免常识性错误

特定领域设计开发的产品中会有一些领域内的专业术语,但设计师和程序人员可能都对这些专业术语不熟悉,在产品的设计阶段需要与领域专家就这些专业术语的具体表述进行沟通,确保每个字、每个词都正确。

12. 使用"今天""昨天""明天"而不是具体日期

对于只差一天的日期,可以用"今天""昨天""明天"这三个表示日期的词汇。对于较长时间则需要用准确的日期,比如"2025年8月27日"或"8月27日"。因为在我们的心智模型中,对于"今天""昨天""明天"的概念是非常清晰的,并且对"今天""昨天""明天"反应会比真实时间要快,所以如果日期与今天只差一天,建议使用"今天""昨天""明天"来表示日期时间。另外,如果时间超过两天,就应该显示日期,或者用"一个星期""一个月""一年"这样更长时间的心智模型进行表示。

13. 使用图形帮助沟通

在表达信息时,与文字相比,图形更易于用户理解。特别是在需要描述具体对象的情景下,图片说明比文字说明更高效。

如图6-86所示,用户不是很清楚哪里可以找到条形码,如果用文字说明则很麻烦,但如果用图片说明则可以很直接地说清楚。

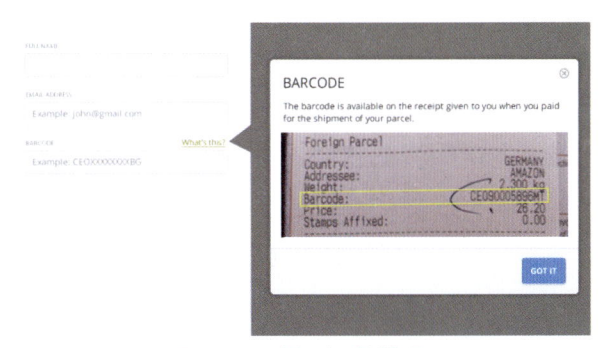

图6-86　对条形码的说明

第7章 交互原型构建

7.1 交互设计原型 199

7.2 纸质原型 199

7.3 线框图 200

7.4 高保真原型 202

7.5 故事板 205

7.6 视频原型 207

7.1 交互设计原型

原型是特定对象的模拟表达形式。一般来讲，原型是设计师所提出的设计方案的简化表达形式，它是一种有效的交流手段，有助于设计团队内部对设计方案的核心内容展开讨论，也可以用来测试设计概念的有效性，帮助设计师推敲设计想法，逐步完善设计方案，最终实现设计目标。在当今的各类现代设计活动中，由于原型所带来的诸多便利，其已成为一种不可或缺的设计工具。Lim等人在2008年提出"将原型看成一种遍历设计空间的工具，能对所有可能的设计方案及其原理进行探索……设计师也可通过原型对设计策略的基本原理进行交流。原型可激发产生一些设计灵感，设计师能利用这些灵感对设计方案进行完善、更新，并对设计空间中潜在的设计方案进行挖掘"。

原型不仅可以用来验证早期概念设计，还支持后期对设计细节进行可用性测试，帮助开发团队提升产品的设计规范性和可用性。在设计初期，原型并不一定要用计算机软件之类的工具制作，因为这对于需要快速设计迭代的初期产品来说效率相对较低。因此，可以选择一些更为简单的手段和材料制作原型，诸如手绘、报纸、硬纸板或其他任何与项目产品快速迭代设计需求匹配的手段。不过，在交互设计领域中应该特别注意的是，要把简单的交互原型与线框图进行区分，交互原型是设计概念的具体化，其特点就是具备可交互性而线框并不具备。

对于设计师团队而言，使用简单的导航和流程图等工具已经能对产品设计内容有足够充分的沟通交流。但对于外部团队成员或需求方来说这样的方式显得不够具象，他们更喜欢具备可交互特性的原型工具，这样对产品设计概念进行评估的过程会更为顺畅。本章的后续小节中会对上述提到的各类原型展开进一步的讨论。

7.2 纸质原型

自20世纪90年代开始，纸质原型在高校研究机构和大型软件公司（IBM、Sun等）流行起来。纸质原型相对于软件制作原型，能够在初期设计时拥有更高的设计迭代效率。纸质原型拥有以下显著特点。

- 更为注重表现如设计内容、形式结构、主题、功能需求和导航结构等设计理念的基本组成部分。
- 制作过程足够高效简单，设计优化迭代效率足够高。
- 可对设计师早期的设计思路进行记录，帮助他们评估各个设计方案。

纸质原型最常见的形式是一系列的页面手绘图（如图7-1所示），且用户可对这些手绘图逐个进行处理。例如，当用户单击某个手绘页面图上的按钮时，可以切换到另一个手绘页面图。如何实现这类原型主要取决于设计师的想象力、准备耗费的时间以及手头上准备的材料。用屏幕大小的硬纸板和不同颜色的索引卡或便签纸就可简单、快速地制作出各种不同的纸质原型，即在硬纸板上绘制出缩略图的每个静态基本元素，而对话框或菜单等动态元素项则用卡片或便签纸表示，并根据需要的尺寸进行裁剪。还可以附加醋酯纤维材质的半透明式覆盖用于模拟原型或其他的动态可选特征，如允许人们用可擦写的笔写下意见。然而，真正重要的一点是在原型制作上不要花太多时间，总体原则要确保整个原型的制作成本尽可能低。如果你准备花大量时间试图在纸上去重复实现每个设计细节，还不如改为制作一个高保真模型。

图7-1 某移动应用交互设计的纸质原型

在制作纸质原型时需要特别注意以下几个方面的问题。
- 多人协作设计完成的原型，需要特别注意产品界面的一致性。
- 应注意控制描述内容的范围，着重描述主要问题。
- 纸质原型中添加的细节功能描述应控制平衡好其数量程度，过少和过多都会对用户的反馈造成影响。
- 采用灵活可变的部件（便利贴等）手段对原型进行局部优化修改，可满足初期设计快速迭代的需求。

7.3 线框图

线框图主要用来表现构成软件系统界面的基本框架。在互联网刚刚兴起的时代，线框图主要用于网页设计，但随着诸如手机、平板电脑等可移动终端设备的飞速发展，线框图逐渐成为移动应用程序界面设计过程中非常重要的一个环节，而且几乎每个参与应用程序开发过程的人都会在一些任务点中使用它。负责战略层、范围层和结构层相关工作的设计师可以借助线框图来确保最终产品能满足他们的期望。负责应用程序的产品经理和交互设计师则可以使用线框图来说明应用程序具体的运行方式。

与导航图着重描述页面的结构组织方式不同的是，线框图表现的是页面的布局。对设计师而言，导航图与线框图结合是进行应用程序开发的基本手段。

如图7-2所示，线框图的局限性是比较明显的。一个简单的线框图最终需要包含的内容可能有图片、视频、文本等元素。通常情况下，被省略的地方会用占位符来标明，而图片通常被带斜线的线框来替代，文本会依照排版，用一些无具体含义的文字代替。因此，设计师通常只需要使用不同灰阶色彩的线条、方框和文本就可以完成线框图的绘制，不同灰阶的图形元素可以体现出层次。将多个页面的线框图置于同一画布上，并使用箭头连接页面内的按钮与其目标页面，以展示页面间的链接关系，如图7-3所示。

图7-2 线框图示例

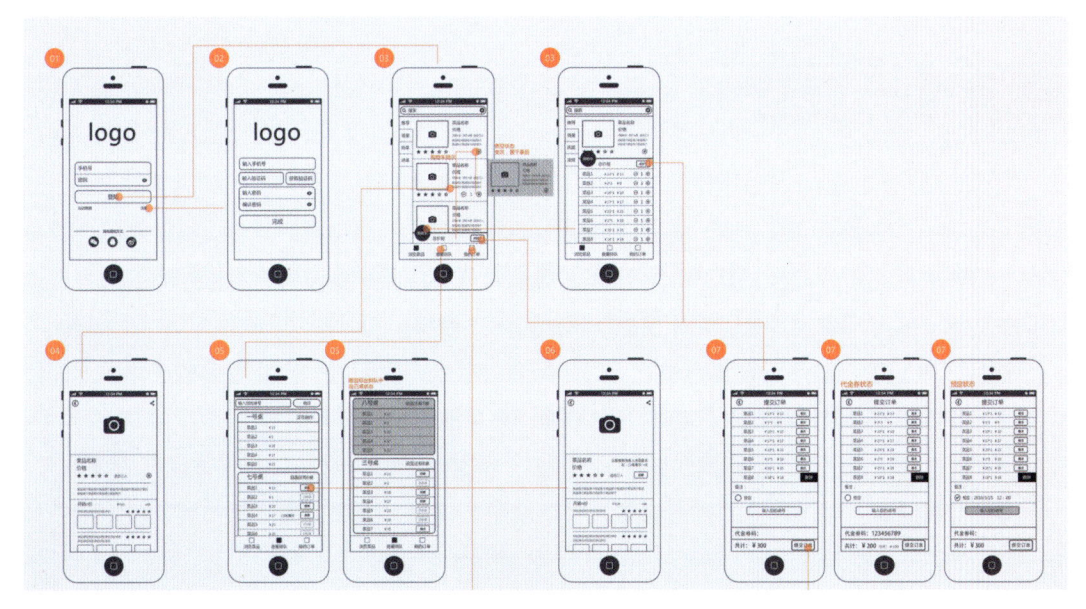

图7-3 某应用的部分线框图

因为线框图主要关注设计页面的基本元素，还不需考虑最终细节，所以利用线框图进行设计十分高效。例如，一款智能手机的应用界面可能包含按钮、列表项、文本框等基本元素，一些事件的触发会产生相应的反馈，如单击按钮开启某项功能。在移动应用和网页设计中，线框图就是利用这些一般特性进行快速设计并对设计结果进行迅速评估。如图7-4所示为通过快速手绘制作的界面设计草图，也可以看作线框图。

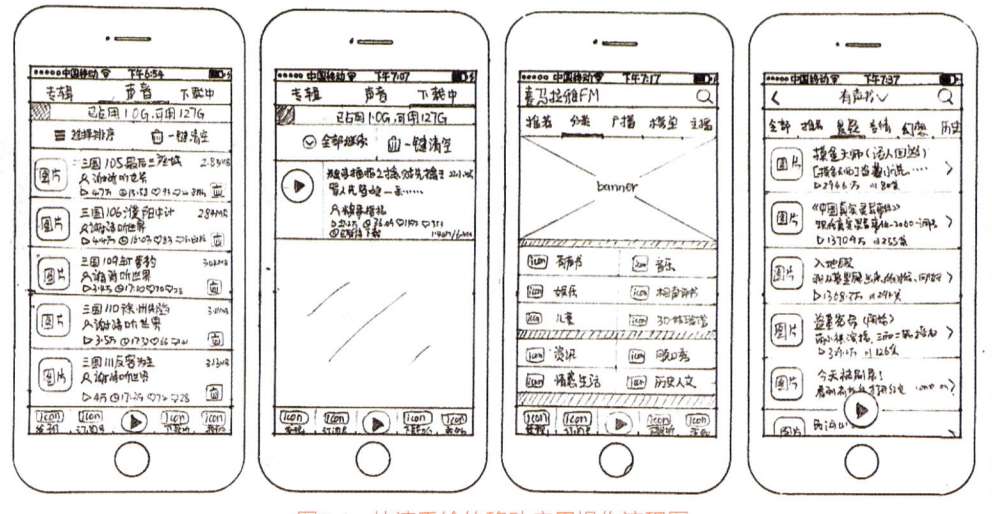

图7-4　快速手绘的移动应用操作流程图

一些软件工具包可以用来帮助设计人员开发设计线框图，除了著名的Axure外，还有大量其他的软件可供选择。这些软件为设计师提供了在特定终端平台（例如iPhone）上进行特定大小和风格设计的线框图模板。在苹果、微软和安卓等官网上我们可以下载到针对各类设备系统的设计规范说明。

7.4　高保真原型

如图7-5的漫画所示，产品研发过程中的各个环节涉及的各种人员对产品的需求都有自己的理解和看法，并且都不完全一样，这种现象导致最终发布的产品和客户需求、设计师的方案不完全一致。由此，设计开发团队内部所有人员应该对从用户需求到设计方案的所有细节有统一的认知，这一点非常重要。高保真原型有助于达成这一目标。

高保真原型是在低保真原型的基础上对产品内容和用户界面进一步完善后的产物，此时的内容和呈现效果是最终要交付的产品的开发标准。高保真原型具有以下特点。

- 视觉设计：呈现产品界面的详细视觉设计，包括颜色、字体、图标、界面元素等。
- 交互细节：展示产品的交互细节，包括按钮、表单、菜单、页面切换等，模拟用户与产品进行交互的过程，例如按钮点击、界面状态变化等。
- 动画和过渡效果：包含平滑过渡、菜单展开时的动画效果，还原产品界面的流畅性和动态性。

- 高度的交互性：高保真原型图具有可交互性，用户可以通过点击按钮、输入表单等操作与原型进行互动，用户可以模拟真实的产品体验，并提供反馈和评估。
- 页面链接和导航：页面通常是通过链接和导航进行连接的，模拟产品的整体结构和用户导航路径。
- 设计规范和标注：包含详细的设计规范和标注，比如尺寸、颜色、字体样式、交互行为等，以便设计师和开发人员理解设计细节。

图7-5　软件产品开发漫画

得益于真实的外观和交互细节，高保真原型能够准确传达产品的功能、用户界面和交互效果，清晰地展现出产品的用户体验质量；让所有产品开发团队成员更好地理解产品细节。高保真原型能在不同团队和不同角色的工作中发挥积极作用。

对于产品和研发项目的管理层，它有助于提高产品设计和开发的效率和质量，支持团队间的沟通和协作，促进跨部门合作，方便管理层对产品设计进行反馈、建议、决策和审查。

对于投资人和企业决策层，高保真原型能够展示产品概念和设计的真实性和潜力，帮助投资人理解产品的价值和竞争优势，增加产品或项目的吸引力，有助于在企业内部获得更多的支持。

对于产品研发经理，高保真原型有助于定义和传达产品的功能和交互要求，支持产品经理与设计师、开发人员和测试人员之间的协作和沟通。通过可交互的原型，产品经理也能测试和验证设计方案的可行性和用户接受度。

对于视觉设计师，高保真原型提供了一个详细呈现设计方案的工具。在制作高保真原型的过程中，视觉设计师除了要定义包括颜色、字体、图标、界面控件等静态视觉元素之外，还需要进一步思考产品的交互动画和用户操作方式，以确保最终设计满足用户期望并具有吸引力。此外，作为沟通桥梁，高保真原型有助于视觉设计师加强与开发人员的紧密合作，确保设计实施的准确性。

对于开发人员，高保真原型提供了具体的产品设计规范和交互细节，有助于开发人员深入理解用户体验要求，以便开发人员参照实现产品的外观和功能，确保设计方案完整落地。

对于测试人员，可交互的高保真原型支持测试人员开展详细的用户测试，验证产品的功能和交互细节是否满足用户需求，是否能带来良好用户体验。

对于市场人员，在产品正式上线之前，高保真原型能够加强交互设计师、产品经理和市场人员之间的沟通，也能够支持市场人员开展的市场推广和营销活动，展示产品的特点和价值。

需要特别注意的是，制作高保真原型的过程也是进一步细化设计方案的过程，产品功能与交互设计细节一定要反复研究推敲，确保与用户的需求一致，交互流程和信息架构符合用户的心智模型，视觉设计符合用户的审美要求。图7-6展示的是某应用程序的部分页面的高保真原型。

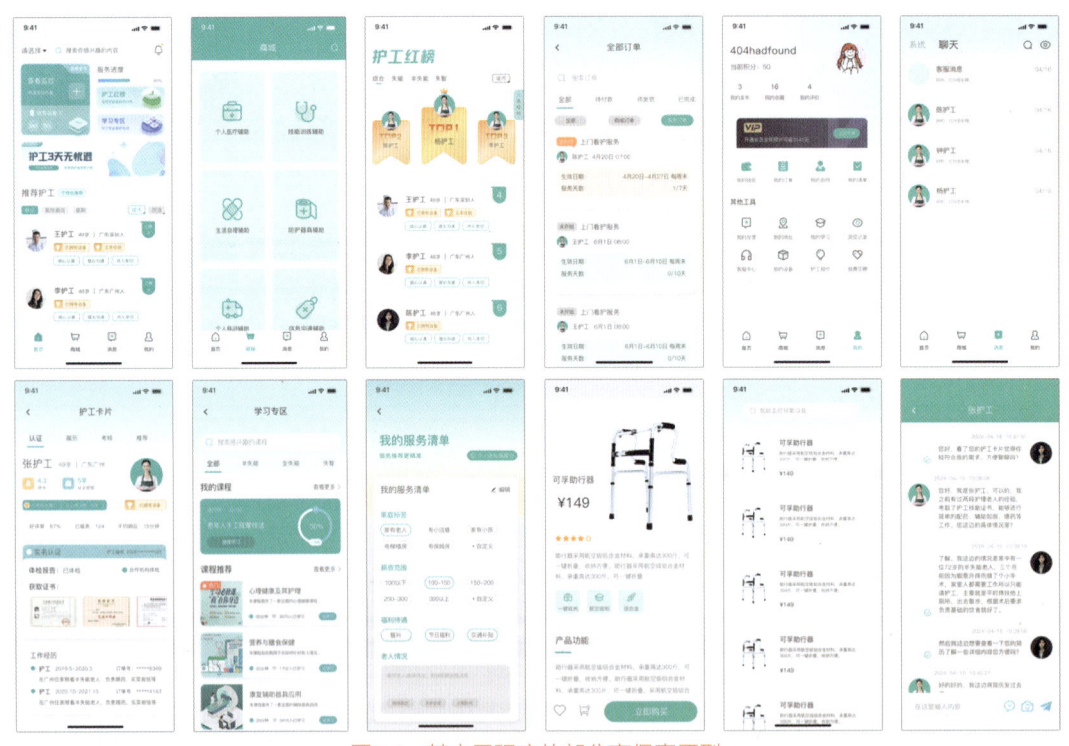

图7-6 某应用程序的部分高保真原型

制作高保真原型可以采用的软件工具众多，比如Figma、Sketch、Axure、Mockplus、Pixso、Mastergo、即时设计、墨刀和Adobe XD等。只要该软件能够很好地实现界面元素的绘制和布局，对页面交互元素进行正常设定即可。在选择原型制作软件时，可根据企业对文档的保密要求、设计文件的存储方式要求以及费用支持等条件进行选择。

可交互原型是产品从概念到产品化过程中，继上述设计表现方式之后，向外部展示产品交互流程的重要工具。好的可交互原型有助于项目开发人员理解产品页面的跳转关系以及背后的任务流程。在原型制作软件中，为高保真界面交互元素添加跳转链接之后，再运行该原型，用户就可以通过鼠标单击指定位置实现页面切换、跳转等交互效果。可交互原型有助于开发工程师更好地理解动效，防止在编程过程中出现偏差，开发出与设计方案不一致的动效。

在制作可交互原型时，应最大程度地模拟真实程序的运行效果，以帮助使用者（需求方、产品经理、设计师、开发工程师、测试工程师等）更好地理解产品的使用流程与功能。产品经理与设计师可以邀请潜在用户对可交互原型开展可用性测试，检验设计方案是否合理。这样能大幅降低产品开发过程中交互逻辑不利于用户理解等问题出现的概率，进一步完善设计方案，提升产品的设计开发效率。

7.5 故事板

故事板脱胎于动画和影视制作行业的分镜头手稿，用来安排剧情中的重要镜头，展示镜头关系和故事脉络，是一种快速表达作者创作理念的手段。故事板的优势在于它不仅能让设计人员对产品的整体设计概念有一个直观感受，而且还是一种非常经济高效的设计意图表达方式。对于产品的具体使用场景，设计人员通常会绘制相应的故事板，以展示用户在何时因何原因驱动使用产品，并详细描绘用户如何操作产品以达成目标。

一般来说，故事板包含三个必要元素：角色、场景和情节。对于交互设计的故事板来讲，其中所描述的故事中涉及的主要角色就是产品开发出来之后的用户。故事板角色的定义可以参考用户研究得到的用户模型或用户角色（Persona），其性别、年龄、家庭状况、工作情况、日常活动习惯等与产品使用相关的信息都应该在故事板中有所体现，这样才有助于其他团队成员通过故事板全面了解产品设计的初衷和具体的用户群体。场景指用户故事发生的时空环境，也就是用户使用产品时的外部环境。根据产品要解决的问题，在故事板中可能需要描述的环境要素包括天气情况、温度、用户所处的具体位置、建筑环境、环境的用途等。另外，在故事板中，应该体现出场景的转换对用户的状态、需求以及产品使用行为的影响。情节指随时间和场景的变化，用户从最开始遇到困难，寻找解决办法（也就是我们设计的产品），具体解决问题，最后达成目标的完整过程。讲故事的时候要体现出用户执行某些行为的动机，故事发展要覆盖包括从触发用户需求到用户完成任务的全过程，不能只描述用户对产品的体验和操作。

优秀的故事板，需要将人、物、环境充分结合起来。在分析用户需求确定设计概念的时候，不仅要关注屏幕环境的展现，更重要的是展现出屏幕之外的用户动机和应用场景。好的故事板既能帮助设计师融入用户的使用情景中，产生同理心；也能让我们以旁观者的状态，观看全局，以此来反思和总结整个过程中的问题与合理性。

如图7-7所示的故事板描述了用户使用网约车服务的过程。根据用户使用服务的关键节点规划出了上车前、叫车中、上车和付款下车四个重要故事场景。上车前这一环节主要展现了用户需求的产生和用户使用产品（互联网打车App）的动机；叫车中这一环节主要描述了用户使用产品叫车的具体过程；上车这一环节继续描述车到了之后用户和网约车司机以及打车App的交互过程；付款和下车这两个环节主要描述用户到站之后的支付行为，到此，用户的目的达成。

图7-7　用户使用网约车服务的故事板

如果项目节奏太快，没有时间绘制故事板，也可以用纯文本的方式简述用户从产生需求到使用产品完成目标的过程。图7-8描述了用户Tom遭受失业打击后心情失落，他的朋友Susan使用Heartline应用对Tom表达了关心慰问的故事情节。纯文本故事板的绘制一般从文本和箭头开始，同时要注意抓取故事连接点，并重点予以呈现。一般包括上下文、触发点、人物在过程中的决定、遇到的问题或者问题的解决结束等相应的文本。我们还可以在纯文本的每个步骤中添加一些表情符号，体现角色的情绪与思想的变化。

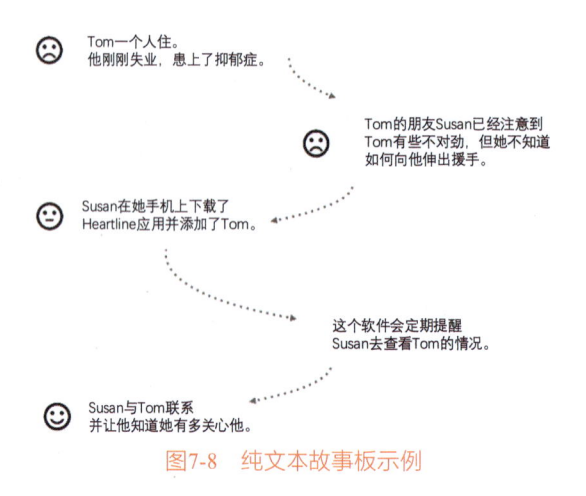

图7-8　纯文本故事板示例

7.6 视频原型

视频原型是一种通过视频演示用户如何与产品交互的原型方案。它通过设计不同的使用场景来探索特定的设计方案，最后帮助团队成员更好地交流与审视设计方案。从最初的观察到创意的产生，视频是一种拥有巨大潜能的设计工具。在产品设计的初期，设计者们会先产出产品原型，用它来表达想法、验证和调整设计方案。通常，视频原型可以在以下几个阶段使用。

（1）作为辅助头脑风暴的工具：在设计早期刚开始构思产品方案的时候，可以把视频原型作为一个辅助头脑风暴的工具，使用已有的低保真原型花一些时间，很快就能组合成一个视频。这样通过视频原型作为媒介，可以让团队其他成员更加快速准确地明白自己的想法以及评判所产出方案的可行性与合理性。

（2）梳理产品方案：制作视频原型要求设计师把产品所有的交互细节与用户的实际任务相联系，这样可以帮助设计师梳理产品交互流程的主次，保证产品流程的完整性，让设计师从实际使用场景的角度思考"是否已经提供完成某个任务所需的全部元素？""是否还存在被忽略的问题？"等。在设计过程中，设计师会经常冒出各种各样的灵感，并希望能把它们加入产品中。但有时这些突如其来的灵感不但不能帮助用户完成目标，反而会产生消极影响。这时，视频原型就可以很好地提醒设计师，要置身于真实的用户场景中考虑问题，也许舍去这些东西反而更好。

（3）作为给技术人员的产品说明书：向技术人员表述产品的设计方案会是很多设计师的烦恼之一，常会出现词不达意而让技术人员摸不着头脑的情况，有时技术人员还会抱怨产品方案复杂无用。这时，相比长篇大论的文案与烦琐低效的语言表述，视频原型可以更生动地展示出设计目的，让技术人员更快速直接地对产品方案有一个整体的理解之后，再通过文案表述细节，会更容易使技术团队与设计团队的理解达成一致。

（4）对外推销和阐述产品的理念：倘若自身产品方案需要去争取类似融资、项目竞赛、外包产品方案展示等第三方的支持。这时，产品团队就需要向第三方展示产品的卖点，就可以通过制作精美的视频原型来推销和阐释自身的想法。例如，苹果公司30年前发布的Knowledge Navigator概念视频展示了许多关于未来智能设备与用户界面的想象，其中包含了"语音助手""触摸式电脑"和"视频通话"等概念，分别对应了后来的Siri、iPad与FaceTime。

常用的电影和电视内容制作工具，例如Shake（用于视频合成）、Adobe公司的After Effects软件（用于三维动画与渲染）、Premiere软件（用于视频剪辑和后期制作）等均可用于制作视频原型。另外，诸如高清晰度视频，通用微型数码摄像机数据格式等技术的出现使视频制作的瓶颈不再是相关的硬件或软件技术，而是制作团队的技能水平。正如澳大利亚影评人Shane Danielsen在2006年举办的爱丁堡电影节开幕式上所说："尽管数字电影制作技术的兴起能让任何人轻松得到一些电影制作工具，但这并不代表他们就有制作电影的天赋与才能。"此外，如果能将视频原型放到视频社交平台上，肯定会得到大量关于设计创意的反馈意见。

第8章 交互设计评估

8.1 设计评估 209

8.2 纸质原型测试 212

8.3 启发式评估 212

8.4 自我报告式评估 213

8.5 眼动分析 217

8.6 A/B测试 220

8.1 设计评估

针对软件产品交互设计的评估可以从三个方面展开：功能评估、信息架构评估、界面设计评估。

- 功能评估：主要针对的是产品的功能是否满足用户模型的需求，产品的使用流程是否高效，在实现最后功能过程中的子任务的转接过程是否符合用户心智模型，用户是否能高效完成操作任务。
- 信息架构评估：主要针对产品的菜单及各个功能板块的划分是否合理，在各个功能的聚类上是否满足用户的心智模型，用户是否能快速、容易地找到某一信息对象。
- 界面设计评估：主要针对界面布局是否符合用户心智模型、是否符合用户的视线规律，界面重点与功能点是否突出，界面元素的视觉化表现是否合理。

8.1.1 产品功能评估

产品功能是根据用户需求定义的，用于帮助用户完成目标的产品能力。大部分产品的功能都是通过用户使用产品的过程发挥其价值的。对产品功能的评估大致可以分为功能是否满足了用户需求和功能的使用过程是否顺畅两部分。

（1）产品功能是否满足用户需求。

功能评估是整个产品评估中最重要的部分。一款产品存在的价值以及是否能取得商业上的成功很大程度上取决于其所提供的功能是否能满足用户需求。如果产品功能满足了目标用户的需求，那么就具备成功的基础和条件。相反，如果一款产品功能很多，但大部分功能都无法满足目标用户的需求，那么它很难赢得用户的青睐。在对产品功能进行评估时，最常用的方法是直接对目标用户进行访谈与调研，调查基数越大结果越准确。可使用量表进行调查，例如"对于该项功能（拍照）您的需求程度是怎样的？①不使用 ②很少使用 ③每月使用 ④每周使用 ⑤每天使用"。

（2）产品功能的使用过程是否顺畅。

在对产品功能进行了调研，确定产品功能是用户需要的之后，接下来就要对产品功能的交互逻辑进行评估。一款产品的功能光靠用户需求还不够，还需要流畅的交互逻辑。一项功能在使用过程中需要具备良好的交互逻辑，才能具有较高的效率。一种比较典型的评估方法就是让测试者对功能进行测试，并记录。首先选用一种方法进行任务流程的测试，记录每位测试者的时间及是否成功，计算功能的平均测试时间、成功率。如果一项功能的执行时间较短、成功率较高就说明此功能能很好地被用户完成。如图8-1所示为Xmind和MindMaster两款思维导图软件的任务完成率统计数据，该数据分别显示了新手用户、中间用户的任务完成率以及部分用户类型的平均任务完成率。

图8-1 两款产品的任务完成率

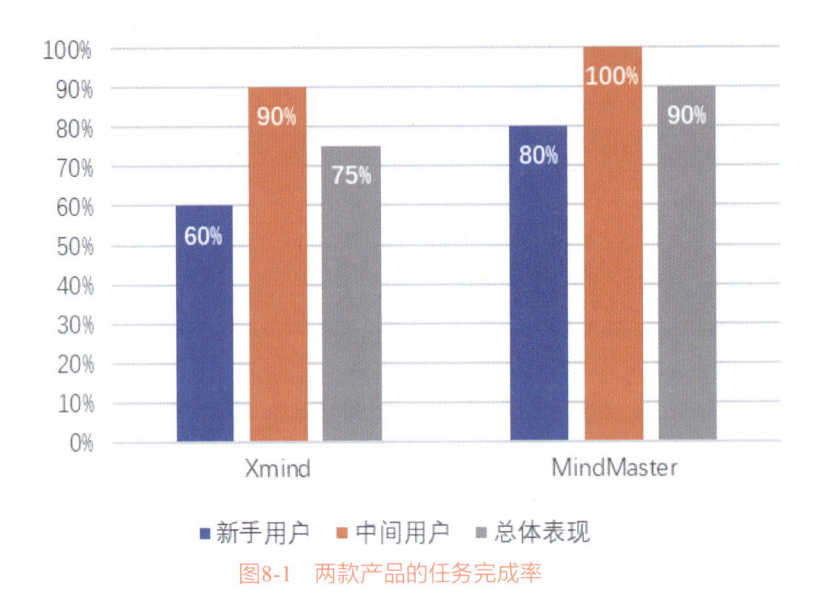

8.1.2 信息架构评估

信息架构的作用在于以结构化的方式呈现产品的众多信息，其合理性影响着用户搜索信息对象的效率，进而影响任务完成效率。对信息架构的评估主要是检验已有设计方案中各信息对象的相对位置关系是否符合用户认知。如果符合用户认知，那么用户在使用过程中能很快找到自己所需的信息对象；如果不符合用户认知，那么用户在使用过程中很容易出现"迷失"现象，就像在现实生活中迷路一样。信息架构的"迷失度"的计算方法为：

$$L = \sqrt{\left(\frac{N}{S}-1\right)^2 + \left(\frac{R}{N}-1\right)^2}$$

其中，N是操作任务时所访问的页面数目；S是操作任务时访问的总的页面数目，其中重复访问的页面计为相同的页面；R是完成任务时必须访问的最小的（最优的）页面数目。

以图8-2为例，用户的任务为找到位于页面C1内的某个对象。从首页开始，完成该任务所需访问的最小页面数是3（R）。图8-3给出了某用户到达目标页面C1时所走过的全部路径信息。在最终达到正确的位置前，这位用户走了一些不正确的路径，其间访问了6个不同的页面（N），其中3个页面访问了两次，总共访问了9个页面（S）。代入公式，得到该功能的迷失度为0.6。

最佳的迷失度得分应该为0。Smith（1996年）发现迷失度小于0.4时，参加者不会显示出任何可观察到的迷失，当迷失度得分大于0.5时，参加者就会出现比较明显的迷失。

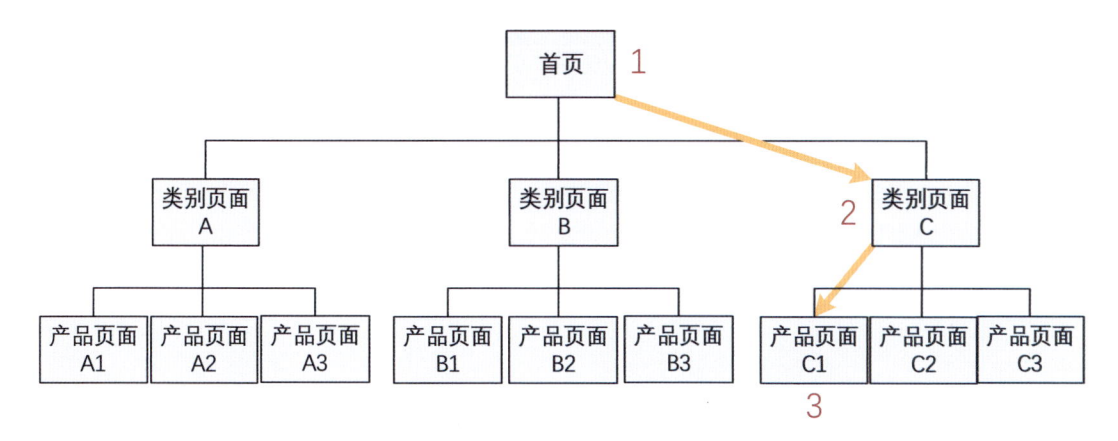

完成某任务（从首页开始浏览至产品页面C1上找到一个目标项）时的**最优路径数**(3)。

图8-2　用户到达产品页面C1的最优路径数

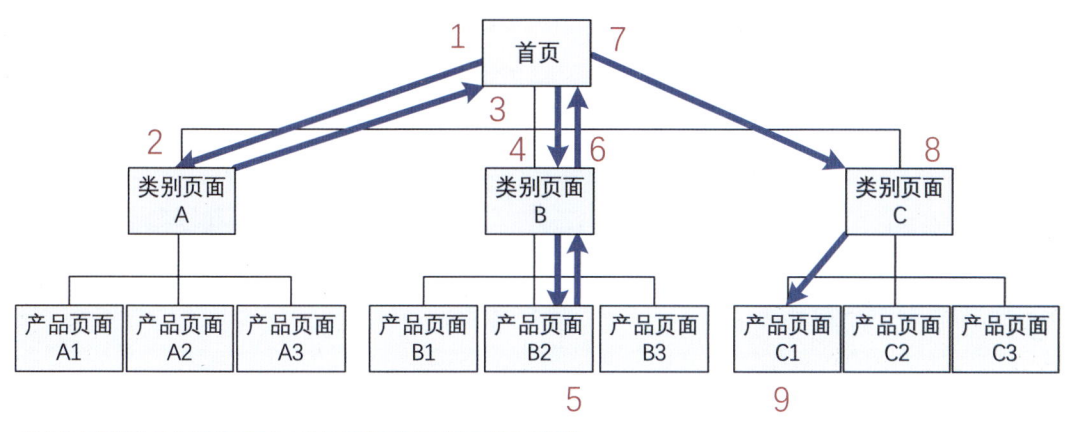

某个参与测试的用户找到页面C1上的目标项所经过的实际操作步骤数。
注：访问同一页面的不同次数也计算在内，因此一共用了9步才找到目标。

图8-3　用户到达产品页面C1的实际路径

通过计算获得所要评估的产品功能对应的任务迷失度数值之后，可以计算所有任务的平均迷失度，作为产品总体信息架构设计合理程度的评估指标。有些用户操作起来会超过理想的操作步骤数，其数量或百分比也可以反映设计/产品的效率。比如，有25%的参加者超过了理想或最小的操作步骤数，甚至可以进一步把它分解，即有50%的参与者在最小操作动作数内完成了某任务。

8.1.3　界面布局评估

一个产品的界面承担着视觉传达以及信息传达的功能，并且视觉传达的效率是可以通过眼动仪进行测量的。交互界面上的核心视觉元素如果能被用户高效地阅读，那么它的界面布局就是良好的。界面布局评估可以采用眼动分析的方式进行。利用眼动仪对测试者的视线进行捕捉，通过眼动仪我们可以观察到用户的眼动轨迹以及界面上的核心视觉元素是否被用户高效地阅读。

8.2 纸质原型测试

产品在设计的过程中,可以通过纸质原型对设计方案进行测试其可用性。纸质原型测试是指UX/UI设计师通过纸、笔、剪刀将交互设计稿呈现出来,设计师在纸上将设计稿通过绘画的方式展现出来(包括按钮、组件)(如图8-4所示),并将交互设计稿交由测试人员进行测试。其目的是模拟用户使用产品的过程来测试产品的交互可用性,通过原型测试往往可以发现一些交互上的问题,以便及时进行优化。整个纸质原型测试的过程其实是一种用户或者设计师获取产品在交互方面的可用性反馈的重要方式。

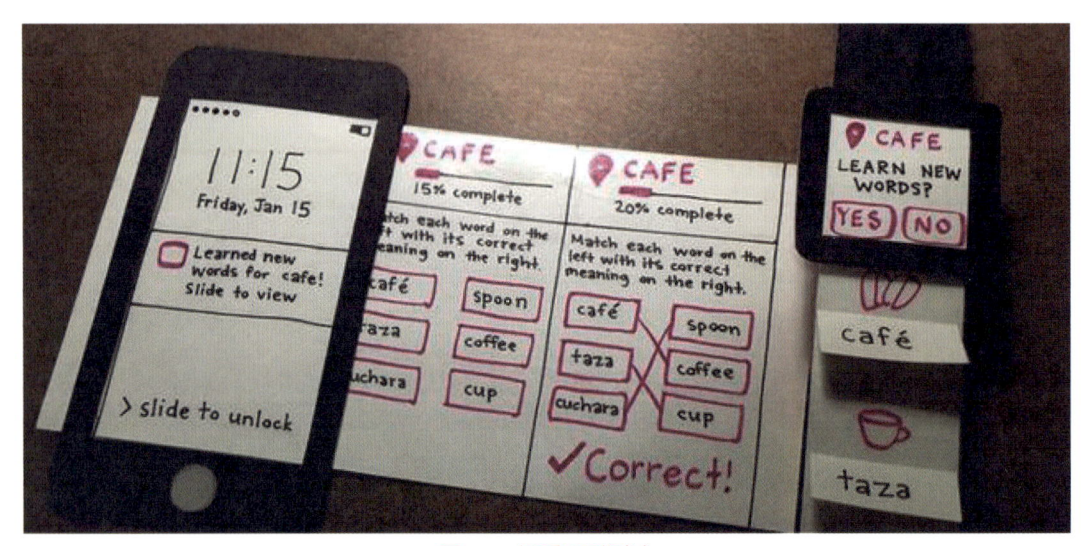

图8-4 纸质原型测试

8.3 启发式评估

启发式评估是可用性研究的主要方法之一,特点是简单、快捷且成本低。能够在周期短、开发成本低的项目中及时发现可用性问题。启发式评估的过程是让数个评审专家根据一些通用的可用性原则(以尼尔森十大可用性原则为主,参见3.2.1节)和自己的经验来发现系统内潜在的可用性问题。其中专家最好选择具有可用性知识或者具有被测试系统相关专业知识的人员。有实验表明,每个评审人员平均可以发现35%的可用性问题,而5个评审人员可以发现大约75%的可用性问题。

在开展启发式评估时,评估者最少要完整浏览或操作产品界面两遍,分别评估操作流程和界面设计的细节。确保评估者独立完成评估,相互之间不产生干扰。提醒评估者按照可用性原则进行检查,可以提供如表8-1所示的检查清单工具,以确保评估人能核查到每一项原则。此外,如果评估者不是领域专家,应设定典型的使用情景以帮助评估者进行更好地分析。一次评估应在1~2小时完成,如果系统过于复杂,可考虑拆分成多个任务分多次完成。

表8-1 启发式评估检查清单

可用性原则	功能/页面1			功能/页面n		
系统状态可视性原则	□符合	□不符合	□不适用	□符合	□不符合	□不适用
系统应符合用户习惯的现实惯例	□符合	□不符合	□不适用	□符合	□不符合	□不适用
用户拥有自主控制权	□符合	□不符合	□不适用	□符合	□不符合	□不适用
系统保持一致性	□符合	□不符合	□不适用	□符合	□不符合	□不适用
系统拥有预防错误发生的机制	□符合	□不符合	□不适用	□符合	□不符合	□不适用
上下文识别而非孤立记忆	□符合	□不符合	□不适用	□符合	□不符合	□不适用
系统使用的灵活性和高效性	□符合	□不符合	□不适用	□符合	□不符合	□不适用
美观且精练的系统设计	□符合	□不符合	□不适用	□符合	□不符合	□不适用
帮助用户识别、分析和纠正错误	□符合	□不符合	□不适用	□符合	□不符合	□不适用
提供帮助文档和使用手册	□符合	□不符合	□不适用	□符合	□不符合	□不适用

在评估完成后，从问题发生频率、问题带来的影响以及是否可以通过学习避免三个方面衡量发现的可用性问题的严重程度。发生频率可以通过统计多个评估者遇到该问题的频率取得。可用性问题带来的影响是否严重则需要产品专家根据具体情况进行分析，例如搜索结果无法根据用户需求进行排序带来的问题可能不太严重，而支付按钮失效导致用户无法完成支付则属于非常严重的问题。对于可用性问题是否可以通过学习得以消除，可以通过对新手用户进行培训，观察培训后用户使用产品的行为进行判断。

根据以上几个方面，可用性问题的严重程度可以分为以下五级。

1级：不是可用性问题；

2级：影响很小，无足轻重，如果没有多余的时间和人力，可以不考虑修正；

3级：较小的可用性问题，修正的优先级较低；

4级：问题较大，需要较高的优先级进行修正；

5级：灾难性问题，产品发布前必须修正。

8.4 自我报告式评估

对产品最直观的评估就是直接询问产品的用户，让用户告诉你他们在产品整个的使用过程中的感受，这些感受是最为直观的用户体验反馈。获取用户体验反馈数据的方法包括评分量表、开放式问题等。这些询问的内容包括：总体满意度、易用性、导航的有效性、对某些特征的知晓度、术语的易懂性、视觉上的吸引力、对网站公司的信任度、游戏中的娱乐性以及其他方面的属性。这些用户体验的反馈都是通过询问用户得来的，因此，自我报告（self-report）能恰当地获取用户关于如何改进产品的意见。同时，用户对于产品的评论也是重要的自我报告数据。

这里主要介绍有声思维报告以及两种自我报告度量量表——李克特量表（Likert Scale），和语义差异量表（Semantic Differential Scale），这两个量表都能很好地从被试人员处收集他们使用产品的体验和感受。

8.4.1 有声思维报告

有声思维报告是可用性研究中最常用的评估方法之一,它非常直接且易于操作——让被试人员直接口头描述他们在使用产品时的感受。让测试者直接使用或者给予测试者相应的任务并让测试者对产品进行使用或者测试。在使用产品和测试过程中询问他们当时所想、所做的步骤,或者当他们有任何的使用感受时都可以说出来,最后的结果可以测得设计的交互路径是否符合测试者实际的心智模型,有声思维评估方法的执行场景如图8-4所示。有声思维报告为研究者提供了一种真实可靠的研究方法,研究者可以通过有声思维报告快速得到用户对于数字产品或者实体产品的体验反馈,检验产品的设计效果。测试人员在使用产品过程中的每一次满意、迷惑、沮丧都可作为产品优化迭代的依据,从而帮助改进产品。

有声思维报告有两种常见形式:同步有声思维和回顾式有声思维。同步有声思维是最常用的方式。首先给测试者执行任务,测试者在执行任务时让测试者说出当时的所做、所想、所感。在测试中应该重点注意测试者在哪里出现了困惑、在哪里犯了错,在测试过程中研究人员与测试人员可以相互交流,并记录测试人员的反馈,这样可以快速得到测试者使用产品的反馈,及时发现问题,优化设计。

回顾有声思维与同步有声思维的不同之处在于,在开展回顾有声思维的过程中,测试者在完成任务的过程中不出声、不交流,完全凭借自己的理解去完成任务。在测试者执行任务的过程中用视频或屏幕捕捉的方式记录整个操作过程(如图8-5所示),在完成任务后让测试者观看产品测试的整个过程,在观看视频的过程中可以让测试者发表自己的意见。回顾有声思维可以更直观了解测试者的判断、意图、决策。回顾有声思维的测试过程相比同步有声思维测试过程更加封闭,与真实使用情景更加贴切,设计问题更容易暴露出来,但实施成本也相对高一些。

有声思维报告的重点不是评估产品的所有功能,而是针对具体的任务展开,例如测试产品的某一项功能,如账号登录、查找网站某一页面的信息等。有声思维报告及相应的材料(视频、音频)可用来检验设计是否符合以人为本的设计理念。

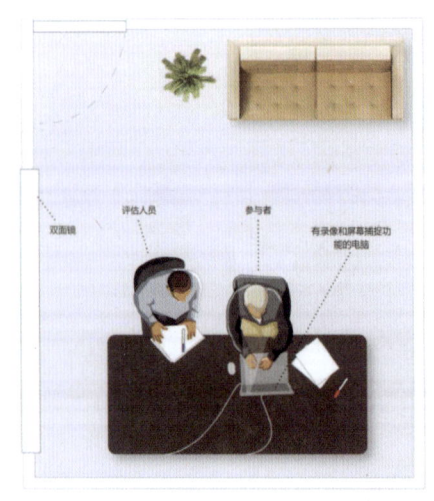

图8-5 有声思维评估方法的执行场景

8.4.2 李克特量表

李克特量表（Likert Scale）是评分加总式量表最常用的一种，它由美国社会心理学家李克特（Rensis Likert）于1932年提出。典型的李克特量表先陈述一个观点，并给出一定数量点的标度，被试者根据个人观点选择自己认为合适的标度。一个量表陈述的观点可能是正面的，如"产品在使用期间具有很好的反馈性"或"产品界面很美观"；也有可能是负面的，如"产品有很多地方让人不能理解而导致不懂如何操作"或"产品的导航令人困惑"。通常会使用如表8-2所示的5点同意量表或者7点同意量表。

表8-2 两种李克特量表

观点：这个产品有很多地方让人不能理解而导致不懂如何操作	
5点量表	7点量表
1.强烈反对	1.强烈反对
	2.反对
2.反对	3.较为反对
3.既不同意，也不反对	4.既不同意，也不反对
4.同意	5.较为同意
5.强烈同意	6.同意
	7.强烈同意

8.4.3 语义差异量表

语义差异量表是由社会心理学家奥斯古德（Osgood C.E.）和他的同事萨西（Suci G.J.）、坦纳鲍姆（Tannenbaurn P.H.）等于20世纪50年代提出。语义差异量表是一种语言测量工具，其目的是研究人们对话题、事件、对象、活动的态度，并对这些事务给予一种主观感受。语义差异量表由一系列对立形容词组成，每组对立形容词中间的选项通常被分为5个或者7个评定等级，如图8-6给出了流线型风格的语意差异量表的示例。

你认为"流线型"这种设计风格是：

丑陋的__-__-__-__-__-__-__美观的

弱小的__-__-__-__-__-__-__强大的

呆板的__-__-__-__-__-__-__灵活的

简单的__-__-__-__-__-__-__复杂的

轻盈的__-__-__-__-__-__-__沉重的

图8-6 语意差异量表示例

语义差异法因为简单的格式而深受许多设计师喜爱，经常被用来评价设计方案给用户带来的心理意象。但如果想达到理想的结果，在执行语义差异法之前必须考虑以下问题。

评价对象：评价对象是语义差异法的刺激因素。它可以是一个话题、一个事件、一次活动，可以是具象的，也可以是抽象的。在评价对象的选择上应该根据研究目标选取相关的评价对象。

评价词组：评价词组一般选择成对的反义词组作为语义差异量表的两个极端。这两个词可以是互补的反义词（如"明亮的"与"暗淡的"）；或者两个不同风格的词组，但这两个词不一定是反义词（如"豪华的"与"典雅的"）。选词应该根据研究目标而定，因为选词会对评价对象有定性的作用。

评价量表：量表通常被分为5个或者7个等级，一定要是奇数量表，因为这样会有一个中立点。每一个评级都有意义，评级离中点越远说明评价者的判断态度越强烈。

分类范围：所有的两级词组属于同一种分类范围。奥斯古德等人建议把概念分为三种范围：评估（如"有价值的"与"无价值的"）、效能（如"强"与"弱"、"重"与"轻"）、活动（如"主动的"与"被动的"、"激动的"与"平静的"）。

在同样的语义差异评价量表下评价多种对象之后，可以得到不同对象之间的语义差异，从而得到对不同评价对象的不同主观定性，这样可以让设计师得到用户对于设计产品的主观定性感受。语义差异量表最适合用于探究相同的刺激引发的跨文化态度和看法。克里斯托弗·巴特内克（Christoph Bartneck）在他的研究《谁更喜欢机器人：日本人还是美国人》（*Who like Androids More: Americans or Japanese*）中运用了八组对应词组，研究文化背景对用户评价机器人拟人化和喜爱度的影响。这项实验运用了18张不同机器人的静态图片（如图8-7所示）作为研究的刺激因素。

图8-7　机器人评价语义差异量表

8.4.4 评分量表设置的指导原则

在设计评分量表时需要注意一些事项，这样才能设计出一份较好的评分量表。在着手进行设计的时候需要根据自己的研究目的对李克特量表中的观点及语义差异量表中的对立词组进行思考与甄别，同时还要注意评分等级数的设定。

1. 问题与词组的设置

在李克特量表中设计问题时需要根据研究目的而设置。例如，如果是针对产品的交互性能，观点就会设置为"产品在使用期间具有很好的反馈性"或者"产品有很多地方让人不能理解而导致不懂如何操作"等；如果是针对视觉，观点就会设置为"产品界面很美观"或者"我认为产品的界面给人一种严肃的感觉"等。

在语义差异量表中的词组设计中需要根据研究对象而设置。例如，如果是针对产品交互动画，词组可以设置为"生硬的—柔和的""怪异的—自然的"等；如果是针对视觉设计方案，词组可以设置为"严肃的—活泼的""沉重的—轻盈的"等。

2. 评价等级的数量

在评分量表的设置中，量表等级的标度点数目与奇偶性一直是用户体验专业领域中一个争论的话题。奇数等级相比偶数等级，奇数等级会有一个中间点，也是一个中立点，但偶数等级则没有中心点。在执行评价的过程中，总是会有测试者选择中立观点的情景，此时，如果不能让测试者选择中立则会显得评价不太客观。所以，在大多数情况下建议使用奇数等级的评分量表。然而，有一些迹象表明，在面对面的评分量表中，不包含中间点的量表可能会减少社会称许性偏差带来的偏差。

评分量表的等级数目与等级数的奇偶性一样，也是一个富有争议的话题。有些人会认为等级标度点数目越多越好，但其实并不是这样。有文献表明，任何超过9点的量表信息很少能再提供有用的附加信息。实际上，5等级标度或7等级标度是比较适用的。Krain Finstad（2010）做了一项有趣的研究，对同一个评分量表比较其5点和7点两个版本，有一部分参与评价的人员提出希望在5点量表中在某两点中加入插值，如3.5、2.5等来使他的评价更为准确，但在7点量表中则没有人提出需要加入插值的需求。这表明7点评分量表优于5点评分量表。另外，有研究表明，人们倾向于避免使用0或负值，所以不建议使用类似"-3、-2、-1、0、1、2、3"来进行标度，建议使用"1、2、3、4、5、6、7"来进行标度。

8.5 眼动分析

眼动分析通过视线追踪技术，监测用户在看特定目标时的眼睛运动和注视情况，获取用户眼球的运动信息，研究人员基于这些信息可以分析界面设计的质量。

8.5.1 眼动分析硬件设备

眼动分析需要相关软件和硬件设备的支持才能开展。早期，人们主要利用摄影摄像的方式来记录眼球运动情况，准确率低且能分析的数据有限。随着技术的进步，视觉追踪技术得到了快速发展，出现了可以更加精确记录眼球运动轨迹的眼动仪。它利用摄像机记录眼睛的运动情况，再通过图像分析技术判断视线的落点，从而起到视线追踪的效果。目前大多数眼动仪采用的视线追踪方法是"瞳孔—角膜反射法"。

眼动仪在用户体验、视觉传达、医学、教育等多个领域有非常广泛的应用。根据其使用方式，眼动仪主要分为两种：一种是桌面式眼动仪（如图8-8所示），它固定安装在屏幕下方，主要用于观测人观察固定屏幕显示的对象，如PC端网页、广告、视频等的视觉规律；另一种是穿戴式眼动仪（如图8-9所示），被试者可以像佩戴眼镜一样戴上眼动仪，配合其头部的转动可以实现对更大范围内视觉对象的眼动研究，如商场内货架上的商品包装、户外大幅面广告、驾驶汽车时的车外环境等。

图8-8 桌面式眼动仪

图8-9 Tobii Pro Glasses 2眼动仪

8.5.2 眼动分析参数

将眼动数据与观测对象进行叠加，通过数据分析软件可分析得出注视点、注视时间、眼动轨迹、首次进入时间、眼跳次数等参数，如图8-10所示。图中的圆点代表被试的注视点，圆点的大小表示注视时间的长短，注视时间越长，圆点越大，圆点中的数字代表注视点的顺序。

图8-10　眼动参数

- 注视点：用户眼睛注视过的坐标点，可以直观反映用户感兴趣的内容。
- 注视时间：用户注视某个对象的时间长度，可以反映用户对注视对象的关注度的高低。
- 眼动轨迹：将各注视点按照出现的先后顺序用直线连接，不是人眼真实的运动轨迹，可反映用户关注点在各个对象之间的跳转关系、注视点运动方向等视觉运动规律。
- 首次进入时间：从开始观察测试对象到首次注视到兴趣区的时间，可用于分析特定设计元素对用户的视觉吸引力。
- 眼跳次数：用户在观察对象时产生的注视点跳跃次数，可用于分析人目标搜索效率。

用户的眼动数据通常以热力图的形式进行展示。如图8-11所示，绿色区域到红色区域的颜色变化表示用户对相应区域注视时间越来越长，可直观表现出用户的关注区域。将多个用户的眼动数据叠加后，能反映被试人群的视觉规律。

图8-11　眼动分析的视觉热力图

8.6　A/B测试

A/B测试是一种比较同一页面、功能或产品的两种（或更多）方案中哪一种更有效的方法。将不同的方案展示给几组不同的用户，并持续跟进关键数据（如转化率），可以让你知道哪一种方案能得到更好的结果。A/B测试常用来对比两个完整的设计方案，它的一种变化形式是"多变量测试"（Multivariate Testing），用来测试各个设计方案构成要素的不同组合，以选出最佳组合方案（如图8-12所示）。

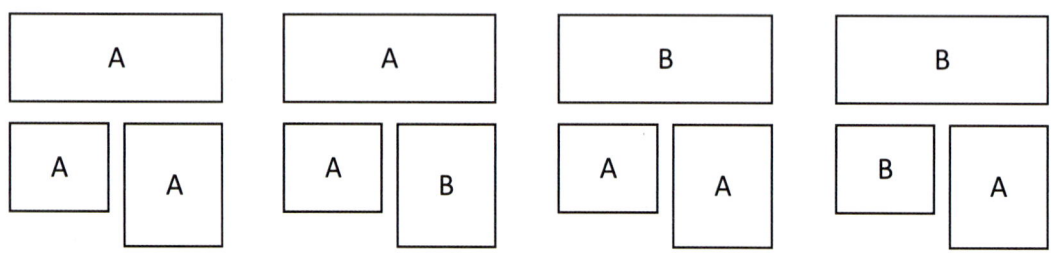

图8-12　多变量测试

8.6.1　执行时机

A/B测试是一种循证设计（Evidence-Based Design），它能帮助你选择出一个最棒的设计方案，例如哪个设计方案能带来更高的用户转化率？哪个设计方案能提升用户完成任务的效率？哪种页面布局能带来更高的销量？等等。此外，A/B测试还可以让你更好地了解你的用户——是什么吸引用户使用产品？他们更喜欢什么？会避免什么？

开展A/B测试的时机对于结果的有效性有重要影响。最好在所有的测试位于相同或相似状态的时候开展测试。例如，通过A/B测试对比分析两个Web页面的布局对用户搜索效率的影响，但目前页面A处于高保真原型状态，而页面B只有低保真原型，那么此时就不适合开展测试，应待二者都处于同一种原型状态时进行测试。如果是产品页面或整体的改版测试，应确保新版本设计方案能够像已部署运行的真实产品一样能实现所要测试的功能，这样才能得到可信的结果。

8.6.2　A/B测试的执行步骤

1. 确定测试对象

测试对象的选择取决于测试目标，是要对比产品局部细节，如某个行动按钮的两个不同设计方案，还是要对比改版前后的产品的用户体验。在确定测试对象时，要确保测试后能够得出可操作的结果，即测试结果应能指导设计改进，或用于制订短期或长期的设计规划。常见的测试对象有：

- 行动按钮的措辞、大小、颜色和位置；
- 标题或产品说明；

- 表单的数量和字段类型；
- 网站的布局和风格；
- 产品定价和促销活动；
- 网络和产品上的图片；
- 页面上文字的长度。

在确定了A/B测试的内容后，需要将待对比的内容进行优先级排序，优先对高风险且可能会带来未知影响的对象进行测试，如图8-13所示。

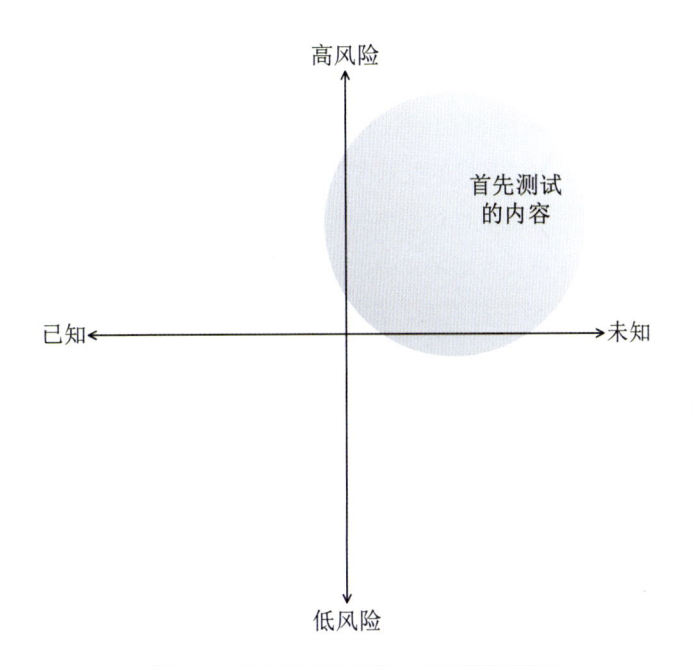

图8-13 优先进行高风险未知问题的测试

2. 确定观测变量

在典型的A/B测试中，首先将评估对象设定为实验自变量，然后将其展现给不同的被试者，以观测特定的因变量变化情况。在确定实验变量时要注意，尽量使各自变量之间有较大的差异，从而保证最终统计结果的显著性，否则会导致测试结果持平，难以得出A、B两个对象之间的差异。常见的观测因变量有用户吸引力、任务完成率、任务完成效率等，根据具体测试目标可以选择其中的一项或多项来收集并分析数据。

- 对用户的吸引力：对两个不同设计的页面进行对比，分析不同的设计方案的用户喜好度，即不同的页面设计方案吸引用户的数量。
- 任务完成率：监测被试使用两种不同版本设计方案完成同一任务时的完成率情况。针对特定情况，可以记录其任务完成度的百分比，例如某个用户完成了某项任务80%的步骤。也可以简单地记录成功完成任务或任务失败，例如某个用户没有完成任务。综合总体被试数量的情况可以分析出单个设计方案、某项任务的平均完成率。
- 任务完成效率：让被试利用不同的设计或产品来完成同一项任务，例如分别用手机和

PC进行网络购物，记录其完成任务的时间和所需操作步骤，进一步计算被试完成任务的效率。

3. 确定被试

A/B测试的被试通常要有比较大的数量，一般来讲，可采样的用户数量不低于1000，被试数量过少会造成测试结果规律不明显，实现不了测试目标。在测试过程中，两个被试应同时开展测试，避免时间因素带来的影响，尽可能确保两个对象的访问者数量、访问次数等变量的统一，甚至要尽可能保证从不同渠道保证访问者数量的一致性。

4. 选择测试工具并配置测试环境

针对不同需求的A/B测试，测试工具有很多，有适合新手使用的"傻瓜式"工具，也有供深层次测试使用的专业工具，常用的工具有Google Analytics和Optimizely，这两种工具可满足大多数用户的A/B测试需求。测试环境的配置可以按照以下步骤进行。

- 设定所要跟踪的目标，即测试过程中的观测指标，例如成功率、点击率等；
- 设计流量百分比，根据实际情况，确定用户流量的分配；
- 将工具与待评价的方案进行匹配，将各变量、A/B方案研究记录的起始点等参数输入测试工具中；
- 根据预期确定置信水平，通常置信水平设定为95%，即有95%的可能性保证测试结果是真实可靠的、可重复测试得出的；
- 设定实验的持续时长或工作量，要考虑测试对象的特点，包括季节影响、生命周期等。

5. 分析测试结果

Google Analytics和Optimizely提供了丰富的图表来展示测试的结果，免去了进行大量数据处理和计算的麻烦。在分析测试结果时，可能会出现A/B方案的置信区间存在较大重叠的现象，在此情况下，测试数据不能表明哪个方案好，也就起不到统计学上的意义。较小的样本数量和较高的置信水平都会导致置信区间的较大重叠，因此为了避免这种现象的发生，可以考虑增加参与测试的用户数量或降低置信水平。

利用测试工具可以获得测试结果，但是却不能获得测试结果出现的原因。要弄清楚测试结果为什么会这样，可以通过提出假设，然后对假设进行检验的方法来进行。在完成以上步骤之后，即可根据测试结果做出决定，从两个方案中择优选用。并且，通过A/B测试可以更好地了解客户，寻找其痛点和兴奋点，因此在测试得出结论并进行决策后，应该进而决定下一步的测试对象，从而保持长效的改进和发展。